DIE VERWENDUNG DER KUNSTSTOFFE IN DER TEXTILVEREDLUNG

Von

DR. FRANZ WEISS

Wien

Mit 11 Textabbildungen

Springer-Verlag Wien GmbH

1949

ISBN 978-3-211-80125-3   ISBN 978-3-7091-2408-6 (eBook)
DOI 10.1007/978-3-7091-2408-6

Vorwort

Die Kunststoffindustrie hat während der letzten zwei Jahrzehnte eine außergewöhnliche Entwicklung erlebt, die an die weiter zurückliegende der Farbstoffindustrie erinnert. Während aber auf dem Gebiete der Teerfarbstoffe seit der Erfindung der Indigosolfarbstoffe, der Rapidogenfarbstoffe und anderer Kombinationen zur Bildung unlöslicher Azofarbstoffe auf der Faser ohne vorherige Naphtolimprägnierung und der Variaminblaureserveverfahren ein gewisser Stillstand eingetreten ist, stehen wir noch mitten in der Entwicklung der Kunststoffe und — soweit man die rein synthetischen in Betracht zieht — am Anfang ihrer Verwendung in der Textilindustrie. Außer auf dem Gebiete der Hochveredlung, die wohl in jedem fortschrittlichen Textilveredlungsbetrieb Eingang gefunden hat, werden verschiedene den Kunststoffen zuzuzählende Stoffe auch im Zeugdruck und in der Appretur, besonders an Stelle von Naturstoffen verwendet. Wesentlich vielseitiger ist aber die Anwendung von Kunststoffen in verschiedenen Spezialausrustungsverfahren sowie in der Fabrikation von Lederaustauschstoffen und anderen Werkstoffen, welche durch Imprägnierung oder Filmbildung aus Textilien hergestellt werden. Während diese Fabrikationszweige früher Spezialindustrien, wie den Kunstleder- oder Wachstuchfabriken vorbehalten waren, sind sie während der letzten Jahre auch von verschiedenen Textilveredlungsbetrieben aufgenommen worden, deren Erzeugnisse denen der anderen Industrien vollkommen gleichwertig sind. Ein anderes Gebiet, auf dem die Kunststoffe dem Textilchemiker entgegentreten, sind die synthetischen Fasern. Schon jetzt erreichen manche synthetischen Fasern die Naturfasern in den Gebrauchseigenschaften und übertreffen sie sogar; es ist, da — wenigstens in Europa — die Entwicklung noch in den ersten Anfängen steht, noch nicht zu übersehen, welches Ausmaß die Verwendung der synthetischen Fasern nehmen wird.

Während heute der Textilchemiker bei den zur höchsten Vollkommenheit ausgebildeten Färbe- und Druckverfahren nicht mehr wie der Kolorist früherer Zeiten die Möglichkeit hat, bei der Anwendung der Farbstoffe vollkommen neue Wege zu gehen, bieten ihm doch die modernen Kunststoffe ein sehr weites Betätigungsfeld. So wurde eine synthetische Faser aus Polyestern (Terylene) von Chemikern der Calico Printers Association erfunden.

Während meiner praktischen Tätigkeit habe ich die Schwierigkeiten kennen gelernt, welche das Studium der vielseitigen und daher weit verstreuten, die Probleme der Textilindustrie jedoch nur äußerst selten berührenden Literatur über die Chemie und Technologie der

Kunststoffe verursacht. Ich möchte daher mit der vorliegenden Arbeit alles zusammenfassen, was bisher in der Verarbeitung und Verwendung der Kunststoffe in der Textilveredlung einschließlich der Herstellung von Werkstoffen auf Grundlage von Textilien erreicht wurde. Damit soll den Textilchemikern nicht nur eine Einführung in das Gebiet der Kunststoff-Chemie und -Technologie, sondern auch Anregung für das Produktionsprogramm geboten werden.

Um den Umfang des Buches möglichst knapp zu halten, wurden die Gebiete, die dem Textilchemiker als bekannt anzusehen sind, oder solche, über die leicht zu beschaffende Literatur schon vorhanden ist, nur kurz beschrieben. Dies gilt vor allem für die Herstellung von knitterfesten und quellfesten Geweben, waschechten Appreturen, die Anwendung von Kunststoffen als Verdickungs- und Fixierungsmittel in der Druckerei und für einige ältere Fabrikationsverfahren, wie die Erzeugung von Kunstleder aus Nitrocellulose oder die Wachstucherzeugung. Ebenso konnte das interessante Gebiet der synthetischen Fasern, insbesondere ihr koloristisches Verhalten nur kurz gestreift und über die Chemie der hochmolekularen Stoffe, zu denen die Kunststoffe gehören, nur das Allerwichtigste mitgeteilt werden.

Die Produkte der deutschen Industrie, insbesondere der I. G. Farbenindustrie A. G. wurden verhältnismäßig ausführlicher beschrieben als die anderer Länder, weil ich bis vor kurzem — ebensowenig wie andere europäische Chemiker — kaum Gelegenheit hatte, die Produkte anderer Länder, vor allem die amerikanischen, kennen zu lernen. Soweit mir ausländische Literatur zugänglich wurde und ich ausländische Produkte erhalten konnte, wurden diese ausführlicher beschrieben.

Wenn keine Literatur angegeben ist, sind die Fabrikationsvorschriften und Verfahren von mir praktisch erprobt worden; unter anderen Arbeitsbedingungen müssen die Rezepte entsprechend geändert werden. Literaturstellen aus Zeitschriften und Patentschriften sind im Allgemeinen nur dort zitiert, wo in den angeführten Fachwerken wenig Material zu finden ist.

Unter den Fachkollegen, denen ich wertvolle Hinweise zu verdanken habe, erwähne ich vor allem Herrn Dr. Heinz Perndanner, Wien. Zu großem Danke bin ich Herrn Prof. Dr. Wilhelm Reif von der Bundes-Lehr- und Versuchsanstalt für Textilindustrie in Wien für das Lesen des Manuskriptes und der Korrekturbogen verpflichtet.

Ich bitte alle Herren Fachkollegen, mich auf Fehler oder Mängel aufmerksam zu machen.

Infolge der schwierigen Verhältnisse kann diese Arbeit, die schon im Juni 1947 fertiggestellt war, erst jetzt zur Ausgabe gelangen.

Wien, im Dezember 1948.

Dr. Franz Weiss

Inhaltsverzeichnis.

Einführung.

Einführung.

I. Chemie der hochpolymeren Stoffe.

Lit.: H. Staudinger, Die hochmolekularen Verbindungen, Kautschuk und Cellulose, Berlin 1932. — R. Houwink, Chemie und Technologie der Kunststoffe, Leipzig 1942. — K. H. Meyer und H. Mark, Hochpolymere Chemie, Leipzig 1940. — W. Röhrs, H. Staudinger, R. Vieweg, Fortschritte der Chemie, Physik und Technik der makromolekularen Stoffe, München 1939. — Scheiber, Chemie und Technologie der künstlichen Harze, Stuttgart 1943.

Man hat früher als Harze vielfach unerwünschte, nicht kristallisierte, schmierige Stoffe bezeichnet, welche bei chemischen Reaktionen auftreten und infolge ihres hohen Molekulargewichtes mittels der klassischen Methoden der organischen Chemie nicht untersucht werden können. Es waren gewöhnlich Verbindungen mit Doppelbindungen, bei denen derartige Harze auftraten, in denen man nur lästige Nebonprodukte sah. Im Laufe der letzten Jahrzehnte erkannte man aber, daß verschiedene dieser Körper hochwertige Eigenschaften besitzen, welche sie geeignet erscheinen lassen, als „Kunststoffe" verwendet zu werden. Man ist schon .früher bemüht gewesen, die chemische Konstitution von Naturprodukten wie Cellulose, Kautschuk, Eiweißstoffen usw. aufzuklären. Es wurde nun erkannt, daß für die physikalischen Eigenschaften eines hochmolekularen Körpers nicht nur die chemische Konstitution allein maßgebend ist, sondern auch die räumliche Anordnung der kleinsten Bausteine innerhalb eines größeren Komplexes. Durch kolloidchemische Untersuchungen konnte festgestellt werden, daß die hochmolekularen Körper sich nicht in jeder Beziehung wie niedermolekulare verhalten. Die meisten dieser hochmolekularen Körper bestehen aber aus Teilchen, bei denen alle Atome durch Hauptvalenzen wie bei den niedermolekularen Verbindungen verbunden sind.

Während sich die klassische organische Chemie mit Stoffen beschäftigt hat, deren Molekulargewicht meistens unter 1000 liegt, höchstens aber 4000 erreicht, befaßt sich die Chemie der Hochmolekularen mit Stoffen, deren Moleküle aus zehntausenden, vielleicht auch noch mehr Atomen bestehen. H. Staudinger, dem wir die grundlegenden Erkenntnisse auf dem Gebiete der Chemie der hochmolekularen Stoffe verdanken, bezeichnet als Makromolekül ein Molekül, welches aus mindestens 1000 durch Hauptvalenzen untereinander verbundenen Atomen besteht. Diese makromolekularen Stoffe unterscheiden sich von den niedermolekularen durch die Darstellungsweise sowie durch ihr chemisches und physikalisches Verhalten. Sie sind typische Kolloide, während die niedermolekularen Stoffe kristallisieren und echte Lösungen bilden. Dementsprechend sind auch die Untersuchungsmethoden zur Aufklärung der Konstitution bei den niedermolekularen und bei den hochmolekularen Stoffen verschieden.

Zur Bestimmung des Molekulargewichtes können nicht die Methoden der klassischen organischen Chemie, vor allem die Gefrierpunktserniedrigung und Siedepunktserhöhung, herangezogen werden, da infolge des hohen Molekulargewichtes diese Änderungen für eine Bestimmung viel zu klein wären. Auf kolloidchemischem Wege, besonders durch Bestimmung der Viskosität, gelangt man aber zu brauchbaren Werten[1].

H. Staudinger konnte erstmalig durch Bestimmung der Endgruppen im hochpolymeren Molekül des Polyoxymethylens durch chemische Methoden nachweisen, daß die hochmolekularen Stoffe nach Art der niedermolekularen Verbindungen gebaut sind und meistens faden- oder kettenförmige Gestalt besitzen. In manchen Fällen sind sie aber dreidimensional entwickelt und besitzen kugelförmige Gestalt. Sie sind also Moleküle im Sinne der klassischen organischen Chemie. Die früher vertretene Ansicht, daß es sich um durch physikalische Vorgänge, also durch Aggregation von vielen niedermolekularen, kleinen Teilchen entstandene große Teilchen — die sogenannten Mizellen — handelt, entspricht nicht mehr dem heutigen Stand der Forschung.

Die physikalischen Eigenschaften der hochmolekularen Körper sind aber in weit höherem Maße als die der niedermolekularen von der Gestalt abhängig. Insbesondere sind die verschiedenen mechanischen Eigenschaften, Festigkeit, Elastizität, Faserbildungsvermögen usw. in Zusammenhang mit der Gestalt der Teilchen zu bringen. So ergeben Makromoleküle, welche eine fadenförmige Gestalt besitzen, auch in niederen Konzentrationen hochviskose Lösungen, Makromoleküle mit kugeliger Gestalt und niedermolekulare Stoffe auch in hohen Konzentrationen nur niedrig viskose Lösungen. Außerdem sind die physikalischen Eigenschaften von der Molekülgröße, also vom Polymerisationsgrad abhängig. Dies gilt besonders von der Löslichkeit, von den kolloidalen Eigenschaften der Lösungen wie Viskosität, Harz-, Film- und Faserbildungsvermögen, und den mechanischen Eigenschaften, also der Härte, den verschiedenen Festigkeiten, der Elastizität und Dehnung, der Beständigkeit gegen Kälte und Wärme.

Die hochmolekularen Stoffe können auf zwei verschiedenen Wegen erhalten werden, nämlich durch Polymerisation oder durch Polykondensation. Außer den künstlich hergestellten hochmolekularen Stoffen sind auch ein großer Teil der wichtigsten in der Natur vorkommenden Stoffe hochmolekular, z. B. Cellulose, Stärke und andere Kohlenhydrate, Eiweißstoffe, Kautschuk usw. Wenngleich die Bildungsweise dieser Naturstoffe noch ziemlich im Dunkeln liegt, kann man doch schon soviel sagen, daß auch sie durch Aufbau von hochmolekularen Stoffen aus kleinen Molekülen entstanden sind.

Unter Polymerisation versteht man chemische Reaktionen, bei denen aus kleineren Molekülen größere entstehen, wobei das Molekulargewicht des großen Moleküls ein Vielfaches des kleinen ist. Wenn aber bei der Reaktion aus zwei oder mehr verschiedenen kleineren Molekülen ein größeres entsteht, wobei das Molekulargewicht des großen Moleküls die Summe des Vielfachen des einen kleinen Moleküls plus der Summe des gleichen oder eines anderen Vielfachen des zweiten kleinen Moleküls bildet, entsprechend dem ursprünglichen Mischungsverhältnis der kleinen Moleküle, spricht man von Mischpolymerisation. Wenn aber bei der Reaktion aus einer oder mehreren Substanzen Nebenprodukte wie Wasser oder Ammoniak entstehen, also aus den Molekülen abgespalten werden, handelt es sich um Polykondensationen[2].

Wie schon erwähnt wurde, steht die Viskosität eines hochmolekularen Stoffes oder seiner Lösungen in einem Zusammenhang mit seinem Polymerisationsgrad. Unter Polymerisationsgrad ist der durchschnittliche Polymerisationsgrad zu verstehen, da nicht alle Makromoleküle, welche bei einer Polymerisation oder Polykondensation entstehen, die gleiche Größe besitzen. Der Polymerisationsgrad bezeichnet das Verhältnis des Molekulargewichtes des polymeren Moleküls zum Molekulargewicht des monomeren Moleküls. Dabei gelten folgende Beziehungen:

$$1. \quad \eta_r = \frac{t_{\text{Lösung}}}{t_{\text{Lösungsmittel}}} \qquad\qquad 3. \quad \frac{\eta_{sp}}{c} = K_m \cdot M$$

$$\eta_r - 1 = \eta_{sp} \qquad\qquad 4. \quad M = \frac{\eta_{sp}}{c \cdot K_m}$$

Es bedeuten:

η_{sp} . . . . spezifische Viskosität
c . . . . . Konzentration in Grundmolaritäten
M . . . . Molekulargewicht
K_m . . . . eine für jeden Stoff charakteristische Konstante
η_r . . . . relative Viskosität
t . . . . . Auslaufzeit der Lösung, bzw. des Lösungsmittels.

Die spezifische Viskosität stellt die Viskositätserhöhung dar, welche durch den gelösten Stoff hervorgerufen wird[3].

Die Viskosität läßt sich auch auf andere Weise als durch die Auslaufzeit bestimmen, z. B. durch Bestimmung der Zeit, welche eine Kugel braucht, um in einer viskosen Lösung des zu untersuchenden Produktes in einem Rohr von bestimmter Länge (Cochius-Rohr oder Höppler-Viskosimeter) von der oberen bis zu der unteren Marke zu fallen. Besonders für Bestimmungen, bei denen es nicht so sehr auf die absoluten Werte, sondern mehr auf Vergleichswerte ankommt, eignet sich diese Untersuchungsmethode sehr gut.

Die Fähigkeit, Polymerisate oder Polykondensate zu bilden, besitzen viele organische Verbindungen mit Doppelbindungen, deren Stellung innerhalb des Moleküls aber auch von Bedeutung ist. Um die Polymerisation einzuleiten, muß zuerst ein Keim gebildet werden, der dann eine Kettenreaktion einleitet, bei der fadenförmige oder kugelförmige Makromoleküle entstehen[4]. Es sind bei Polymerisationsprozessen zwei Fälle möglich: einerseits können sich die Keime, welche den Charakter von Radikalen besitzen, gegenseitig absättigen, so daß man nur niedermolekulare Stoffe erhält, anderseits können die Keime in ihrer Eigenschaft als aktivierte Komplexe mit den monomeren, nicht aktivierten Molekülen reagieren, wobei dann der Zusammenschluß so lange weiterläuft, bis die Aktivierungsenergie des wachsenden Moleküls zu schwach wird, um weitere Moleküle anzulagern. Dann bricht die Kettenreaktion ab. Wenn eine besonders starke Aktivierung vorhanden ist, wird die erste Art der Polymerisation eintreten, bei der nur niedermolekulare Produkte entstehen; wenn aber die Keimbildung schwer erfolgt, gleichzeitig die Umsetzung des Keimes mit den monomeren Molekülen leicht eintritt, verläuft die Reaktion nach der zweiten Art und es entstehen hochmolekulare Stoffe. Bei derartigen Reaktionen spielen Katalysatoren, Lösungsmittel, Druck, Licht, Temperatur eine große Rolle[5].

Die fadenförmigen Makromoleküle oder Linearkolloide, z. B. Polystyrol oder das Polykondensat aus p-Kresol und Formaldehyd, zeichnen sich durch Elastizität, Zähigkeit, Löslichkeit, unbegrenzte Quellbarkeit, mit der Moleküllänge steigenden Schmelzpunkt, mit der Moleküllänge ansteigende Viskosität der Lösungen, geringe Härte und vielfach durch die Fähigkeit zu weiterer Polymerisation oder Kondensation aus (Härtbarkeit). Mehrere fadenförmige Makromoleküle können untereinander über Brücken vernetzt werden; als Beispiel sei der vulkanisierte Kautschuk erwähnt, bei dem die fadenförmigen Makromoleküle des Polyisoprens durch Schwefelbrücken miteinander vernetzt sind; eine analoge Vernetzung über Methylenbrücken findet bei den Polykondensaten aus Phenolen und Formaldehyd statt. Die Bildung von vernetzten Fadenmolekülen bewirkt eine Abnahme der Löslichkeit und gleichzeitige Zunahme der Viskosität, der Härte, der Quellfestigkeit, und weitere Polymerisations- oder Kondensationsfähigkeit. Bei weiterer Vernetzung geht das fadenförmige Makromolekül in ein kugelförmiges über. Diese sind im Gegensatz zu den fadenförmigen meist unlöslich, unschmelzbar, sehr widerstandsfähig gegen chemische Einwirkungen, nicht quellbar, sehr hart und wenig elastisch, nicht mehr weiter polymerisierbar oder kondensierbar. Hierher gehören Hartgummi und die unlöslichen Polykondensationsprodukte von Phenol und Formaldehyd.

Diese nachträglich an langkettigen Gebilden vorgenommenen Molekülverknüpfungen regelbaren Ausmaßes sind nicht mit Einbußen an mechanischer Festigkeit verbunden, sondern man kann sogar die Eigenschaften des nichtvernetzten, langkettigen Ausgangsmaterials durch Vernetzung verbessern, wie dies beim Übergang des nicht vulkanisierten Kautschuks in den vulkanisierten der Fall ist. Ganz anders wirkt sich die Vernetzung während des eigentlichen Polymerisationsprozesses aus. Die Polymerisation in „Kette" ist die Voraussetzung für die Entwicklung einer für die Gelbildung ausreichenden Solvationsfähigkeit und die Ausbildung der hohen mechanischen Festigkeitseigenschaften, mit denen die Fähigkeit zur Bildung von Filmen und Fäden in Verbindung steht. Charakteristisch ist das verschiedene Verhalten der Cellulose und Stärke, welche an sich die gleiche chemische Zusammensetzung besitzen. Während die Cellulose infolge ihrer Kettenstruktur hohe Festigkeitseigenschaften und gleichzeitig die Fähigkeit zur Faserbildung besitzt, zeigt die Stärke infolge ihres stark verzweigten Aufbaues keine Festigkeit und keine Fähigkeit zu Faseroder Filmbildung. Man muß daher während des eigentlichen Polymerisationsvorganges darauf hinarbeiten, daß dieser möglichst in der Richtung der Kettenbildung verläuft und Verzweigungen unterdrückt werden, da man nur so zu Stoffen mit den höchsten mechanischen Eigenschaften gelangen kann. Man erreicht dies durch möglichst reines Ausgangsmaterial und Polymerisationsbedingungen, die nicht zu energisch sein dürfen. Bei dreidimensionaler Vernetzung der Kettenkomplexe während des Polymerisationsvorganges geht die unbegrenzte Quellbarkeit in eine mehr oder minder begrenzte über, was sich bei Zunahme des Vernetzungsgrades bis zur vollständigen Unlöslichkeit steigern kann. Im allgemeinen ist ein höherer Vernetzungsgrad nur ungünstig für die Entwicklung guter mechanischer Eigenschaften[6].

Die Polymerisation kann auf zwei verschiedene Arten stattfinden. Es können entweder die ursprünglichen Bindungsarten der Atome in den Grundmolekülen erhalten bleiben; dies sind die echten Polymerisationen. Es kann aber auch eine Molekülverknüpfung unter Wanderung von Atomen, meistens Wasserstoffatomen, stattfinden; dies sind die kondensierenden Polymerisationen

1. Echte Polymerisation.

$$3\ CH_3 . CHO \longrightarrow CH_3 . CH \underset{O-CH.CH_3}{\overset{O-CH.CH_3}{\diagdown \diagup}} O \qquad \text{(Paraldehyd)}$$

2. Kondensierende Polymerisation.

$$2\ CH_3 . CHO \longrightarrow CH_3 . CH\,(OH) . CH_2 . CHO \qquad \textbf{(Azetaldol)}$$

Da die kondensierende Polymerisation bald abbricht, erhält man meistens keine höher polymeren Produkte. Es ist aber in vielen Fällen schwer zu entscheiden, ob echte oder kondensierende Polymerisation vorliegt; oft ist es sogar unsicher, ob überhaupt Polymerisation oder Polykondensation stattfindet[7].

Von technischer Bedeutung sind die Polymerisationen, die regelbar und reproduzierbar sind. Es sollen Molekülkolloide entstehen, welche möglichst kettenförmig (fadenförmig) ausgebildet sind. Vor allem sind Verbindungen der Grundformel $CH_2 = CHX$ geeignet, wobei X ein negatives Atom oder eine negative Gruppe bedeutet, also Verbindungen, die sich vom Äthylen ableiten. Die Vereinigung des Keimes mit den Grundmolekülen $CH_2 = CHX$ ist nur unter Bildung von Ketten möglich, wobei die Vereinigung sowohl „alternierend" als auch „vicinal" erfolgen kann.

$$-CHX-CH_2-\ +\ CHX = CH_2 \longrightarrow\ -CHX-CH_2-CHX-CH_2-$$
$$+\ CHX = CH_2 \longrightarrow\ -CHX-CH_2-CHX-CH_2-CHX-CH_2-\ \text{usw.}$$
„alternierende" Verkettung.

$$-CHX-CH_2-\ +\ CH_2 = CHX \longrightarrow\ -CHX-CH_2-CH_2-CHX-$$
$$+\ CHX = CH_2 \longrightarrow\ -CHX-CH_2-CH_2-CHX-CHX-CH_2-$$
„vizinale" Verkettung.

Es reagiert immer ein freies Radikal mit einem normalen Molekül in bimolekularer Reaktion. Das Wachstum kann sowohl einseitig als auch zweiseitig stattfinden. Im allgemeinen wird das Wachsen in normaler Kette bei Verbindungen, die sich vom Äthylen ableiten, zu erwarten sein; es kann jedoch dann Bildung von verzweigten Ketten eintreten, wenn der Substituent X die Bildung von konjugierten Systemen ermöglicht. Dies ist beim Butadien $CH_2 = CH - CH = CH_2$ der Fall, bei welchem sich auf zweierlei Art Keime bilden können:

$$-CH_2-CH = CH-CH_2-\quad \text{oder} \quad -CH_2-C\,(CH = CH_2)\,H-.$$

In beiden Fällen sind auch nach Bildung von Ketten noch Doppelbindungen vorhanden, die selbst wieder aktivierbar sind, so daß die Möglichkeit zur Ausbildung von Seitenketten gegeben ist, z. B.:

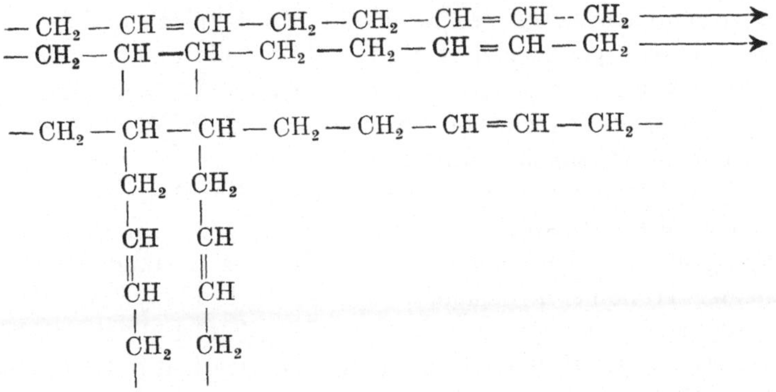

$$-CH_2-CH=CH-CH_2-CH_2-CH=CH-CH_2 \longrightarrow$$
$$-CH_2-CH-CH-CH_2-CH_2-CH=CH-CH_2 \longrightarrow$$

$$-CH_2-CH-CH-CH_2-CH_2-CH=CH-CH_2-$$

(verzweigte Struktur mit Seitenketten:)

$$CH_2 \quad CH_2$$
$$CH \quad CH$$
$$CH \quad CH$$
$$CH_2 \quad CH_2$$

Die in den Polybutadienen enthaltenen Doppelbindungen bewirken, daß diese Makromoleküle nicht lineare, sondern spiralförmige oder knäuelartige Ketten bilden. Damit steht die größere Elastizität, die bei der Vulkanisation noch zunimmt, im Zusammenhang.

Das Kettenwachstum dauert so lange, bis es durch eine Abbruchreaktion unterbrochen wird. Mit wachsender Molekülgröße sinkt der Wert des sterischen Faktors rasch ab. Unter sterischem Faktor versteht man die Bedingungen, unter welchen der Einbau neuer Moleküle in die wachsende Kette ermöglicht wird. Dazu kommen Nebenreaktionen, welche als Abbruchreaktionen wirken; es kann durch freie Drehbarkeit der Kettenglieder der Fall eintreten, daß sich die aktiven Kettenenden soweit nähern, daß sie miteinander unter Ringschluß reagieren; ferner ist Wanderung oder Austausch eines Wasserstoffatoms möglich, wobei in beiden Fällen an einem Ende eine Sättigung eintritt; außerdem kann durch Anlagerungsreaktionen an den aktiven Kettenenden das Wachstum der Kette unterbrochen werden. Das Ergebnis einer Kettenpolymerisation ist daher kein sehr einheitliches, die entstandenen Makromoleküle sind keineswegs gleicher Größe, es können sogar nieder- und hochmolekulare Bestandteile nebeneinander vorkommen. In Polystyrol von mittlerem Molekulargewicht 80.000 wurden Teilchen von Molekulargewichten zwischen 25.000 und 155.000 festgestellt, nur 64% hatten ein Molekulargewicht von 65.000 bis 95.000, der Rest darüber oder darunter. (Nach Signer u. Groß, Helv. Chem. Acta 17, 726.)[8].

Man kann aus verschiedenen polymerisierbaren Verbindungen bei gemeinsamer Polymerisation Mischpolymerisate erhalten, welche keine Mischungen der Polymerisate der einzelnen Verbindungen sind, sondern die einzelnen Bausteine abwechselnd miteinander verbunden enthalten. Die Eigenschaften derartiger Mischpolymerisate liegen nicht etwa zwischen denen der Polymerisate der Komponenten, sondern sind spezifischer Natur. Es lassen sich aber nicht alle polymerisierbaren und untereinander mischbaren Verbindungen zu Mischpolymerisaten polymerisieren; es kann der Fall eintreten, daß nur die eine Komponente polymerisiert wird, während die andere unverändert bleibt. Man kann aber auch in manchen Fällen Komponenten, die für sich allein überhaupt nicht polymerisierbar sind, in Mischpolymerisate einbauen, z. B. Maleinsäureanhydrid[9].

Bei den Mischpolymerisationen können die Monomeren in verschiedenem Mischungsverhältnis angewendet werden und geben dann Mischpolymerisate, bei denen die eingebauten Bestandteile im Verhältnis der Monomeren stehen. Neben der Mischpolymerisation tritt auch Polymerisation der gleichartigen Grundmoleküle ein, besonders dann, wenn große Unterschiede in der Polymerisationsfähigkeit der einzelnen Komponenten bestehen.

Als Beispiel für ein Mischpolymerisat sei das Polyvinylchlorid-Acetat angeführt:

$$-\overset{\overset{\textstyle Cl}{|}}{CH} - CH_2 - \left[\overset{\overset{}{}}{CH} - CH_2 - \overset{\overset{\textstyle Cl}{|}}{CH} - CH_2 \right] - \overset{}{CH} - CH_2 -$$
$$O - CO - CH_3 \qquad\qquad \Big]_x \; O - CO - CH_3 .$$

Wie schon früher erwähnt wurde, sind Verbindungen, welche Doppelbindungen oder auch dreifache Bindungen enthalten, besonders zu Polymerisationen befähigt. Dabei konnten verschiedene Gesetzmäßigkeiten festgestellt werden. Die einfachste Verbindung mit einer Doppelbindung, das Äthylen $CH_2 = CH_2$, ist zwar unter bestimmten Bedingungen polymerisierbar, die Polymerisationsfähigkeit wird jedoch durch Substitution des einen Wasserstoffatoms wesentlich erhöht. So lassen sich das Isobutylen und das Vinylchlorid zu gummiartigen Substanzen polymerisieren. Wenn aber die Kohlenwasserstoffkette sehr lang wird, geht die Polymerisationsfähigkeit wieder zurück. Dasselbe zeigt sich auch bei Kohlenstoff-Sauerstoff-, Kohlenstoff-Schwefel- und Kohlenstoff-Stickstoff-Doppelbindungen. Während Formaldehyd leicht polymerisierbar ist, ist die Reaktionsfähigkeit bei Acetaldehyd und noch mehr bei den höheren Aldehyden bedeutend schwächer.

Auch Verbindungen mit konjugierten Doppelbindungen sind besonders leicht polymerisierbar, z. B. das Butadien

$$CH_2 = CH - CH = CH_2,$$

aus welchem durch Polymerisation der „Buna" entsteht, ebenso das Chlorbutadien, aus dem „Neopren", bezw. „Dupren" von den Amerikanern hergestellt wird. Ebenso kann man Styrol als eine ungesättigte Verbindung mit konjugierten Doppelbindungen auffassen, da ja auch der Benzolkern Doppelbindungen enthält.

Es hat sich weiters gezeigt, daß die Polymerisationsfähigkeit von ungesättigten Verbindungen mit größerer Polarität gesteigert wird,

z. B. durch negative Substituenten COOH, CHO, $C \equiv N$, NO_2, NH, OH, Halogene. Dabei wird das mit diesen Gruppen verbundene Kohlenstoffatom positiv aufgeladen, während das nächste relativ negativer Natur ist und dadurch Anziehungskräfte zwischen den benachbarten Atomen entstehen. Ähnlich wirken positive Substituenten. Während Äthylen ziemlich schwer polymerisierbar ist, lassen sich seine Abkömmlinge, welche durch Substitution eines Äthylenwasserstoffes durch eine negative Gruppe entstehen (die sogenannten Vinylderivate), sehr leicht polymerisieren. Hierher gehören vor allem Vinylchlorid, Vinylacetat, Acrylsäureester.

Substitution in Nachbarstellung zur ungesättigten Gruppe (1- oder α-Stellung) behindert die Polymerisation; dagegen erleichtert Substitution in 2- oder β-Stellung die Polymerisation (z. B. β-Chlorbutadien, β-Methacrylsäureester) [10].

Viele Stoffe können freiwillig polymerisieren; man kann aber die Polymerisation auch durch Schaffung bestimmter Bedingungen in dem gewünschten Sinn beeinflussen. Die Polymerisation kann durch aktivierende Katalysatoren beschleunigt werden, durch andere kann sie verzögert werden. Als aktivierende Katalysatoren können u. a. anorganische und organische Säuren und deren Anhydride, Metalle und Metalloide, metallorganische Verbindungen, anorganische und organische Basen, labile Sauerstoffverbindungen (Ozonide, Peroxyde, Persäuren), Natriumamid, Bleicherde, Kieselgur, Tonerde wirken. Es handelt sich um die verschiedenartigsten Stoffe. Die Art und Weise, in welcher sich die Beeinflussung abspielt, ist demnach auch ganz verschieden und in den meisten Fällen auch ganz unbekannt. Man kann annehmen, daß die Zusatzstoffe in erster Linie die Keimbildung beeinflussen, dagegen ist es fraglich, ob das Kettenwachstum gefördert wird. Bei Zinntetrachlorid, Bortrifluorid und den Peroxyden nimmt man die Bildung eines Additionsproduktes an, welches dann in eine aktivierte Form übergeht oder unter Zerfall ein aktiviertes Molekül liefert. Für die Polymerisation des Butadien mit Natrium wird die Bildung einer metallorganischen Verbindung angenommen, so daß eine Art metallorganische Synthese vorliegen würde. Als Antikatalysatoren (Stabilisatoren, Inhibitoren) wirken vor allem Stoffe, welche die Autoxydation unterdrücken, außer Schwefel und Jod verschiedene aromatische Amine und Phenole. Bemerkenswert ist noch der Umstand, daß auch durch Zusatz geringer Mengen des polymerisierten Stoffes Polymerisation eintreten kann [11].

Außer durch Zusatz von Chemikalien kann die Polymerisation durch Wärme, Lichtstrahlen bestimmter Wellenlänge, Druck und Konzentration beeinflußt werden [5].

Durch die Polymerisation werden die physikalischen und chemischen Eigenschaften der Grundstoffe geändert. Die Polymeren werden durchlässiger für Lichtstrahlen; dies wirkt sich in Farbaufhellung aus. Die Molrefraktion und -dispersion nimmt bei der Polymerisation ab, Siede- und Schmelzpunkt werden erhöht, die Löslichkeit nimmt ab, die Viskosität nimmt zu, ebenso das spezifische Gewicht. Von besonderer Bedeutung ist die Zunahme der Viskosität und der schließlich stattfindende Übergang in den kolloidalen Zustand. In chemischer Hinsicht ist das Verschwinden des ungesättigten Charakters der Monomeren die wichtigste Veränderung; dadurch ist der Verlust der Aufnahmefähigkeit für Wasserstoff, Halogen, Sauerstoff (größere Beständigkeit gegen die Einwirkung der Luft) usw. bedingt. Wenn das Monomere zwei Doppelbindungen enthält, wie das Isopren oder Butadien, dann bleiben Doppelbindungen erhalten, welche abgesättigt werden können (Vulkanisation von Kautschuk und Buna)[12].

Bei den Polymerisationen und Polykondensationen erhält man Teilchen von solcher Dimension, daß sie zur Bildung von kolloidalen Lösungen befähigt sind. In solchen Lösungen sind die Kolloidteilchen mit den Molekülen identisch; man bezeichnet sie daher als Molekülkolloide. Bei kettenförmigen Molekülkolloiden ist die Länge der Teilchen zwischen $1\,\mu\mu$ und $1\,\mu$, die beiden anderen Dimensionen sind unvergleichlich kleiner und betragen ungefähr 3,5 Å. Es handelt sich meist um Moleküle, die 100 bis 1000mal so lang als dick sind. Die aus ihnen aufgebauten Stoffe haben daher andere Eigenschaften als die normalen niedermolekularen Stoffe. Sie haben die Fähigkeit zur Bildung von festen kolloidalen Lösungen, bzw. festen Gelen, soweit es sich um Harze handelt, wodurch außer den Löslichkeitsverhältnissen besonders die mechanischen Eigenschaften beeinflußt werden. Wie schon früher erwähnt wurde, unterscheiden sie sich auch von den sphärischen Kolloiden bezüglich der Viskosität und der mechanischen Eigenschaften. Bei chemischen Eingriffen, welche nicht abbauen, behalten Linearkolloide ihren Molekülkolloidcharakter (Verseifung von Polyvinylacetat zu Polyvinylalkohol)[13].

Obwohl die Hauptvalenzketten eine beträchtliche Festigkeit besitzen, nimmt die Neigung zu thermischem Zerfall mit zunehmender Kettenlänge zu. Ebenso steigt die Empfindlichkeit gegen Sauerstoffeinwirkung bei höherem Polymerisationsgrad, so daß nicht nur Polyprene infolge ihres ungesättigten Charakters, sondern auch Cellulose und die höheren Polymerisate des Vinylacetates einem stärkeren Abbau durch Sauerstoffeinwirkung unterliegen.

Über die wahrscheinliche Gestalt der Linearmoleküle sind die Ansichten verschieden; es wird sowohl gestreckte Beschaffenheit mit paralleler Lagerung (Staudinger) als auch das Vorliegen von losen Knäueln, in festem Zustand einem Wattebausch vergleichbar, angenommen (W. Kuhn). Bei Molekülgittern sind drei, bei Makromolekülgittern nur zwei Spaltebenen vorhanden, welche so liegen, daß sie nur langgestreckte Bündel ergeben können. Dadurch ergibt sich die besonders große Festigkeit in der Richtung quer zur Molekülausrichtung. Infolge der Überlappungen der Fadenmoleküle ist dem Längenwachstum keine Grenze gezogen, so daß die Möglichkeit zur Bildung von Fäden und Filmen gegeben ist. Da diese aber unelastisch wären und nur eine irreversible Dehnung infolge Verschiebungen auf den Gleitebenen aufweisen würden, dürfen die Fadenmoleküle nur teilweise parallel gelagert sein, wenn es zur Ausbildung der Fasernatur kommen soll[14].

Bei zunehmender Kettenlänge gehen die echten Lösungen der Linearmoleküle rasch in kolloidale über. Die Hochpolymeren sind in den Monomeren löslich. Ferner sind sie in den für die Monomeren geeigneten Lösungsmitteln bis zu einem bestimmten Polymerisationsgrad löslich, wobei die Polarität eine Rolle spielt. Während die höheren Polymerisate des Styrols oder des Isoprens in Alkohol, Essigester oder Azeton nicht mehr löslich sind, bleibt ihre Löslichkeit auch bei der höchsten Polymerisationsstufe in Benzol, Tetralin, Chloroform und Tetrachlorkohlenstoff erhalten. Bei Polyvinylacetaten liegen die Verhältnisse umgekehrt. Die Lösung eines Molekülkolloids hat mehr den Charakter einer Qellung, die unbegrenzt bleibt, solange es sich um reine Linearkolloide handelt, die eventuell auch verzweigt sein können. Bei regulären Vernetzungen ist aber die Quellung eine begrenzte.

Durch Depolymerisierung, welche durch chemische Einwirkung, z. B. durch Sauerstoff, oder durch mechanische Einwirkung eintreten kann, wird die Viskosität der Lösungen stark herabgesetzt, die Löslichkeit nimmt zu[15].

Beim Übergang aus dem flüssigen in den festen Zustand bei Erniedrigung der Temperatur werden die in normalen Flüssigkeiten leicht beweglichen Moleküle in einer regellosen (amorph, „feste Flüssigkeit") oder in einer geregelten (Kristalle) Anordnung fixiert. Die Bildung von Festkörpern kann aber auch durch Aufhebung der ursprünglich vorhandenen freien Beweglichkeit der Moleküle durch chemische Bindung stattfinden, wie es bei der Bildung von Molekülkolloiden durch Polymerisation oder Polykondensation der Fall ist. Die durch Temperaturerniedrigung fest gewordenen Flüssigkeiten gehen bei Temperaturerhöhung wieder in den flüssigen Zustand über. Diese Körper sind plastisch, sie fließen und gleichen einen von außen ausgeübten Zwang aus, ohne daß nach Aufhebung des äußeren Einflusses eine Nachwirkung vorhanden ist. Dies ist darauf zurückzuführen, daß bei einem normalen fest-flüssigen System immer genügend schwach fixierte Moleküle existieren, welche durch äußere Einwirkung aus ihrer Lage verschoben werden können. Im Gegensatz dazu ist bei Molekülkolloiden die Möglichkeit zu Verschiebungen der Moleküle eine wesentlich kleinere, da die angreifenden Kräfte erst eine gewisse Größe erreichen müssen, bevor Fließen eintreten kann. Dies hat eine bedeutende Rückfederung zur Folge. Man muß daher Molekülkolloide erst auf eine gewisse Temperatur erwärmen, um eine gewisse Fließfähigkeit zu erreichen, wie sie zur Verformung von Gegenständen erforderlich ist. Dabei können sich mehr oder weniger elastische Effekte überlagern. Es können daher verformte Stoffe von Molekülkolloidcharakter, besonders bei Temperaturerhöhung, später einsetzende Deformierung erleiden. Die elastischen Eigenschaften der Molekülkolloide bringt man mit der angenommenen Knäuelgestalt in Verbindung. Es wird angenommen, daß eine besonders begünstigte Form besteht, in die derartige Gebilde zurückzukehren bestrebt sind, sobald der äußere Druck oder die Dehnung aufhört. Elastische Eigenschaften lassen sich unabhängig von der Struktur entwickeln, sie erfordern nur entsprechend große Moleküle[16].

Die Festigkeitseigenschaften hängen in erster Linie von der Kettenlänge ab. Je länger die Kette ist, desto geringer ist die Anzahl der Unterbrechungen zwischen den einzelnen Fadenmolekülen („Lockerstellen" nach Staudinger). Der Abstand der einzelnen in Parallellagerung angenommenen Fadenmoleküle beträgt 3 bis 4 $\overset{\circ}{A}$, während die Entfernung der Atome der Hauptvalenzketten nur 1,5 $\overset{\circ}{A}$ beträgt. Durch möglichst weitgehende Parallellagerung der Einzelkomplexe kommen die Molkohäsionskräfte besonders zur Geltung, wobei auch die Zahl der Hauptvalenzketten, welche beim Bruch zerstört werden müssen, eine besonders große ist. Um die Parallellagerung (Orientierung) zu erreichen, wird die Dehnung oder Reckung verwendet (Streckspinnen). Die große Festigkeit der nativen Fasern ist auf die von Natur aus vorhandene Parallellagerung zurückzuführen.

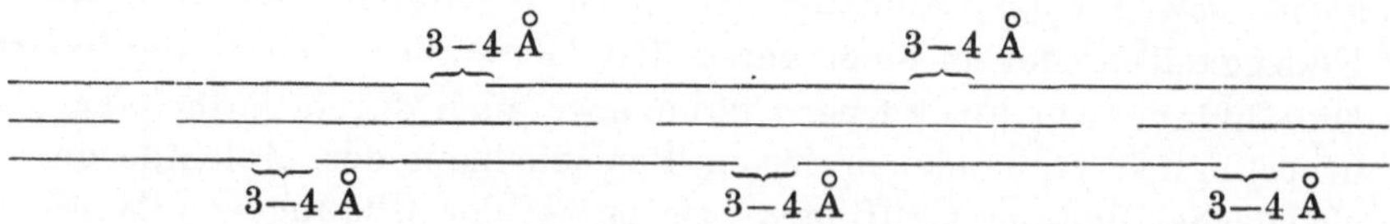

Lockerstellen im Makromolekülgitter nach H. Staudinger, Zellwolle, Kunstseide, Seide 44, 375 (1939).

Die Polymerisationen werden auf drei verschiedene Weisen durchgeführt, und zwar a) ohne Verdünnungsmittel („Blockpolymerisation"), b) in Gegenwart von Lösungsmitteln („Lösungspolymerisation"), c) in Gegenwart von nicht lösenden Verdünnungsmitteln („Emulsions- bzw. Suspensionspolymerisation")[17].

Die Blockpolymerisation ist technisch mit großen Schwierigkeiten verbunden, da es leicht zu Blasenbildung kommt, wenn man Platten von größerem Maße und Stärke herstellen will. Außerdem ist die eintretende Schrumpfung zu berücksichtigen. Auf jeden Fall muß Selbsterhitzung vermieden werden. Eine einwandfreie Blockpolymerisation ist nur bei einigen Acrylsäurederivaten gelungen. Für die Textilindustrie ist dieses Verfahren ohne Interesse. Es haben jedoch die nach den anderen beiden Verfahren erzeugten Polymerisate große Bedeutung gewonnen.

Die Polymerisation in Lösungsmitteln ist ohne große Schwierigkeiten auszuführen. Die Polymerisate haben aber einen verhältnismäßig niedrigen Polymerisationsgrad, außerdem ist die Kettenlänge der einzelnen Molekülkolloide ziemlich verschieden. Am günstigsten ist es, in konzentrierten Lösungen zu arbeiten; auch das Lösungsmittel selbst ist von Einfluß. Styrol ergibt in Toluol gelöst verhältnismäßig hochmolekulare Produkte, während Acryl- und Vinylester in demselben Lösungsmittel nur niederpolymere Produkte ergeben. Hochmolekulare Acryl- und Methacrylester entstehen in Essigester- oder Benzollösung. Man ist durch die Anwendung von verhältnismäßig niodrig siedenden Lösungsmitteln gezwungen, bei entsprechend niedrigen Temperaturen zu polymerisieren, wodurch der relativ niedrige Polymerisationsgrad der erhaltenen Polymerisate zu erklären ist. Die Reaktion wird auch durch das Verdünnungsmittel sehr verzögert. Gewöhnlich haben die so erhaltenen Polymerisate den charakteristischen Geruch der Monomeren. Wenn man nicht Lösungen der Polymerisate weiter verwenden will, muß man sie durch Zusatz von Flüssigkeiten, welche keine Lösungsmittel sind, ausfällen.

Ein besonders elegantes Polymerisationsverfahren ist das in Emulsion. Man gelangt dabei zu Produkten, welche dem natürlichen Latex, der natürlichen Kautschukmilch, sehr ähnlich sind. Dieses Verfahren wird bei einer ganzen Reihe von Verbindungen ausgeführt, vor allem bei verschiedenen Vinylderivaten, bei den Butadienen und bei den Isoprenen. Als Emulgatoren werden die auch als Textilhilfsmittel bekannten verwendet, Seifen wie ölsaures Natrium, Türkischrotöle, Alkalisalze der alkylierten Naphthalinsulfosäuren, Fettalkoholsulfonate, Methylcellulose, Polyacrylate, Polyvinylalkohol, Gelatine usw. Die Polymerisation beginnt bei den geringen in Wasser gelösten Anteilen des Monomeren. Die Katalysatoren müssen daher auch wasserlöslich sein; man verwendet meistens Wasserstoffsuperoxyd und wasserlösliche Persalze. Die Polymerisate können entweder in Form ihrer Emulsionen, bzw. Dispersionen direkt weiter verwendet werden oder man fällt sie aus, falls man sie in fester Form gewinnen will. Für die Textilindustrie ist vor allem die Verwendung der Emulsionen von Bedeutung, da sie verschiedene Vorteile bietet. Die Polymerisation in wässeriger Emulsion ist mit verschiedenen Vorteilen verbunden. Sie kann kontinuierlich durchgeführt werden, sie verläuft sehr rasch, die erhaltenen Produkte sind relativ gleichmäßig und weitgehend polymerisiert, durch Regulierung der Wärme ist der Prozeß leicht zu regeln, unpolymerisierte Anteile können durch Wasserdampfdestillation entfernt werden, es genügen einfache Apparaturen (Rührwerkkessel mit Rückflußeinrichtung, bei flüchtigen Substanzen wie Vinylchlorid Rühr- oder Schüttelautoklaven). Dadurch gestaltet sich die Fabrikation billig.

Was über das Verhalten der Molekülkolloide, die durch Polymerisation erhalten werden, gesagt wurde, gilt im allgemeinen auch für die durch Polykondensation gewonnenen Produkte. Dagegen unterscheiden sich Polykondensationen von Polymerisationen. Kondensationen sind Prozesse, bei denen nicht einfache Molekülverknüpfung eintritt, sondern eine Abspaltung von Wasser, Halogenwasserstoff, Ammoniak usw. stattfindet. Dies kann innerhalb eines Moleküls stattfinden, meistens aber zwischen mehreren Molekülen. Diese Kondensationsprodukte können weiter reagieren, wenn sie noch funktionelle Atome oder Gruppen enthalten.

In manchen Fällen verlaufen die Kondensationen sehr energisch, in anderen ist es notwendig, die Reaktion durch Wärme, und vor allem durch Kondensationsmittel (Kontaktmittel, Katalysatoren) zu unterstützen, deren Wirkungsweise nur in einzelnen Fällen aufgeklärt ist. Manchmal bilden sie Anlagerungsprodukte mit Reaktionskomponenten, in anderen Fällen binden sie die auftretenden Spaltstücke. Es handelt sich im allgemeinen um die gleichen Kondensationsmittel, wie sie bei den einfachen Kondensationsreaktionen der organischen Chemie verwendet werden.

Um Kondensationsharze zu erhalten, müssen die Kondensationsprodukte keineswegs hochmolekular sein, meistens sind es sogar niedermolekulare Körper mit sphärischer Gestalt.

Hochmolekulare Stoffe kann man dadurch erhalten, daß man zuerst durch Kondensation Stoffe herstellt, welche weiter polymerisiert werden können, z. B. aus Formaldehyd und Ketonen über Methylolverbindungen Vinylketone, die weiter polymerisiert werden können. Außerdem können hochmolekulare Stoffe durch Kondensation polyfunktioneller Komponenten entstehen, falls es nicht zu einem Ringschluß kommt. Sonst bilden sich Ketten, die theoretisch unendlich lang werden könnten, wenn nicht durch das abgespaltene Wasser das neuentstandene Kondensat wieder Aufspaltung erfahren würde. Man muß daher das abgespaltene Wasser entfernen, um zu einem höhermolekularen Produkt zu gelangen. Hierher gehören die Polykondensationsprodukte von mehrwertigen Alkoholen und zweibasischen Säuren und die von ω-Aminosäuren, bzw. von Diaminen und Dicarbonsäuren (Superpolyamide).

Von einer bestimmten Kettenlänge an bilden die Polykondensate, deren Entstehungsweise zuletzt beschrieben wurde, Fadenmoleküle. Ihre Molekülgröße muß 10.000 überschreiten. In ihren Eigenschaften, z. B. hinsichtlich des Faserdiagramms, entsprechen sie natürlichen Polykondensaten wie Cellulose oder Seide. Die Festigkeitseigenschaften sind wesentlich höhere als bei Polymerisaten, wie etwa Polystyrol. Dies dürfte eine Folge des polaren Baues der das Polykondensat bildenden Grundkörper sein.

Auch die Polykondensate aus Alkylendihalogeniden und Polysulfiden (organische Thioplaste) bilden Ketten. Sie haben kautschukartige Eigenschaften.

Dagegen sind die Polykondensationsprodukte aus Phenolen und Formaldehyd, ferner die aus Harnstoff und Formaldehyd durch eine vernetzte Aufbauweise ausgezeichnet. Dazu gehören auch manche Polyester, z. B. die aus Glycerin und Phtalsäure aufgebauten Glyptale.

Im Gegensatz zu den Polymerisationen lassen sich Polykondensationen beliebig unterbrechen und dann wieder fortsetzen. Man kann daher die Polykondensation nur so weit treiben, daß man ein zur Verarbeitung günstiges Produkt (Löslichkeit, Schmelzbarkeit, Thermoplastizität) erhält und dann erst zur Erreichung bestimmter Eigenschaften weiter kondensiert (z. B. Dimethylolharnstoff, „Kaurit")[18].

Literatur.

Abkürzungen: Scheiber, Chemie und Technologie der künstlichen Harze, Stuttgart, 1943 ... Künstliche Harze. — H, Staudinger, Die hochmolekularen organischen Verbindungen, Kautschuk und Cellulose, Berlin 1932 ... Die hochmolekularen Verbindungen. — R. Houwink, Chemie und Technologie der Kunststoffe, Leipzig 1939, bzw. 1942 ... Kunststoffe.

[1] Scheiber, Künstliche Harze, S. 73—74. — [2] Scheiber, Künstliche Harze, S. 26—30. — [3] H. Staudinger, Ber. 63, 1922 (1930); H. Staudinger, Kolloid-Zeitschr. 51, 71 (1930). — [4] Scheiber, Künstliche Harze, S. 43—44. — [5] Scheiber, Künstliche Harze, S. 60—74. — [6] K. H. Meyer u. H. Mark, Hochpolymere Chemie, Leipzig 1940, S. 206 f.; H. Staudinger, Zur Entwicklung der Chemie der Hochpolymeren, 1937, S. 152; Staudinger, Die hochmolekularen Verbindungen, S. 442; Scheiber, Künstliche Harze, S. 39 f., 80—91. — [7] Scheiber, Künstliche Harze, S. 41 f. — [8] H. Mark, Der feste Körper, S. 72 f.; Scheiber, Künstliche Harze, S. 43 f.; H, Staudinger, Ber. 59, 3035 (1926). — [9] Scheiber, Künstliche Harze, S. 48—49. — [10] Scheiber, Künstliche Harze, S. 49 f. — [11] Scheiber, Künstliche Harze, S. 65 f. — [12] Scheiber, Künstliche Harze, S. 73 f.; H, Staudinger, Die hochmolekularen Verbindungen, S. 164. — [13] H. Staudinger, Die hochmolekularen Verbindungen, S. 15, 164 f., 204 f.; Houwink-Kern, Kunststoffe, S. 74 f.; Scheiber, Künstliche Harze, S. 80 f. — [14] Schei-

ber, Künstliche Harze, S. 83 f.; Houwink, Physikalische Eigenschaften und Feinbau von Natur- und Kunststoffen, Leipzig 1934, S. 127; H. Staudinger, Die hochmolekularen Verbindungen, S. 79, 111. — 15 H. Staudinger, Die hochmolekularen Verbindungen, S. 89 f., 132 f.; H. Staudinger, Zur Entwicklung der Hochpolymeren, Berlin 1937, S. 152. — 16 Scheiber, Künstliche Harze, S. 88 f.; Houwink, Physikalische Eigenschaften und Feinbau von Natur- und Kunstharzen, Leipzig 1934, S. 22 f.; Houwink-Müller, Kunststoffe, S. 117 f.; K. H. Meyer und H. Mark, Der Aufbau der hochpolymeren Naturstoffe, Leipzig 1930, S. 153. — 17 Scheiber, Künstliche Harze, S. 206—213. — 18 Scheiber, Künstliche Harze, S. 295—302.

II. Die wichtigsten Polymerisations- und Polykondensationsprodukte.

A. Polymerisate.

1. Polyäthylen (Polythene, Lupolen).

Das Äthylen $CH_2 = CH_2$ kann unter verschiedenen Bedingungen polymerisiert werden. Man erhält dabei mehr oder minder flüchtige, hochsiedende und feste Verbindungen, je nach den Reaktionsbedingungen. Die Anwendung von hohen Drucken und von nicht zu hohen Temperaturen führt zu hochpolymeren, festen Produkten. Unter den Katalysatoren haben besondere Bedeutung die Halogenide wie Aluminiumchlorid, andere Metallchloride und Borfluorid gewonnen. Die Polyäthylene werden von den Angelsachsen als „Polythene" bezeichnet. Paraffinartige Polyäthylene wurden unter der Bezeichnung „Lupolen" von der I. G. Farbenindustrie A. G. als Zusatz zu Polyisobutylen verwendet, um den mechanischen Abbau des letzteren zu verringern. Unter geeigneten Bedingungen gelangt man auch zu kautschukartigen Polymerisaten. Die Polyäthylene können nachträglich einer Halogenierung unterworfen werden (EP. 575.096, EP. 481.515), wobei man zu ähnlichen Produkten wie bei der Polymerisation von Vinyl- und Vinylidenchlorid gelangt.

Durch Einführung von Alkylresten in Äthylen wird die Polymerisationsfähigkeit meist schwächer, beim Isobutylen jedoch stärker. Ebenso wird durch Einführung von negativen Atomen oder Gruppen in das Äthylen die Neigung zur Polymerisation teils geschwächt, teils verstärkt. Insbesondere zeigen die Vinylverbindungen $CH_2 = CHX$ und unter diesen vor allem die Halogenide eine besonders stark entwickelte Polymerisationsfähigkeit. Außer den Vinylverbindungen besitzen die Diolefine mit konjugierten Doppelbindungen ein stark ausgeprägtes Polymerisationsvermögen.

2. Polyisobutylen (Oppanol, Vistanex).

Das Isobutylen $(CH_3)_2C = CH_2$ wird aus Isobutylalkohol durch Abspaltung von Wasser gewonnen. Die technische Polymerisation des bei $-6°C$ siedenden Isobutylens wird bei niedrigen Temperaturen und in Verdünnung mit indifferenten Gasen ausgeführt, wobei Aluminiumchlorid, Titanchlorid oder Bortrifluorid als Katalysatoren dienen. Der Polymerisationsgrad kann durch passende Auswahl des Katalysators variiert werden[1]. Die Standard Oil Co. arbeitet bei $-40°$ C mit einem Mischgas aus 10 bis 25% Isobutylen mit Isobutan und n-Butan; als Katalysator wird vor allem Borfluorid verwendet. Wenn die Reaktion eingeleitet ist, wird auf höhere Temperatur erwärmt, eventuell nach Entfernung des Katalysators[2].

Wahrscheinlich zeigen die Polyisobutylene folgenden Aufbau:

$$-CH_2-\underset{\underset{CH_3}{|}}{\overset{\overset{CH_3}{|}}{C}}-CH_2-\underset{\underset{CH_3}{|}}{\overset{\overset{CH_3}{|}}{C}}-CH_2-\underset{\underset{CH_3}{|}}{\overset{\overset{CH_3}{|}}{C}}-CH_2-$$

Die Amerikaner haben ein Mischpolymerisat aus Butadien und Isobutylen entwickelt, welches infolge der in diesem enthaltenen Doppelbindung vulkanisiert werden kann („Butyl-Rubber"):

$$n\ CH_2=CH-CH=CH_2+n\ CH_2=C\ (CH_3)_2 \rightarrow \left[\begin{array}{c} \overset{H}{|}\ \overset{H}{|}\ \overset{H}{|}\ \overset{H}{|}\ \overset{H}{|}\ \overset{CH_3}{|} \\ -C-C=C-C-C-C- \\ \underset{H}{|}\quad\quad \underset{H}{|}\ \underset{H}{|}\ \underset{CH_3}{|} \end{array} \right]_n.$$

Einen ähnlichen Aufbau dürfte das von der I. G. entwickelte, aber nicht mehr in den Handel gebrachte Oppanol V besitzen.

3. Polybutadien (Buna).

Das Butadien $CH_2 = CH - CH = CH_2$, welches bei $-4°$ C siedet, wird technisch aus Acetylen auf einem der beiden folgenden Wege hergestellt:

$$CH\equiv CH \longrightarrow CH_3 \cdot CHO \longrightarrow CH_3 - CH\ (OH) - CH_2 - CHO$$
$$\text{Acetylen} \qquad \text{Acetaldehyd} \qquad\qquad \text{Acetaldol}$$

$$\longrightarrow CH_3 - CH\ (OH) - CH_2 - CH_2\ (OH) \longrightarrow CH_2 = CH - CH = CH_2$$
$$\text{1,3 — Butylenglykol} \qquad\qquad\qquad \text{Butadien}$$

oder

$$CH\equiv CH \longrightarrow CH_2=CH - C\equiv CH \longrightarrow CH_2=CH - CH=CH_2.$$
$$\text{Acetylen} \qquad\qquad \text{Vinylacetylen} \qquad\qquad \text{Butadien}$$

Die Polymerisation des Butadien wird technisch entweder in Lösung oder in Emulsion ausgeführt. Bei ersterem Verfahren wird das

flüssige oder in indifferenten Lösungsmitteln gelöste Butadien[3] mit
Natrium oder anderen Alkali- oder Erdalkalimetallen als Katalysatoren in Stickstoff- oder Wasserstoffatmosphäre, eventuell unter Überdruck, polymerisiert, z. B. 400 Teile Butadien, 0,04 Teile Vinylchlorid
(oder andere organische Halogenverbindungen), 0,5 Teile Natrium
unter Wasserstoffüberdruck von 0,5 Atmosphären bei 60° C während
36 Stunden im rollenden Autoklaven[4]. Die Polymerisation findet
zuerst in 1,4-, später auch in 1,2-Stellung statt, wodurch Verzweigungen entstehen. Die höheren Polymerisate sind daher nur noch quellbar
und lassen sich nicht so dehnen wie Naturkautschuk. Durch Vulkanisation tritt wieder ein Ausgleich ein, so daß die mechanischen
Eigenschaften sogar besser als bei Naturkautschuk sein können.

Emulgiertes Butadien läßt sich sehr leicht polymerisieren, wobei die
Emulgatoren selbst als Katalysatoren wirken, z. B. fettsaure und
sulfofettsaure Salze, Salze verschiedener sonstiger Sulfofettsäuren,
Salze verschiedener organischer Basen mit anorganischen und
organischen Säuren, Eiweißstoffe und Saponine[5]. Noch größer ist die
Wirkung von Sauerstoffverbindungen (Ozon, Peroxyde und Persalze)
sowie von Sauerstoffüberträgern wie oxydiertem Leinöl, Kalium-
bichromat, Terpenen; außerdem werden noch die verschiedenartigsten
Verbindungen empfohlen. Es werden weiters Antioxygene sowie
Vulkanisationsbeschleuniger, ja sogar Füllstoffe, vor der Polymerisation zugesetzt. Da bei Verwendung des reinen Butadien Schwierigkeiten, insbesondere bezüglich der eintretenden Vernetzung, vorhanden
sind, wird die Emulsionspolymerisation mehr zur Herstellung von
Mischpolymerisaten angewendet, vor allem aus Styrol und Acrylsäurenitril. Es werden z. B. 50 Teile Butadien und 17 Teile Acrylsäurenitril in 60 Teilen einer 5%igen Lösung von salzsaurem Diäthyl-
aminoäthyloleylamid und 0,5 Teilen Trichloressigsäure emulgiert und
3 bis 4 Tage bei 50 bis 60° C gerührt[6]. Man setzt weiters Stoffe mit
Eigenpolymerisation zu, ferner Alterungsschutzmittel wie Phenyl-
α-naphtylamin.

Da in den Polybutadienen und Polyprenen noch eine Doppelbindung enthalten ist, kann diese weiter reagieren. Darauf beruht die
Fähigkeit, mit Schwefel zu reagieren, das Vulkanisieren. Durch diese
Doppelbindung wird aber auch die geringere Alterungsbeständigkeit
hervorgerufen, denn es kann Reaktion mit Sauerstoff eintreten. Im
Gegensatz dazu sind die Vinylpolymerisate als gesättigte Verbindungen zwar nicht vulkanisierbar, aber alterungsbeständig. Die im
Molekül enthaltenen Doppelbindungen sind die Ursache dafür, daß
die Ketten der Polybutadiene nicht linear, sondern spiral- oder knäuel-
förmig angeordnet sind. Dies bewirkt die größere Elastizität der
Butadienpolymerisate, welche bei der Vulkanisation noch zunimmt.

Die dabei entstandene Vernetzung wirkt einer plastischen Verformung entgegen; auch dies bedeutet einen grundsätzlichen Unterschied den Vinylpolymerisaten gegenüber. Mischpolymerisate, wie die mit Styrol, haben eine höhere Alterungsbeständigkeit, aber eine geringere Vulkanisierfähigkeit als die reinen Butadienpolymerisate.

4. Polychlorbutadien (Duprene, Neoprene, Sowprene).

Das 2-Chlorbutadien-1,3 $CH_2 = CH — CCl = CH_2$ wird analog dem Butadien aus Vinylacetylen, an das Chlorwasserstoff angelagert wird, hergestellt.

$$CH \equiv CH \longrightarrow CH_2 = CH — C \equiv CH \xrightarrow{HCl} CH_2 = CH — CCl = CH_2.$$
Acetylen   Vinylacetylen   2-Chlorbutadien-1,3

Die Polymerisation des bei 59⁰ C siedenden 2-Chlorbutadien-1,3 wird entweder in Gegenwart oder Abwesenheit von Lösungsmitteln oder in Emulsion ausgeführt. Besonders das letztere Verfahren wird angewendet. Die Polymerisate des Chlorbutadien, welches auch als Chloropren bezeichnet wird, unterscheiden sich von Naturkautschuk und den Butadienpolymerisaten durch stärkere Vernetzung; sie sind dadurch nerviger, außerdem schwerer quellbar und löslich, weniger gasdurchlässig, alterungsbeständiger, besonders unempfindlich gegen Sauerstoff. Die Vulkanisation kann ohne Schwefel nur mit Zinkoxyd als „Vernetzung" ausgeführt werden. Die Polymerisate des Chlorbutadien werden vor allem in den Vereinigten Staaten und in Rußland hergestellt.

5. Polystyrol.

Das Styrol, welches bei 145 bis 146⁰ C siedet, wird technisch aus Äthylbenzol, welches aus Benzol und Äthylen hergestellt wird, über das Chloräthylbenzol durch Abspaltung von Chlorwasserstoff erhalten. Das Polystyrol wird sowohl in Lösung als auch in Emulsion hergestellt. Es ist wahrscheinlich folgendermaßen aufgebaut[7]:

$$— CH_2 — CH — CH_2 — CH — CH_2 — CH — CH_2 — CH — CH_2 — CH —$$
C_6H_5   C_6H_5   C_6H_5   C_6H_5   C_6H_5

Polystyrole sind hart und spröd; durch Reckung werden sie elastischer und dehnbarer, so daß Fäden und Folien von großer Festigkeit daraus fabriziert werden können, die insbesondere in der Kabelindustrie Verwendung finden. Zum Streichen oder Imprägnieren von Textilien wird Polystyrol als solches kaum verwendet, dagegen in Form von Mischpolymerisaten von Styrol und Butadien.

6. Polyvinylchlorid (Igelit, Koroseal) und Polyvinylidenchlorid.

Vinylchlorid $CH_2 = CHCl$, ein bei -18^0 siedendes Gas wird entweder durch Chlorierung des Äthylens bei 300 bis 500^0 C, gegebenenfalls unter Zusatz von Katalysatoren, oder durch Anlagerung von Chlorwasserstoff an Acetylen in Gegenwart von Quecksilber oder anderen Katalysatoren gewonnen. Es ist sehr leicht polymerisierbar. Die Polymerisation wird meist in Emulsionsform im Schüttel- oder Rührautoklaven ausgeführt. Durch Ausfällen — meistens durch Vakuumdestillation — wird das Polyvinylchlorid in fester Form gewonnen. Es ist in den meisten Lösungsmitteln unlöslich, nur in wenigen höhersiedenden Lösungsmitteln löslich. Durch Nachbehandlung mit Säuren oder sauer reagierenden Stoffen kann es in einer Form erhalten werden, welche in Ketonen, Estern, teilweise auch in aromatischen Kohlenwasserstoffen löslich ist[10]. Wenn aber die Polymerisation bei hohem Druck und hoher Temperatur in Lösung stattfindet, gelangt man zu einem in niedriger siedenden Lösungsmitteln löslichen Produkt[9]. Polyvinylchlorid kann nachchloriert werden und sonstigen Nachbehandlungen zur Veränderung seiner Eigenschaften unterzogen werden; durch Erhitzen tritt Nachpolymerisation ein; durch Reckung des noch plastischen Materials erzielt man große Zerreißfestigkeit und gute Biegsamkeit des Materials, z. B. beim Streckspinnen (PC-Faser aus nachchloriertem Polyvinylchlorid)[8].

Die Polyvinylchloride sind wahrscheinlich folgendermaßen aufgebaut:

$$-CH_2-CH-CH_2-CH-CH_2-CH-CH_2-CH-CH_2-CH-CH_2-CH-$$
$$\quad\quad\;\; | \quad\quad\quad | \quad\quad\quad | \quad\quad\quad | \quad\quad\quad | \quad\quad\quad |$$
$$\quad\quad\; Cl \quad\quad Cl \quad\quad Cl \quad\quad Cl \quad\quad Cl \quad\quad Cl$$

Durch Abspaltung von Chlorwasserstoff dürfte daneben auch Vernetzung vorhanden sein.

Vielfach werden auch Mischpolymerisate des Vinylchlorids mit Acrylsäure- oder Methacrylsäureestern oder Vinylacetat und anderen Monomeren verwendet.

Mischpolymerisate aus Vinylchlorid und Vinylacetat besitzen folgenden Aufbau:

$$-\left[\begin{array}{c} H \\ | \\ -C-CH_2- \\ | \\ Cl \end{array}\right]_n \begin{array}{c} H \\ | \\ -C-CH_2- \\ | \\ OOC.CH_3 \end{array} \left[\begin{array}{c} H \\ | \\ -C-CH_2- \\ | \\ Cl \end{array}\right]_n \begin{array}{c} H \\ | \\ -C-CH_2- \\ | \\ OOC.CH_3 \end{array}$$

Von englischer Seite (I.C.I.) wurden durch Chlorierung von Polyäthylenen (Polythene) ähnliche Produkte mit verschieden hohem Chlorgehalt entwickelt (EP. 481.515 und EP. 575.096). Diese Produkte

zeichnen sich teilweise durch wesentlich niedrigere Verarbeitungs-
temperaturen (110 bis 120⁰ C) dem Polyvinylchlorid gegenüber aus.

Die Amerikaner haben außer den Vinylchloridpolymerisaten auch
Polymerisate des unsymmetrischen Dichloräthylens (Vinylidenchlorid)
hergestellt. Als Ausgangsmaterial dient wieder das Acetylen. Durch
Chlorierung geht dieses in das Tetrachloräthan über, welches bei
135⁰ C mit weiterem Acetylen und Ferrichlorid als Katalysator in
Vinylidenchlorid umgewandelt wird. Dieses wird bei Gegenwart von
Katalysatoren wie Phosphorpentachlorid, Ozon, Benzoyl- oder Ace-
tylperoxyd, Wasserstoffsuperoxyd, Bariumsuperoxyd usw. rasch
polymerisiert:

$$n\ Cl_2C = CH_2 \longrightarrow$$

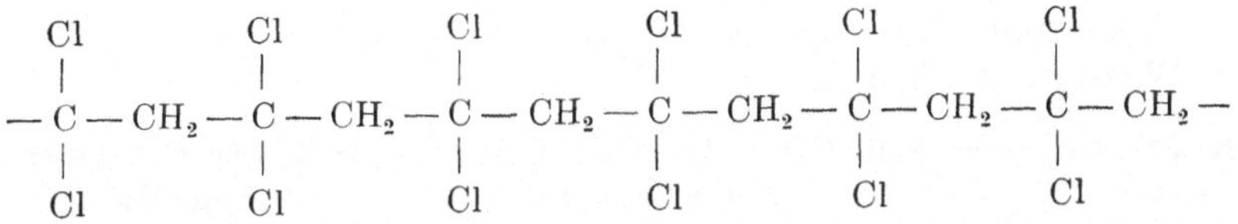

$$-\underset{\underset{Cl}{|}}{\overset{\overset{Cl}{|}}{C}}-CH_2-\underset{\underset{Cl}{|}}{\overset{\overset{Cl}{|}}{C}}-CH_2-\underset{\underset{Cl}{|}}{\overset{\overset{Cl}{|}}{C}}-CH_2-\underset{\underset{Cl}{|}}{\overset{\overset{Cl}{|}}{C}}-CH_2-\underset{\underset{Cl}{|}}{\overset{\overset{Cl}{|}}{C}}-CH_2-\underset{\underset{Cl}{|}}{\overset{\overset{Cl}{|}}{C}}-CH_2-$$

Außerdem werden Mischpolymerisate mit Vinylchlorid von den
Amerikanern hergestellt („Saran") :

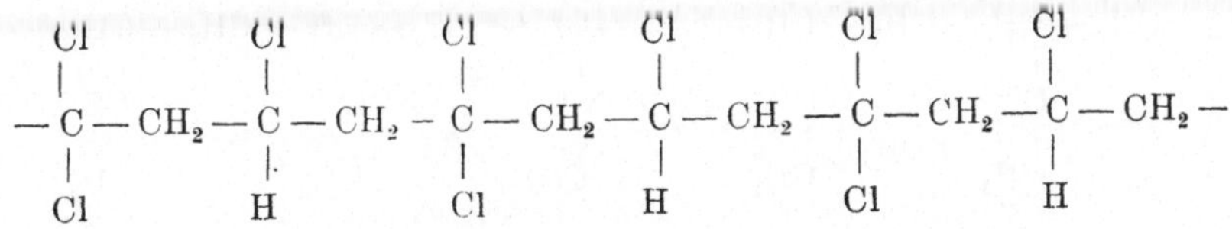

$$-\underset{\underset{Cl}{|}}{\overset{\overset{Cl}{|}}{C}}-CH_2-\underset{\underset{H}{|}}{\overset{\overset{Cl}{|}}{C}}-CH_2-\underset{\underset{Cl}{|}}{\overset{\overset{Cl}{|}}{C}}-CH_2-\underset{\underset{H}{|}}{\overset{\overset{Cl}{|}}{C}}-CH_2-\underset{\underset{Cl}{|}}{\overset{\overset{Cl}{|}}{C}}-CH_2-\underset{\underset{H}{|}}{\overset{\overset{Cl}{|}}{C}}-CH_2-$$

7. Polyvinylacetat (Mowilith, Vinylite).

Vinylacetat $CH_2 = CH.O.OC.CH_3$, welches bei 73⁰ C siedet,
wird aus Acetylen durch Anlagerung an Essigsäure, die selbst auch
aus Acetylen über Acetaldehyd gewonnen werden kann, hergestellt.

$$CH \equiv CH + HOOC.CH_3 \longrightarrow CH_2 = CH.O.OC.CH_3$$
$$\text{Acetylen Essigsäure} \qquad\qquad \text{Vinylacetat}$$

Die Polymerisation wird in Lösung oder in Emulsion ausgeführt
Vinylacetat wird auch in Mischung mit anderen Stoffen, vor allem
mit Vinylchlorid zu Mischpolymerisaten polymerisiert.

Außer Vinylacetat und Vinylchloroacetat werden keine organischen
Vinylester verwendet.

8. Polyvinyläther (Igevin).

Vinyläther werden unter anderem durch Anlagerung von Alkoholen an Acetylen erhalten:

$$CH \equiv CH + HO.R \longrightarrow CH_2 = CH.O.R$$
$$\text{Acetylen Alkohol} \qquad\qquad \text{Vinylalkohol}$$

Die Polymerisation kann in Lösung oder in Emulsion ausgeführt werden. Man kann Polyvinyläther auch aus den Polyvinylalkoholen gewinnen[11].

9. Polyvinylketone.

Methyl-vinyl-keton $CH_3 . CO . CH = CH_2$ kann durch Anlagerung von Wasser an Vinylacetylen erhalten werden:

$$CH \equiv C - CH = CH_2 + H_2O \longrightarrow CH_2 = C\,(OH) - CH = CH_2$$

Vinylacetylen   2-Oxybutadien

$$\longrightarrow CH_3 . CO . CH = CH_2.$$

Methylvinylketon

Vinylketone können außerdem durch Anlagerung von Formaldehyd an Ketone unter Bildung von Methylolverbindungen und Abspaltung von Wasser entstehen, z. B.:

$$R . CO . CH_3 \longrightarrow R . CO . CH_2 . (CH_2 . OH) \longrightarrow R . CO . CH = CH_2.$$

Keton   Ketonalkohol   Vinylketon

Vinylketone $R . CO . CH = CH_2$ lassen sicht leicht polymerisieren; das Polymerisat dürfte folgenden Aufbau besitzen:

$$-CH_2 - CH - CH_2 - CH - CH_2 - CH - CH_2 - CH - CH_2 - CH -$$
$$\quad\ \ \ |\qquad\qquad |\qquad\qquad |\qquad\qquad |\qquad\qquad |$$
$$\quad\ \ CO\qquad\ \ CO\qquad\ \ CO\qquad\ \ CO\qquad\ \ CO$$
$$\quad\ \ \ |\qquad\qquad |\qquad\qquad |\qquad\qquad |\qquad\qquad |$$
$$\quad\ CH_3\qquad\ CH_3\qquad\ CH_3\qquad\ CH_3\qquad\ CH_3$$

[12]

10. Polyacryl- und Polymethacrylsäureester
(Plexigum und Plextol, Acronal).

Die Acrylsäure, bzw. ihre Ester lassen sich auf verschiedene Weise herstellen. Man kann z. B. aus Äthylen durch Anlagerung von unterchloriger Säure das Äthylenchlorhydrin, aus diesem mit Cyanidlösung das Äthylencyanhydrin, aus diesem durch Wasserentzug Acrylsäurenitril herstellen. Ein anderer Weg führt vom Äthylen über das Äthylenoxyd durch Anlagerung von Cyanwasserstoff zum Äthylencyanhydrin und weiter durch Wasserentzug zum Acrylsäurenitril. Man kann auch vom Acetylen ausgehen und entweder direkt oder über Acetaldehyd durch Anlagerung von Cyanwasserstoff und Wasserabspaltung zum Acrylsäurenitril gelangen. Aus diesem kann man durch Verseifung die Acrylsäure, bzw. durch Veresterung ihre Ester erhalten:

$$CH_2 = CH_2 \longrightarrow CH_2\,(OH) - CH_2Cl \longrightarrow CH_2\,(OH) - CH_2CN \longrightarrow$$

Äthylen   Äthylenchlorhydrin   Äthylencyanhydrin

$$CH_2 = CH . CN \longrightarrow CH_2 = CH - COOR.$$

Acrylsäurenitril   Acrylsäure bzw. Acrylsäureester

Zur Herstellung der Methacrylsäure, bzw. ihrer Ester geht man vom Acetylen aus. Dieses wird durch Oxydation in Acetaldehyd und weiter in Essigsäure umgewandelt; aus dieser wird über das Calciumsalz oder direkt Aceton gewonnen, welches durch Anlagerung von Cyanwasserstoff in Acetoncyanhydrin überführt wird; aus diesem erhält man durch starke Säuren, bzw. Monoalkylschwefelsäuren, die Methacrylsäure, bzw. ihre Ester (eventuell über das Methacrylsäurenitril):

$$CH \equiv CH \longrightarrow CH_3 . CHO \longrightarrow CH_3 . COOH \longrightarrow CH_3 . CO . CH_3 \longrightarrow$$

Acetylen   Acetaldehyd   Essigsäure   Aceton

$$(CH_3)_2C \, (OH) \, CN \longrightarrow CH_2 = \underset{\underset{CH_3}{|}}{C} . CN \longrightarrow CH_2 = \underset{\underset{CH_3}{|}}{C} . COOR$$

Acetoncyanhydrin   Methacrylsäure-   Methacrylsäure
                          nitril   bzw. -ester

Die Polymerisation kann sowohl als Blockpolymerisation als auch in Lösung oder Emulsion ausgeführt werden. Bei der Polymerisation in Emulsion werden meistens Peroxyde als Katalysatoren verwendet, z. B. wird in einer Lösung von 1 g Türkischrotöl, 6 g Wasserstoffsuperoxyd 30%ig und 6,0 g acrylsaurem Natrium in 1000 g Wasser ein Gemisch von 170 g Acrylsäuremethylester und 170 g Acrylsäureäthylester emulgiert und eine halbe Stunde auf 60 bis 70° C erwärmt. Die 25%ige Dispersion wird durch Zentrifugieren auf 60 bis 65° C gebracht[13].

Die Struktur der Polyacrylsäureverbindungen dürfte die gleiche wie die aller Vinylverbindungen sein:

$$-CH_2-\underset{\underset{X}{|}}{CH}-CH_2-\underset{\underset{X}{|}}{CH}-CH_2-\underset{\underset{X}{|}}{CH}-CH_2-\underset{\underset{X}{|}}{CH}-CH_2-\underset{\underset{X}{|}}{CH}-$$

(X bedeutet COOH, COOR, CN usw.)

Das Acrylsäurenitril wird meistens nicht allein polymerisiert, sondern in Mischung mit Butadien. Die Acryl- und Methacrylsäureester werden sowohl allein als auch in Mischung polymerisiert.

11. Polyvinylalkohol (Vinarol).

Die Polyvinylalkohole

$$-CH_2-\underset{\underset{OH}{|}}{CH}-CH_2-\underset{\underset{OH}{|}}{CH}-CH_2-\underset{\underset{OH}{|}}{CH}-CH_2-\underset{\underset{OH}{|}}{CH}-$$

lassen sich in allen Polymerisationsstufen durch Vollhydrolyse oder Alkoholyse der entsprechenden Polyvinylester, -äther oder -acetale gewinnen. Sie sind wasserlöslich.

12. Polyvinylacetale (Mowital, Galvar).

Durch die Umsetzung der Polyvinylalkohole mit Aldehyden und Ketonen erhält man die Polyvinylacetale. Diese dürften folgende Struktur besitzen:

$$- CH_2 - CH - CH_2 - CH - CH_2 - CH - CH_2 - CH -$$
$$O - CHR - O \qquad\qquad O - CHR - O$$

Wahrscheinlich werden aber die Ketten gleichzeitig über Carbonylbrücken verknüpft.

13. Cumaronharze.

In der Rohsolventnaphta sind Cumaron und Inden enthalten:

Cumaron   Inden

Unter Verwendung von Katalysatoren, besonders Schwefelsäure, lassen sich beide Produkte zu einem Harz polymerisieren. Obwohl die Cumaronharze als Lackrohstoffe, ferner für Papierdruckfarben für sich allein oder kombiniert mit anderen Harzen oder Standölen aus Leinöl, als Klebmittel, als Imprägnierungsmittel für Kabel, für Papierleimung und viele andere Zwecke eine weitgehende Verwendung gefunden haben, sind sie für die Textilindustrie ohne Bedeutung geblieben.

B. Polykondensate.

1. Phenol-Aldehyd-Kondensate (Phenoplaste).

Bei der Umsetzung von Aldehyden mit Phenolen unter dem Einfluß von sauren Kondensationsmitteln bilden sich Dioxydiphenylmethane (Diphenylolmethane):

$$R \cdot CHO + 2\,C_6H_5 \cdot OH \longrightarrow R \cdot CH \Big\langle \begin{matrix} C_6H_4 \cdot OH \\ C_6H_4 \cdot OH \end{matrix}$$

Daneben treten noch andere Reaktionen ein. Mit Ausnahme des Formaldehyds, des Acroleins und des Furfurols ergeben die Aldehyde nur einfache o- und p-Dioxydiphenylmethanderivate, welche sich nicht weiter kondensieren. Diese sind den sogenannten „Novolaken" zuzuzählen, das sind diejenigen Kondensate, welche unter der Einwirkung von Wärme ihre Löslichkeit und Schmelzbarkeit nicht weiter verändern, also nicht härtbar sind.

Bei Verwendung von Formaldehyd bilden sich Mehrkernverbindungen, und zwar bei saurer Kondensation vom Typ:

$$[CH_2 \underset{C_6H_3.OH]_x}{\overset{C_6H_4.OH}{<}} \quad CH_2 < C_6H_4.OH \qquad \text{Dabei bedeutet x = 0—6.}$$

Für die Herstellung von technisch brauchbaren härtbaren Kondensaten, den sogenannten „Resolen", eignet sich die saure Kondensation nicht, hingegen die basische. Die „Resole", auch „A-Harze" genannt, sind die Primärharze von flüssiger oder zwar fester, aber löslicher und schmelzbarer Beschaffenheit. Diese gehen über die „Resitole" oder „B-Harze" in die „Resite" oder „C-Harze" unter dem Einfluß von Hitze über. Letztere sind voll ausgehärtet, vollkommen unlöslich und unschmelzbar und ohne Thermoplastizität.

Die basische Kondensation von Phenolen mit Formaldehyd führt in der Kälte oder bei mäßig erhöhter Temperatur (30 bis 40° C) zu Phenolalkoholen $HO.CH_2.C_6H_4.OH$ (o-, p-,). In der Wärme tritt weitere Kondensation unter Bildung von Resolharzen ein[14], welche folgende Konstitution haben dürften:

$$[CH_2 \underset{C_6H_3.OH]_x}{\overset{C_6H_4.OH}{<}} \quad CH_2 < C_6H_3(OH).CH_2.OH$$

Sie unterscheiden sich also von den „Novolaken" durch die Methylolgruppe. Die zur Kondensation verwendete Basenmenge soll nicht mehr als $^1/_5$ Äquivalent vom Phenol betragen. Als Ansatzverhältnis werden 1 Mol Phenol : 0,9 — 1 Mol Formaldehyd als untere und 2 Mol Phenol : 3 Mol Formaldehyd als obere Grenze angegeben.

Die Vorgänge bei der Härtung stellen nur eine Fortsetzung der Grundprozesse dar, wobei die „Resitole" durch Polykondensationen in der Kette, die Resite durch zusätzliche Vernetzungen entstehen.

2. Harnstoff-Formaldehyd-Kondensate (Aminoplaste).

Als primäre Verbindungen bei der basisch geleiteten Reaktion von Harnstoff mit Formaldehyd bilden sich die Methylolharnstoffe:

$$CO \underset{NH_2}{\overset{NH_2}{<}} + H.CHO \longrightarrow CO \underset{NH_2}{\overset{NH.CH_2(OH)}{<}}$$

Monomethylolharnstoff

$$\begin{array}{ccc}
\nearrow NH_2 & & \nearrow NH.CH_2\,(OH) \\
CO \quad +2\,H.CHO \longrightarrow & & CO \\
\searrow NH_2 & & \searrow NH.CH_2\,(OH)
\end{array}$$

Dimethylolharnstoff

Als basische Mittel können Alkalihydroxyde, Erdalkalihydroxyde, Magnesiumoxyd, Zinkoxyd, alkalisch reagierende Salze usw. angewandt werden. Wichtig ist die genaue Einstellung eines bestimmten pH-Wertes, welcher der Alkalität einer n/50 bis n/200 NaOH entspricht[15].

Bei saurer Kondensation von Harnstoff und Formaldehyd bilden sich Methylenharnstoff und weiter cyclische Gebilde:

$$\begin{array}{ccccc}
\nearrow NH_2 & & & \nearrow NH & \\
CO & & oder & CO \quad >CH_2 & \\
\searrow \dot N = CH_2 & & & \searrow NH &
\end{array}$$

Methylenharnstoff

$$\begin{array}{l}
\nearrow NH-CO-NH-(CH_2-NH-CO-NH)_x-CH_2-NH-CO-NH \\
CH_2 \hspace{9cm} >CH_2 \\
\searrow NH-CO-NH-(CH_2-NH-CO-NH)_x-CH_2-NH-CO-NH
\end{array}$$

Bei der Bildung von Harnstoff-Formaldehyd-Harzen bilden sich aus den Methylolharnstoffen ähnlich wie bei den Phenol-Formaldehyd-Harzen „Anfangs"-, „Zwischen"- und „Endharze" („A"-, „B"- und „C"-Harze).

Es sind bei den Kondensationen drei Möglichkeiten:

1. Kondensation in Kette:

$$x\,H_2N.CO.NH.CH_2(OH) \longrightarrow$$

Monomethylolharnstoff

$$H_2N.CO.NH.CH_2.(NH.CO.NH.CH_2)_{x-2}.NH.CO.NH.CH_2(OH),$$

bzw.

$$x \begin{array}{c} NH.CO.NH.CH_2(OH) \\ | \\ CH_2\,(OH) \end{array} \longrightarrow$$

Dimethylolharnstoff

$$\begin{array}{ccc}
NH.CO.NH.CH_2.(N.CO.NH.CH_2)_{x-2}.N.CO.NH.CH_2\,(OH) \\
| \hspace{3.2cm} | \hspace{3.4cm} | \\
CH_2\,(OH) \hspace{1.6cm} CH_2\,(OH) \hspace{1.8cm} CH_2\,(OH)
\end{array}$$

2. Es kann das Kettenwachstum durch einen Ringschluß unterbrochen werden:

$$HN . CO . NH . CH_2 . (NH . CO . NH . CH_2)_{x-2} . NH . CO . NH . CH_2$$

bzw.

$$CH_2(OH) \qquad CH_2(OH) \qquad CH_2(OH)$$
$$N . CO . NH . CH_2 . (N . CO . NH . CH_2)_{x-2} . N . CO . NH . CH_2$$

3. Es können auch Vernetzungen eintreten, besonders bei Ketten, welche neben Monomethylol- auch Dimethylolharnstoffreste eingebaut enthalten:

$$H_2N . CO . NH . CH_2 . N . CO . NH . CH_2 . NH . CO . NH . CH_2(OH)$$
$$CH_2$$
$$HN . CO . NH . CH_2 . N . CO . NH . CH_2 . N . CO . NH . CH_2 —$$
$$CH_2 \qquad\qquad\qquad CH_2$$
$$HN . CO . NH . CH_2 . N . CO . NH . CH_2 . N . CO . NH . CH_2 —$$
$$CH_2$$

Aus den angeführten Ursachen ist die Bildung von Methylenharnstoffen, die sich vor allem im stark sauren Bereich bilden, zu vermeiden. Man muß auf die Bildung der Methylolharnstoffe hinarbeiten.

Die zuerst entstehenden „A"-Harze sind wasserlösliche Kolloide elektronegativen Charakters; die Lösungen sind hochviskos; sie sind nicht sehr beständig. Aus ihnen entstehen durch Einwirkung von Wasserstoffionen oder eventuell auch ohne diese die „B"-Harze, welche wesentlich weniger hydrophil sind; sie haben eine geringere Wasserlöslichkeit und eine gelatinöse Beschaffenheit. Diese gehen in die hydrophoben „C"-Harze über; sie stellen meist Gele dar, die im Wasser unlöslich und hart sind. Bei der technischen Darstellung der Endharze, also der „C"-Harze, aus den „A"-Harzen über die „B"-Harze durch Entziehung von Wasser ergeben sich große Schwierigkeiten, da leicht Blasen entstehen. Leichter gelingt die Koagulation des nur beschränkt wasserlöslichen „B"-Harzes auf Cellulosefasern. Es können daher die wasserlöslichen Vorstufen zum Imprägnieren der Faser verwendet werden; die Kondensation kann auf der Faser zu Ende geführt werden.

Die günstigste Arbeitsweise besteht daher darin, daß man eine Vorkondensation des Harnstoffes mit Formaldehyd in neutraler, bzw.

schwachalkalischer Lösung bis zum wasserlöslichen „A"-Harz ausführt. Dieses kann man entwässern und erhält dann relativ stabile
Produkte. Die Überführung in die wasserunlöslichen „C"-Harze über
„B"-Harze geschieht entweder durch Wärmeeinwirkung oder durch
saure Katalysatoren, die sich so abstimmen lassen, daß man unter
Umständen keine Wärmezufuhr braucht. Wenn man von Anfang an
in saurer Lösung arbeitet, gelangt man direkt zu den wenig hydro-
philen „B"-Harzen; zwecks Vermeidung unerwünschter vorzeitiger
Veränderungen muß man Puffersubstanzen wie Natriumacetat oder
Natriumphosphat zusetzen, welche man dann wieder durch saure
Substanzen unwirksam machen muß, um entsprechend rasch härten
zu können. Jedenfalls ist die zuerst angeführte Methode günstiger.
Man arbeitet meist mit einem Verhältnis von 1 Mol Harnstoff auf
1,5 bis höchstens 2 Mol Formaldehyd. Bei einem Verhältnis von 1 Mol
Harnstoff auf 1 Mol Formaldehyd erhält man Produkte, die sich —
ebenso wie die Novolake aus Phenol und Formaldehyd — nicht direkt
härten lassen; ebenso wie diese sind sie aber durch Nachbehandlung
mit Formaldehyd härtbar. An Stelle des Harnstoffes kann teilweise
oder ganz Thioharnstoff zur Verwendung kommen.

Bei sämtlichen Verfahren, gleichgültig, ob die Umsetzungen in
saurer, neutraler oder alkalischer wässeriger Lösung ausgeführt
werden, ist die genaue Einhaltung eines bestimmten pH-Wertes von
größter Wichtigkeit.

Die Umsetzung zwischen Harnstoff und Formaldehyd kann außer
in Wasser auch in organischen Lösungsmitteln durchgeführt werden.
Es sind auch Verfahren bekannt, bei denen man die Kondensation
in einer extrem geringen Wassermenge oder überhaupt „trocken"
ausführt; dazu ist die Verwendung von festen Formaldehydprodukten,
wie Paraformaldehyd, Hexamethylentetramin usw. notwendig.

Zur Stabilisierung von wässerigen Lösungen von Methylolverbindungen werden Stoffe, welche sich in hochviskoser Form in Wasser
lösen, verwendet, z. B. wasserlösliche Celluloseäther (Tylose), cellu-
loseglycolsaures Natrium (Colloresin V), polyacrylsaure Salze und
wasserlösliche Polyvinyläther.

Es besteht die Möglichkeit, die Kondensation von Harnstoff mit
Formaldehyd unter Mitwirkung anderer reaktiver Zusätze vorzu-
nehmen; insbesondere kommen Phenole und Alkohole, weiters Kondensationsprodukte von mehrwertigen Alkoholen mit mehrbasischen
Säuren („Alkyde") sowie Kohlenhydrate und Eiweißstoffe in Betracht. Es können daher nicht nur zwei Verbindungen kondensiert
werden, sondern auch mehr; die zu kondensierenden Substanzen
können niedermolekular oder hochmolekular sein; letztere können
künstliche Kondensationsprodukte oder Naturkörper sein.

Außer den eigentlichen Harnstoffen können noch Verbindungen, die dem Harnstoff nahestehen, mit Formaldehyd kondensiert werden; dies sind vor allem Cyanamid, Dicyanamid, Guanidin, Rhodanammon, ferner verschiedene cyclische Harnstoffderivate, Derivate der Cyanursäure und Triazine. Besonders das 2, 4, 6-Triamino-1, 3, 5-Triazin, welches auch als Cyanursäuretriamid aufgefaßt werden kann, hat unter der Bezeichnung „Melamin" Bedeutung erlangt.

$$
\begin{array}{c}
NH_2 \\
| \\
C \\
\diagup \diagdown \\
N \quad N \\
| \quad \| \\
H_2N - C \quad C - NH_2 \\
\diagdown \diagup \\
N
\end{array}
$$

3. Amin-Formaldehyd-Kondensate.

Besondere Bedeutung haben die Kondensate aus Anilin und Formaldehyd erlangt. Bei Verwendung von 2 Mol Anilin und 1 Mol Formaldehyd erhält man in Gegenwart basischer Mittel hauptsächlich Methylendiphenyldiimid, welches sich beim Erhitzen mit Anilinchlorhydrat unter gleichzeitiger Verharzung in Diamidodiphenylmethan umlagert. In neutraler oder schwach saurer Lösung bilden sich aus äquimolekularen Mengen der Komponenten das Trimere und höhere Polymere des Anhydroformaldehyd-Anilins.

Das Trimere dürfte einen cyclischen Bau aufweisen, während die höheren Polymeren Kettenkomplexe darstellen dürften:

$$2\,C_6H_5 . NH_2 + CH_2O \xrightarrow{\text{alkalisch}} C_6H_5 . NH . CH_2 . NH . C_6H_5 \longrightarrow$$
$$\text{Methylen-diphenyl-diimid}$$

$$H_2N . C_6H_4 . CH_2 . C_6H_4 . NH_2,$$
$$\text{Diamido-diphenyl-methan}$$

$$3\,C_6H_5 . NH_2 + 3\,CH_2O \xrightarrow{\text{sauer}}
\begin{array}{c}
CH_2 \\
\diagup \diagdown \\
C_6H_5 . N \quad\quad N . C_6H_5 \\
| \quad\quad | \\
H_2C \quad\quad CH_2 \\
\diagdown \diagup \\
N \\
| \\
C_6H_5
\end{array}
\text{Anhydroformaldehydanilin.}$$

$$n\,C_6H_5 . NH_2 + n\,CH_2O \xrightarrow{\text{sauer}}
\begin{array}{c}
-N - CH_2 - N - CH_2 - N - CH_2 - N - CH_2 - \\
| \quad\quad\quad | \quad\quad\quad | \quad\quad\quad | \\
C_6H_5 \quad\quad C_6H_5 \quad\quad C_6H_5 \quad\quad C_6H_5
\end{array}$$
$$\text{Höherpolymeres Anhydroformaldehydanilin}$$

Durch Einwirkung starker Säuren geht das Anhydroformaldehyd-anilin in Anhydro-p-Aminobenzylalkohole über:

$$-NH-C_6H_4-CH_2-NH-C_6H_4-CH_2-NH-C_6H_4-CH_2-NH-C_6H_4-CH_2-$$

Diese Verbindungen sind — im Gegensatz zu Anhydroformaldehyd-anilin — befähigt, durch weitere Einwirkung von Paraformaldehyd in der Hitze ohne Kontaktmittel zu reagieren, indem durch Methylen-brücken die Anhydro-p-Aminobenzylalkoholketten vernetzt werden dürften:

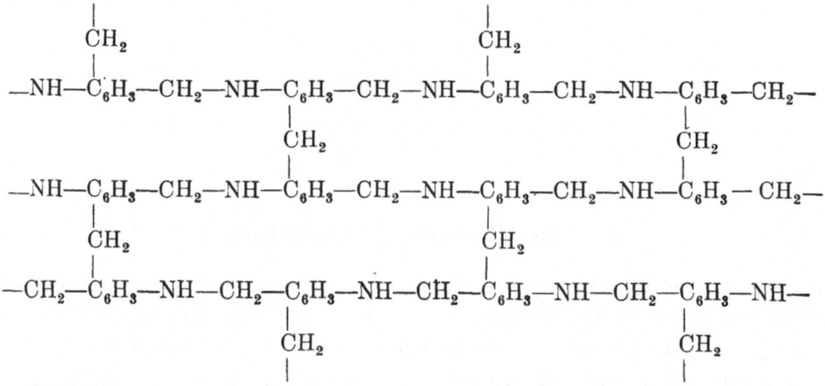

$$
\begin{array}{ccccccc}
 & | & & & & | & \\
 & CH_2 & & & & CH_2 & \\
 & | & & & & | & \\
-NH-C_6H_3-CH_2-NH-C_6H_3-CH_2-NH-C_6H_3-CH_2-NH-C_6H_3-CH_2- \\
 & & & | & & & | \\
 & & & CH_2 & & & CH_2 \\
 & & & | & & & | \\
-NH-C_6H_3-CH_2-NH-C_6H_3-CH_2-NH-C_6H_3-CH_2-NH-C_6H_3-CH_2- \\
 & | & & & & | & \\
 & CH_2 & & & & CH_2 & \\
 & | & & & & | & \\
-CH_2-C_6H_3-NH-CH_2-C_6H_3-NH-CH_2-C_6H_3-NH-CH_2-C_6H_3-NH- \\
 & & & | & & & | \\
 & & & CH_2 & & & CH_2 \\
 & & & | & & & |
\end{array}
$$

Die Menge des einkondensierten Formaldehyds beträgt 1,5 Mol je 1 Mol Anilin.

Wie bei den Phenol-Formaldehyd- und den Harnstoff-Formaldehyd-Kondensationsprodukten kann man auch bei den Anilin-Formaldehyd-Kondensationsprodukten zwischen den unvernetzten Produkten, welche löslich oder schmelzbar sind, und den vernetzten, unlöslichen und unschmelzbaren, dabei thermoplastischen Produkten unterscheiden.

4. Kondensate von Aldehyden und Ketonen.

Unter den Aldehyden, welche für eine Selbstkondensation in Betracht kommen, ist der Acetaldehyd der wichtigste. Durch die sogenannte Aldolbildung können zwei oder mehr Moleküle zusammentreten:

$$n\ CH_3 \cdot CHO \longrightarrow CH_3 \cdot CH\,(OH)\,(-CH_2 \cdot CH\,(OH)-)_{n-2}CH_2 \cdot CHO.$$

Diese Aldolbildung tritt in Gegenwart von Katalysatoren, vor allem von wässerigen Lösungen von Alkali- und Erdalkali-Hydroxyden und -Carbonaten, sauer oder alkalisch reagierenden Salzen, ferner von verdünnter Salzsäure usw., ein.

Das einfache Acetaldol $CH_3 \cdot CH(OH) \cdot CH_2 \cdot CHO$ verliert bei 84 bis 85° C Wasser unter Bildung von Crotonaldehyd $CH_3 \cdot CH = CH \cdot CHO$, welcher ebenfalls leicht kondensiert werden kann.

Beim Erhitzen von Acetaldehyd, Acetaldol oder Crotonaldehyd mit Alkalien bilden sich Harze.

Unter den Ketonen kommen für Verharzungen die aliphatischen nicht in Betracht, hingegen hydroaromatische, wie das Cyclohexanon (Anon) und das Methylcyclohexanon (Methylanon), welche bei Druckerhitzung in Gegenwart von Katalysatoren, vor allem von alkalischen, Harze bilden.

Aldehyde können auch mit Ketonen zu Harzen kondensiert werden.

5. Kondensate von mehrwertigen Alkoholen mit mehrwertigen Säuren.

Durch reine Veresterung gelangt man entweder zu linearen oder cyclischen oder sphärischen Polyestern. Bei Verwendung von 2-wertigen Alkoholen mit 2-basischen Säuren sind nur lineare oder cyclische Produkte zu erwarten. Anders sind die Verhältnisse, wenn 3-wertige Alkohole mit 2-basischen Säuren reagieren.

Von besonderer Bedeutung ist die Kombination Glycerin-Phtalsäureanhydrid. Dabei erhält man härtbare Produkte. Bei nicht zu hohen Temperaturen dürfte die Reaktion der Hauptsache nach so verlaufen, daß nur die α-Hydroxyle des Glycerins verestert werden, während bei höheren Temperaturen das β-Hydroxyl in stärkerem Maße an der Reaktion teilnimmt. Es besteht die Möglichkeit, zu modifizierten Produkten zu gelangen, indem man außerdem Fettsäurereste, eventuell auch andere Säurereste einbaut. Außer der Phtalsäure hat die Maleinsäure für diese Art der Kondensation größere Verwendung gefunden. Alle hierher gehörenden Produkte werden unter dem Namen „Alkyde" zusammengefaßt; die aus Glycerin und Phtalsäureanhydrid hergestellten bilden die Untergruppe der „Glyptale".

Polyester aus Terephtalsäure und Äthylenglykol werden als Ausgangsmaterial für die Herstellung von Fasern verwendet („Terylene").

6. Polyharnstoffe und Polyurethane (Perlon).

Durch Reaktion von organischen Diisocyanaten mit organischen Verbindungen, welche mindestens zwei Substituenten besitzen, welche mit dem Isocyanrest reagieren können (Hydroxyl-, Amino- bzw. Iminogruppe), gelangt man zu Kettenkomplexen[16]:

$$- OC . NH . C_6H_4 . NH . CO . O . CH_2 . CH_2 . O . CO . NH . C_6H_4 . NH . CO . O .$$
$$. CH_2 . CH_2 . O -$$

Polyurethan aus m-Phenylendiisocyanat und Äthylenglykol.

$$- OC . NH (CH_2)_4 . NH . CO . NH . (CH_2)_8 . NH . CO . NH (CH_2)_4 . NH . CO .$$
$$. NH (CH_2)_8 . NH -$$

Polyharnstoff aus Tetramethylendiisocyanat und Oktamethylendiamin.

Diese Produkte stehen in ihren Eigenschaften den Superpolyamiden nahe. Perlon U ist z. B. ein Polyurethan.

7. Polyamide (Nylon, Perlon).

Die Bildung der Polyamide und die der Polyester sowie der Poly-
harnstoffe und Polyurethane weist vielfache Parallelen auf. Es
können aus Oxy- wie auch aus Aminosäuren nicht nur cyclische Gebilde entstehen, sondern auch Kettenkomplexe[17]:

$$m\ H_2N \cdot (CH_2)_n \cdot COOH \longrightarrow$$

$$H_2N \cdot (CH_2)_n \cdot CO \cdot [\cdot HN\ (CH_2)_n \cdot CO \cdot]_{m-2} \cdot HN\ (CH_2)_n \cdot COOH$$

Diese Reaktion findet ohne Katalysatoren durch Erhitzen auf
215 bis 220⁰ C statt, wobei Phenole, z. B. Xylenol, als Lösungsmittel
verwendet werden und das Reaktionswasser im Vakuum entfernt
wird. Das Molekulargewicht dieser Polyamide beträgt maximal
10.000 bis 20.000, manchmal auch nur 6000 bis 7000. Diese Produkte
zeigen noch keine auffallend hochwertigen Eigenschaften. Erst durch
Orientierung der Fadenmoleküle lassen sich die maximalen Festigkeitswerte erreichen. Die aus Schmelzflüssen unter starker Reckung
erzeugten Fäden übertreffen alle anderen Kunstfasern bezüglich der
Summe ihrer Eigenschaften („Nylon" von Du Pont, „Perlon"
der I. G. und „Furon" der Phrix A. G.).

Selbst bei den besten Produkten, den sogenannten „Superpolyamiden", beträgt das Molekulargewicht nicht mehr als 10.000 bis
20.000, so daß die Ausrichtung der Fadenmoleküle allein noch nicht
die hohen Festigkeitseigenschaften verursachen kann. Durch das
Röntgenbild wurde festgestellt, daß die NH- und CO-Gruppen benachbarter Moleküle nach der Reckung gegenüberliegen, so daß eine
Wechselwirkung dieser stark polaren Gruppen zu vermuten ist; dies
hätte die gleiche Wirkung wie eine vollständige Vernetzung:

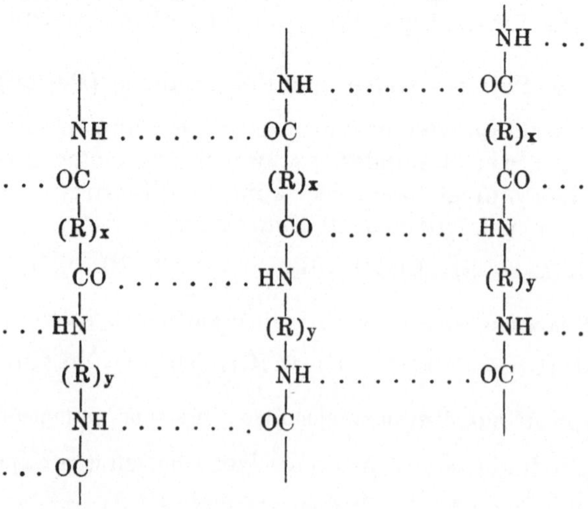

$$
\begin{array}{ccc}
 & & | \\
 & & NH \ldots \\
 & | & | \\
 & NH \ldots\ldots & OC \\
 | & | & | \\
 NH \ldots\ldots & OC & (R)_x \\
 | & | & | \\
 \ldots OC & (R)_x & CO \ldots \\
 | & | & | \\
 (R)_x & CO \ldots\ldots & HN \\
 | & | & | \\
 CO \ldots\ldots & HN & (R)_y \\
 | & | & | \\
 \ldots HN & (R)_y & NH \ldots \\
 | & | & | \\
 (R)_y & NH \ldots\ldots & OC \\
 | & | & | \\
 NH \ldots\ldots & OC & \\
 | & | & \\
 \ldots OC & | & (R = CH_2) \\
 | & &
\end{array}
$$

An Stelle von ω-Aminosäuren kann man auch Gemische von Diaminen $H_2N.(CH_2)_x.NH_2$ und Dicarbonsäuren $HOOC.(CH_2)_y.COOH$ verwenden, wobei x mindestens 4 und y mindestens 3 betragen muß. Nylon wird aus Hexamethylendiamin und Adipinsäure, Perlon aus 5-Caprolactam dargestellt.

Außer den ω-Aminosäuren, bzw. den Dicarbonsäuren kann man auch ihre funktionellen Derivate, nämlich Ester, Halbester, Chloride usw. verwenden. Man kann diprimäre, disekundäre und primär-sekundäre Diamine benützen. Diamin und Dicarbonsäure können auch zu einem Salz vereinigt werden.

Die Darstellung der Superpolyamide muß unter Sauerstoffausschluß stattfinden; man arbeitet daher in Stickstoffatmosphäre. Die Verwendung von Phenolen und anderen Lösungsmitteln dient dazu, Überhitzungen zu vermeiden. Man kann dies auch durch Wasserzusatz erreichen. Man beginnt bisweilen mit einem Überdruck von 5 Atmosphären, während die Reaktion im Vakuum beendigt werden muß, um das Reaktionswasser zu entfernen. Der Fortschritt der Reaktion wird durch Viskositätsprüfungen an der Schmelze oder an der Lösung des Reaktionsproduktes und durch Widerstandsmessungen, außerdem auch durch Spinnversuche kontrolliert[10]. Die Polyamide haben oft einen scharfen Schmelzpunkt, der meist über 200° C liegt.

8. Kondensate von dihalogenierten Verbindungen mit Polysulfiden (Thiokoll, Perduren).

Die Grundreaktion verläuft als Kettenkondensation nach folgendem Schema:

$$n\,Cl.CH_2.CH_2.Cl + n\,Na_2S_4 \longrightarrow$$
$$-CH_2.CH_2.S_4.(.CH_2.CH_2.S_4.)_{n-2}.CH_2.CH_2.S_4-$$

An Stelle des Äthylendichlorids können die verschiedensten Verbindungen verwendet werden. An Stelle des Halogens können andere reaktionsfähige Gruppen wie der Schwefelsäure- oder Essigsäurerest treten. Als Polysulfidkomponenten kommen wasserlösliche Polysulfide der Alkalien und Erdalkalien in Betracht. Sulfide mit weniger als 3 Atomen Schwefel auf 4 Atome Natrium ergeben bröckelige Massen, Sulfide mit mehr Schwefel bis zu 15 Atomen Schwefel auf 8 Atome Natrium hartplastische Massen, solche mit noch mehr Schwefel weichplastische Massen. Aus Ammonsulfiden erhält man mehr wachsartige Produkte.

Die Kondensation wird in wässerigem Medium unter Zusatz von 10 bis 80% eines Alkohols (Methyl- bis Butylalkohol) oder von Aceton oder von Mischungen von Alkoholen mit Aceton oder Benzol, bzw. Toluol kochend durchgeführt. Das Reaktionsprodukt fällt nach kurzer Zeit als plastischer Klumpen aus. Man kann die Reaktion auch in Gegenwart emulgierender Substanzen vornehmen, wobei man zu latexartigen Emulsionen gelangt. In manchen Fällen, z. B. bei Verwendung des Natriumtetrasulfids, wird ein Teil des Schwefels durch Alkalien oder Carbonate entzogen, um die Eigenschaften zu verbessern.

Diese Produkte besitzen kautschukartige Eigenschaften; sie sind auch vulkanisierbar.

9. Kondensate organischer Siliciumverbindungen (Silicone).

Diese interessanten Produkte der Dow Corning Corp., Midland, Mich., werden durch Hydrolyse von Chlor-Silanen, die mittels einer Grignard'schen Synthese aus Siliciumtetrachlorid erhalten werden, und Kondensation dargestellt.

Die Reaktion dürfte ungefähr folgendermaßen verlaufen:

$$SiCl_4 + Mg.R.Cl \longrightarrow RSiCl_3 \longrightarrow (R_2Si_2O_3)\,n\,,$$

$$SiCl_4 + 2Mg.R.Cl \longrightarrow R_2SiCl_2 \longrightarrow (R_2SiO)\,n\,,$$

$$SiCl_4 + 3Mg.R.Cl \longrightarrow R_3SiCl \longrightarrow (R_6Si_2O)\,n\,.$$

Auch bei den Siliciumverbindungen erhält man zuerst Linearmoleküle. Durch Vernetzung entstehen in vollkommener Analogie zu den rein organischen Polymerisaten und Polykondensaten flächenartige und schließlich sphärische Gebilde. Die Verbindung der Monomeren entspricht der bei anorganischen Silikaten angenommenen:

$$-Si-O-Si-O-Si-O-$$
$$\quad\overset{\wedge}{R'R''}\quad\overset{\wedge}{R'R''}\quad\overset{\wedge}{R'R''}$$

Bei den Verbindungen mit mehr als 2 Alkylresten auf ein Siliciumatom müßte eine andere Art der Verknüpfung eintreten.

Unter den Eigenschaften dieser Produkte ist vor allem die absolute Beständigkeit gegen Feuchtigkeit zu erwähnen, ferner die Unverbrennbarkeit, die Beständigkeit gegen Chemikalieneinwirkung, die hervorragenden mechanischen und elektrischen Eigenschaften.

Je nach dem Polymerisationsgrad und der Alkylierungsstufe erhält man Produkte, welche flüssig, pastenartig, gummiartig und glasartig sein können. Ihrer Konstitution nach können sie als eine Art durch organische Reste modifiziertes Glas aufgefaßt werden.

Sie wurden von den Amerikanern wegen ihrer hervorragenden Beständigkeit gegen Feuchtigkeit und Hitze und ihren elektrischen Eigenschaften vor allem für elektrotechnische Zwecke, ferner für Lacke und unzählige andere Zwecke entwickelt, so daß sie auch für die Textilindustrie in Zukunft Bedeutung erlangen können. Es ist in der letzten Zeit gelungen, ein Silicon mit einer niedrigeren Entwicklungstemperatur herzustellen, während die älteren Silicone für Textilien nicht anwendbar waren, da sie bei Temperaturen entwickelt werden mußten, bei denen vegetabilische und animalische Fasern zerstört werden.

Literatur.

[1] I. G., EP. 421.118, EP. 432.196, Holl. P. 36.210. — [2] Standard Oil Co., Am. P. 1,981.819. — [3] I. G., EP. 324.004, Can. P. 305.674 — [4] I. G., DRP. 524.668. — [5] I. G., DRP. 542.646 u. 542.647. — [6] I. G., EP. 360.821, — [7] H. Staudinger u. Steinhofer, Ann. 517, 35 (1931). — [8] I. G., EP. 387.976, FP. 743.463, It. P. 374.768, FP. 828.077. — [9] Du Pont, FP. 709.562, EP. 377.653. — [10] I. G., DRP. 647.116. — [11] I. G., EP. 491.539, — [12] I. G., EP. 476.312. — [13] Röhm u. Haas, EP. 437.446. — [14] Baekeland, Am. P. 942.699, DRP. 189.262, Chem. Ztg. 1909, 358; Bakelite Ges., DRP. 281.454 usw. — [15] Pollopas Ltd., DRP. 504.863, Belg. P. 352.338; I. G., FP. 721.828, EP. 319.251; F. Pollak, Am. P. 1, 507.642, Austr. P. 999/1926, DRP. 437.553, Schw. P. 104.339, FP. 562.320, FP. 568.985, FP. 611.793, Oe. P. 103.910, K. Ripper, EP. 181.014, EP. 213.567, Am. P. 1, 687.312, Schw. P. 104.801, Can. P. 232.635 usw., F. Pollak, DRP. 456.082, Oe. P. 99.415, FP. 581.488, Oe. P. 103.910, FP. 611.973 usw. — [16] I. G., FP. 845.917, It. P. 367.704. — [17] K. Maurer, Angew. 54, 389 (1941). — [18] Carothers, Du Pont Am. P. 2,071.053; Carothers, Am. P. 2,071.050, Du Pont, Am. P. 2,165.253, EP. 506.125, FP. 842.325, Am. P. 2,163.636; Carothers, Du Pont, EP. 461.236/7, EP. 487.734, 491.111, FP. 790.521, Am. P. 2,130.946/7/8, Am. P. 2,190.770, Du Pont, Am. P. 2,163.584, EP. 495.790 usw.

III. Kunststoffe, welche aus Naturstoffen hergestellt werden.

Neben den auf rein synthetischem Wege hergestellten Kunststoffen spielen einige ältere, durch chemische Umsetzungen aus Naturstoffen entstandene Kunststoffe auch heute noch eine große Rolle, ja man hat für manche, z. B. die Celluloseäther, erst im Laufe der letzten 10 bis 20 Jahre eine praktische Verwendung gefunden.

A. Vulkanisierter Kautschuk und Chlorkautschuk.

Lit.: K. H. Meyer, Hochpolymere Chemie, II., 127, 138f. 148 (1940); H. Staudinger, Die hochmolekularen organischen Verbindungen, Kautschuk und Cellulose, Berlin 1932, 378f; Memmler, Handbuch der Kautschukwissenschaften, 1930.

Naturkautschuk ist als ein hochmolekulares Polymerisationsprodukt des Isoprens (β-Methylbutadien, $CH_2 = C(CH_3) - CH = CH_2$) anzusehen. Man kann mit einer ziemlichen Sicherheit behaupten, daß der Naturkautschuk aus langen Ketten aufgebaut ist, die ungefähr folgende Struktur aufweisen dürften:

$$-CH_2-C=CH-CH_2-\left[-CH_2-C=CH-CH_2-\right]_n\ -CH_2-C=CH-CH_2-$$
$$\quad\quad\ \ |\quad\quad\quad\quad\quad\quad\quad\quad |\quad\quad\quad\quad\quad\quad\quad\quad\quad\ |$$
$$\quad\quad CH_3\quad\quad\quad\quad\quad\quad\quad CH_3\quad\quad\quad\quad\quad\quad\quad CH_3$$

Die für den Kautschuk typische Eigenschaft ist die Elastizität, darunter versteht man eine über größere Temperaturgebiete bestehende reversible Dehnbarkeit. Durch die aus langen Polyisoprenketten aufgebauten Komplexe wird die Ausbildung von kautschukartigen Eigenschaften besonders begünstigt. Die Einzelketten können infolge der noch vorhandenen Doppelbindungen durch Schwefelbrücken bei der „Vulkanisation" teilweise vernetzt werden; dadurch erhält der Kautschuk erst seine hochwertigen Eigenschaften.

Durch Chlorierung von mastiziertem oder in einer anderen Weise abgebautem Kautschuk kann man ihm die Eigenschaften eines harten und zähen Harzes verleihen, welches auf dem Lackgebiete Verwendung finden kann. Dabei lagert sich das Chlor teilweise an die Doppelbindungen an, teilweise tritt eine Substitution von Wasserstoffatomen ein:

$$-CH-C(CH_3)-CH-CH-CH-C(CH_3)-CH-CH-CH-C(CH_3)-$$
$$\ \ |\quad\quad |\quad\quad\quad\ |\quad\quad |\quad\quad |\quad\quad\quad |\quad\quad\quad\quad |\quad\quad |\quad\quad |\quad\quad\quad |$$
$$\ Cl\quad\ Cl\quad\quad\ Cl\quad\ Cl\quad\ Cl\quad\ Cl\quad\quad\ Cl\quad\ Cl\quad\ Cl\quad\ Cl$$

Der Chlorgehalt beträgt 62 bis 66% bei technischen Produkten.

B. Linoxyn.

Das Leinöl enthält als polymerisationsfähige Bestandteile die Triglyceride der Linolsäure

$$CH_3(CH_2)_4 - CH = CH - CH_2 - CH = CH - (CH_2)_7COOH$$

und der Linolensäure

$$CH_3CH_2 - CH = CH - CH_2 - CH = CH - CH_2 - CH = CH - (CH_2)_7COOH.$$

Durch Sauerstoffaufnahme tritt primär die Bildung von Peroxyden ein:

$$\begin{array}{ccccc} R'-CH & & O & & R'-CH-O \\ \| & + & \| & \longrightarrow & |\quad\quad | \\ R''-CH & & O & & R''-CH-O \end{array}$$

Diese treten wahrscheinlich mit weiteren, Doppelbindungen enthaltenden Triglyceridmolekülen zusammen, wobei Ringschlüsse anzunehmen sind. Neben der Bildung von hochmolekularen, kolloidalen Verbindungen finden auch Spaltreaktionen (Bildung von Kohlendioxyd, Formaldehyd und niederen Fettsäuren) statt, außerdem treten höhere Oxysäuren, Diketone usw. auf.

C. Celluloseester und Celluloseäther.

Die Cellulose besteht aus einer größeren Anzahl von Cellobiose-
resten, welche wieder aus zwei Glukoseresten bestehen.

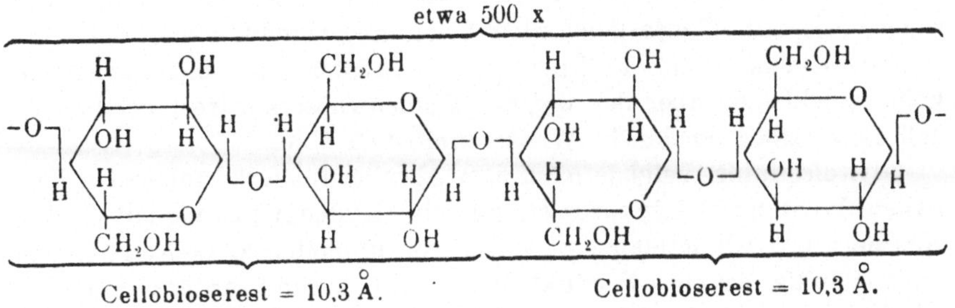

etwa 500 x

$$\text{Cellobioserest} = 10{,}3\ \overset{\circ}{\text{A}}. \qquad \text{Cellobioserest} = 10{,}3\ \overset{\circ}{\text{A}}.$$

Es sind daher in jedem Glukoserest drei Hydroxylgruppen vor-
handen, welche zur Ester- oder Ätherbildung befähigt sind (H. Mark,
Physik und Chemie der Cellulose, Berlin 1932, und andere Werke).
Es sind Mono-, Di- und Triderivate bekannt.

1. Celluloseester.

Unter den Celluloseestern haben die Salpetersäureester, welche
unrichtig als Nitrocellulose bezeichnet werden, und die Essigsäure-
ester große Bedeutung erlangt.

Durch Einwirkung von Salpetersäure gelangt man zu den niedrigeren Veresterungsstufen, während man das Trinitrat nur durch Einwirkung eines Salpetersäure-Schwefelsäuregemisches erhält. Mit zu-
nehmendem Nitrierungsgrad steigt die Löslichkeit in organischen
Lösungsmitteln. Hochnitrierte Produkte sind auch in Aceton, Alkohol-
Äther-Gemischen usw. löslich, während die niederen Stufen nur in
Estern löslich sind.

Die Acetylierung von Cellulose kann mittels Eisessig oder Essig-
säureanhydrid vorgenommen werden, wobei unbedingt ein wasser-
entziehendes Mittel, wie Schwefelsäure, zugesetzt werden muß. Auch
mit Acetylchlorid kann die Acetylierung ausgeführt werden.

2. Celluloseäther.

Durch Einwirkung von Alkylchloriden oder Dialkylsulfaten auf
Natroncellulose tritt Alkylierung unter Bildung von Äthern ein.
Diese sind — je nach dem Alkylrest und dem Alkylierungsgrad —
häufig zur Bildung von wässerigen Solen befähigt. Nach Chwala
(Textilhilfsmittel, ihre Chemie, Kolloidchemie und Anwendung, Wien
1939, S. 265—267) ist dies darauf zurückzuführen, daß die Celluloseäther im Gegensatz zur nativen Cellulose, wo sich die Restvalenz-
kräfte der Hydroxylgruppen benachbarter Hauptvalenzketten ab-

sättigen, dem Eindringen der Wassermoleküle zwischen die Hauptvalenzketten keinen Widerstand entgegensetzen, da die Äthergruppen die gegenseitige Absättigung der Hydroxylgruppen verhindern. Nach Staudinger und Schweitzer (Ber. 63, 2317 [1930]) bilden die Äthersauerstoffe mit Wassermolekülen Oxoniumverbindungen, welche die Wasserlöslichkeit der Celluloseäther bewirken. Bei höheren Alkoholen macht sich aber der längere Kohlenwasserstoffrest geltend, so daß diese Äther wieder in Wasser unlöslich sind.

Glykolcellulose zeigt je nach dem Alkylierungsgrad folgendes Verhalten. Wenn auf 4 Glykosereste nur eine Hydroxylgruppe mit Glykol veräthert ist, erhält man ein in Wasser unlösliches, in Natronlauge unvollständig lösliches Produkt. Wenn man aber mit verdünnter Lauge mischt, die Mischung bis zur Bildung von Eiskristallen abkühlt und wieder auftaut, entsteht eine Lösung (EP. 389.534). Bei einer Verätherung von einer Hydroxylgruppe auf 2 Glykosereste ist das Produkt in 10%iger Natronlauge löslich, bei noch weiter gehender Verätherung ist die Anwendung von stärker verdünnter Lauge möglich.

Anders verhält sich Methylcellulose, welche bei einem bestimmten Methylierungsgrad wasserlöslich wird. Bei Annäherung an die Trimethylcellulose ist das erhaltene Produkt löslich in Wasser und verschiedenen organischen Lösungsmitteln, wie Chloroform, Pyridin, Benzol, Eisessig. Bei Äthylcellulose ist die Wasserlöslichkeit auf die nicht zu hoch äthylierten Produkte beschränkt.

Bei den wasserlöslichen Alkyläthern werden in der Hitze die oben erwähnten Oxoniumverbindungen gespalten, so daß Koagulation eintritt. Dieser Vorgang ist reversibel und bei Abkühlung lösen sich die Alkylcellulosen wieder auf.

Neben den Alkyläthern hat der Celluloseglykolsäureäther große Bedeutung in Form des wasserlöslichen Natriumsalzes gewonnen. Diese Äthercarbonsäure wird bei der Umsetzung von Monochloressigsäure. mit Natroncellulose erhalten.

D. Kunststoffe aus Eiweißstoffen.

In ähnlicher Weise, wie bei der Einwirkung von Formaldehyd auf Harnstoff und Amine (Anilin) Kondensationsprodukte entstehen, reagieren Eiweißstoffe wie Gelatine, Kasein und Albumin mit Formaldehyd unter Bildung von unlöslichen Kondensationsprodukten mit den Eigenschaften von Kunstharzen (Caseindruck).

Allgemeiner Teil.

A. Kunstleder und andere Austauschstoffe aus Textilien.

Bei der schon vor dem letzten Kriege, insbesondere aber durch die Erfordernisse des Krieges immer mehr zunehmenden Bedeutung, welche das Kunstleder zuerst als billiges Ersatzmaterial, später aber als hochwertiger Werkstoff mit speziell ausgebildeten Eigenschaften gewonnen hat, ist es nicht verwunderlich, daß sich viele Textilveredlungsbetriebe nicht damit begnügt haben, die Kunststoffe nur als echtere Appreturmittel oder Druckverdickungen für die bis dahin erzeugten Artikel zu verwenden, sondern ihr Interesse der Fabrikation von Austauschstoffen zuwandten. Teilweise beschränkte man sich darauf, nur diejenigen Werkstoffe, welche mit den vorhandenen Einrichtungen mit einigen geringfügigen Umbauten oder Neuanschaffungen herstellbar waren, zu fabrizieren. Manche Betriebe schafften aber die Einrichtungen an, welche zur Verarbeitung der verschiedensten Kunststoffe gebraucht werden. Trotzdem konnten sie mit der Kunstleder-, Wachstuch- und Gummiindustrie konkurrieren, da auch diese bei der Verarbeitung der Kunststoffe nicht mit ihren alten Einrichtungen, die der Verarbeitung von Nitrocellulose, Leinöl oder Kautschuk dienten, auskommen konnten und daher ebenfalls zu größeren Investierungen gezwungen waren.

Eine wesentliche Vereinfachung der Anwendung von Kunststoffen bedeuten die Dispersionen, so daß es bei Vorhandensein einer Streichanlage für jeden halbwegs eingerichteten Veredlungsbetrieb möglich ist, Polyacrylsäureester und Polyvinylacetate in Form ihrer Dispersionen zur Herstellung von beschichteten Regenmantelstoffen und verschiedenen Lederaustauschstoffen zu verarbeiten. Soweit sie erhältlich sind, können auch die Dispersionen des Polyisobutylens und anderer Kunststoffe angewendet werden. Durch kleinere Umänderungen der vorhandenen Trockenmaschinen kann man sich selbst Vulkanisationsanlagen bauen, um auch natürlichen und Bunalatex verarbeiten zu können. Bei Anwendung von bestimmten Ultrabeschleunigern genügen diese Anlagen, um eine ausreichende Vulkanisierung zu erreichen. Bei Verwendung der Dispersionen ist höchstens die Anschaffung von Trichtermühlen, Walzenstühlen oder anderen Apparaten zur Herstellung von gleichmäßig und fein verteilten Streichmischungen notwendig. Wesentlich größere Einrichtungen erfordert die Verwendung von Lösungen. Vor allem braucht man eine Lösungsmittelrückgewinnungsanlage, ohne die eine rationelle Arbeit nicht möglich ist. Die Streichanlagen müssen gekapselt sein; es müssen Schutzmaßnahmen gegen die gesundheitsschädliche Wirkung der Lösungsmitteldämpfe und gegen Feuergefahr getroffen werden. Außerdem liegt dem Textilfachmann, der gewohnt ist, mit wässerigen Lösungen, Dispersionen und Emulsionen zu arbeiten, die Anwendung von organischen Lösungsmitteln weniger. Da aber die aus Lösungen erhaltenen Filme besser sind, haben verschiedene Unternehmen die Investitionskosten nicht gescheut. Für die Herstellung der Mischungen aus Polyacrylsäureestern oder Polyvinylacetaten genügen Knetmaschinen oder andere Mischapparate; bei Polyisobutylen erreicht man wirklich einwandfreie Mischungen nur mit Mischwalzwerken, welche auf Temperaturen von 160 bis 180⁰ C heizbar sein müssen. Kautschuk und Buna können nur auf Mischwalzwerken, wenngleich bei niedrigeren Temperaturen, verarbeitet werden; für manche Bunasorten braucht man dazu noch eine Anlage, um den thermischen Abbau ausführen zu können. Außerdem ist eine geeignete Vulkanisationsanlage notwendig. Da Kautschuk und Buna große Spezialerfahrungen erfordern, wird ihre Verwendung auf dem Gebiete der Gewebegummierung auch weiterhin der Gummiindustrie überlassen bleiben. Im Gegensatz dazu erscheint die Anwendung des Polyvinylchlorids für die Textilveredlungsindustrie als sehr empfehlenswert, da man keine Lösungsmittel braucht. Die Pasten aus Polyvinylchlorid und Weichmachern können entweder fertig bezogen werden oder in Knetmaschinen erzeugt werden. Für die Herstellung der Mischungen braucht man nur noch einen Walzenstuhl oder eine Trichtermühle, die kühlbar sein müssen. Die weitere Verarbeitung ist wesentlich einfacher als die von Lösungen anderer Kunststoffe, da man nur noch eine Gelatinieranlage benötigt, auf der eine Temperatur von 150 bis 180⁰ C erreichbar sein muß. Diese kann man notfalls aus Trockenkanälen oder anderen geschlossenen Trockenmaschinen durch Einbau entsprechender Heizkörper bauen, wenn man sich nicht zum Kauf einer speziell für diese Zwecke gebauten Maschine entschließen will. Die Erreichung der zur Gelierung notwendigen Temperatur durch Dampf ist für Textilveredlungsbetriebe, die meistens über Kesselanlagen mit höheren Drucken verfügen, mit keinen Schwierigkeiten verbunden.

Bezüglich der Einsatzmöglichkeiten der einzelnen Kunststoffe ist folgendes beachtenswert: Sämtliche Vinylpolymerisate besitzen ausgezeichnete Beständigkeit gegen Alterung, Witterungseinflüsse und Licht und sind in dieser Hinsicht natürlichem und künstlichem Kautschuk weit überlegen. Polyvinylchlorid wird zwar bei größerer Kälte hart, durch geeignete Weichmacherzusätze läßt sich aber trotzdem eine genügende Kältebeständigkeit erreichen. Das gleiche gilt auch für Polyvinylacetat, während von den Polyacrylsäureestern der

Äthyl- und der Butylester bis —20°, bzw. —40° C, weich bleiben. Am besten ist die Kältebeständigkeit des Polyisobutylens (Oppanol B 200), welches aber in Bezug auf die Alterungs- und Lichtbeständigkeit nicht ganz an die Vinylpolymerisate heranreicht, obwohl es Kautschuk, Nitrocellulose und Leinölpolymerisate bei weitem übertrifft. Polyvinylchlorid wird über 80° C weich, ebenso erweichen die anderen Vinylpolymerisate bei etwas niedrigerer oder höherer Temperatur, ohne daß eine Versprödung wie bei Kautschuk, Nitrocellulose oder Leinölpolymerisaten die Folge ist. Gegen Mineralöl und aliphatische Kohlenwasserstoffe sind alle Vinylpolymerisate beständig und unterscheiden sich dadurch von Kautschuk, Polyisobutylen und Butadienpolymerisaten einschließlich der Mischpolymerisate mit Styrol, während die Butadien-Acrylsäurenitril-Mischpolymerisate ölfest sind. Weiters sind die Vinylpolymerisate und Polyisobutylen gegen Einwirkung von Chemikalien verschiedenster Art sehr beständig und übertreffen in den meisten Fällen Kautschuk und Buna. Insbesondere zeichnen sich Polyvinylchlorid, Polyvinylidenchlorid und die Mischpolymerisate des Vinylchlorids und des Vinylidenchlorids durch eine Beständigkeit gegen fast alle anorganischen Chemikalien inklusive Königswasser aus. Alle diese Produkte sind infolge ihres großen Chlorgehaltes flammenwidrig und brennen nicht, wenn die Flamme entfernt ist. Polyvinylacetat nimmt verhältnismäßig viel Wasser auf, so daß es nicht absolut feuchtigkeitsbeständig ist. Dasselbe gilt für alle aus wässerigen, Netzmittel und andere hydrophile Substanzen enthaltenden, Dispersionen hergestellten Produkte. Im allgemeinen wird Kautschuk auf die Dauer nur dort gegen die Vinylpolymerisate konkurrieren können, wo es auf die typischen Kautschukeigenschaften, insbesondere seine hohe Elastizität, ankommt.

Unter Kunstleder versteht man Erzeugnisse, welche entweder nach ihrem Aussehen oder durch ihre Gebrauchseigenschaften dem natürlichen Leder ähnlich sind. Es ist daher vor allem der beabsichtigte Verwendungszweck für die anzustrebenden Eigenschaften des Kunstleders maßgebend. Deshalb ist es ganz überflüssig, von einem für bestimmte Zwecke dienenden Kunstleder alle Eigenschaften des Naturleders zu verlangen, was sich auch gar nicht erreichen läßt; in vielen Fällen wird das Kunstleder infolge der Ausbildung bestimmter physikalischer oder chemischer Eigenschaften zweckentsprechender sein als das Naturleder. Es ist daher auch richtiger, darin nicht einen mehr oder minder gut gelungenen Ersatzstoff zu sehen, sondern einen neuartigen Werkstoff mit bestimmten, hochwertigen Eigenschaften, welche dem Naturleder fehlen. „Kunstleder" sind daher auch nicht ein bestimmtes Produkt, sondern eine Reihe in ihren Eigenschaften recht verschiedener Erzeugnisse. Ein großer Vorteil dieser Werkstoffe besteht darin, daß sie im Gegensatz zum Naturleder durchwegs gleichmäßig beschaffen sind und in großen, regelmäßigen Stücken geliefert werden, so daß wenig Abfall entsteht.

Unter Kunstleder werden mehrere Gruppen von Werkstoffen, welche sich durch ihre Herstellungsweise und daher auch durch ihren inneren Aufbau unterscheiden, zusammengefaßt:

1. Kunstleder, welche aus Geweben oder Papier mit einer Schichte aus Kunststoffen bestehen. Die Beschichtung kann entweder durch Auftragen nach dem Streich- oder Gießverfahren von Mischungen aus Kunststoff-Lösungen oder Dispersionen erfolgen oder durch Auftragen einer plastischen Kunststoffmischung auf dem Kalander oder durch Kaschieren von Folien.

2. Kunstleder, welche durchgehend aus Kunststoffen oder Mischungen von Kunststoffen mit Fasern bestehen. Sie werden durch Tränken von Faservliesen auf Imprägniermaschinen oder im Holländer mit Kunststoffdispersionen oder -lösungen, durch Pressen in Formen oder durch Ziehen auf Kalandern aus plastifizierten Kunststoffen erzeugt.

Die sogenannten gummierten Gewebe, welche als Schutzkleidungsstoffe und für technische Zwecke Verwendung finden, unterscheiden sich vom Kunstleder mehr durch ihr äußeres Aussehen als durch ihre sonstigen Eigenschaften und die Art ihrer Fabrikation und ihrer Verwendung. Für den Textilveredler sind vor allem die Werkstoffe mit Gewebeunterlagen von Interesse. Sie bestehen aus einem Gewebe, welches meist gefärbt ist, und einem Film aus Kunststoffen. Der Träger mancher Eigenschaften, besonders der Reißfestigkeit, ist das Gewebe, nicht der Film. Letzterer bedingt die Scheuerfestigkeit, Knickbruchfestigkeit, Haftfestigkeit, Kälte- und Wärmebeständigkeit, Wetterbeständigkeit, Alterungsbeständigkeit, Wasser- und Gasdurchlässigkeit entweder ganz oder zumindest in wesentlich höherem Maße als das Gewebe. Man kann durch den Einsatz verschiedener Kunststoffe, verschiedener Zusätze (vor allem von Weichmachern und Füllmitteln) und durch Vor- und Nachbehandlungen die Eigenschaften variieren.

B. Die Vorbereitung der Gewebe zum Streichen mit Kunststoffen.

Bei der vor dem Streichen mit Kunststofflösungen oder -Dispersionen stattfindenden Gewebeausrüstung ist folgendes besonders zu beachten:

1. Die Gewebe müssen eine möglichst gleichmäßige und saubere Oberfläche haben, da sich jede Unregelmäßigkeit im Film bemerkbar macht; Verunreinigungen können sich zwischen Streichmesser und der laufenden Ware festklemmen und Längsstreifen im Film verur-

sachen. Die Ware muß deshalb gut gesengt, geschoren, gebürstet und kalandert werden. Das Kalandern bewirkt außerdem ein geschlossenes Gewebe, so daß ein Durchschlagen der Streichmassen erschwert wird.

2. Die Ware muß fadengerade und auf die nötige Breite gespannt sein, da nach dem Antrocknen des ersten Striches der Film beim Spannen auf größere Breite erheblich beschädigt würde.

3. Die Ware muß vollkommen entschlichtet sein, da sonst die Haftfestigkeit des Filmes, vor allem in nassem Zustande, beeinträchtigt wird. Das Appretieren der Ware mit wasserempfindlichen Appreturmitteln wie Stärke vor dem Streichen, welches in manchen Betrieben zur Verhinderung des Durchschlagens der Streichmassen gebräuchlich ist, kann daher nicht empfohlen werden.

4. Zwecks Vermeidung des Durchschlagens der Streichmassen aus Dispersionen werden die Gewebe manchmal mit Paraffinemulsionen von der Art des Ramasit wasserabstoßend ausgerüstet; es ist dabei zu beachten, daß die wasserabstoßende Ausrüstung gleichzeitig die Haftfestigkeit des Filmes bei Verwendung von wässerigen Kunststoffdispersionen verschlechtert, da diese vom Gewebe schlechter aufgenommen werden. Besser geeignet ist eine wasserabstoßende Ausrüstung mit Persistol, insbesondere wenn das gestrichene Gewebe dauernd wasserabstoßend bleiben soll.

5. Regeneratcellulosen schrumpfen infolge ihres hohen Quellvermögens. Bei Verwendung von Kunststoffdispersionen wird durch die Schrumpfung des Gewebes die Haftfestigkeit des Filmes verschlechtert. Es wird deshalb bei Zellwolle und Kunstseide manchmal eine Quellfestausrüstung durch Formalisierung, unter Umständen auch durch Harzeinlagerung (Kaurit KF) ausgeführt. Nach den Erfahrungen des Verfassers bewirkt die Harzeinlagerung gleichzeitig eine Erhöhung der Gummifreudigkeit von Zellwolle und Kunstseide. Besonders bei Regenmäntelstoffen ist neben einer wasserabweisenden auch eine die Quellfestigkeit und damit gleichzeitig die Naßfestigkeit, Krumpf- und Tropfenechtheit erhöhende Ausrüstung auch dort von Vorteil, wo die Haftfestigkeit des Filmes den geforderten Ansprüchen genügen würde. Es muß aber darauf hingewiesen werden, daß die Formalisierung nur dort ausgeführt werden soll, wo eine genaue Laboratoriumskontrolle möglich ist, da sonst die Gefahr einer starken Verminderung der Trocken-Reiß, -Scheuer- und -Knickbruchfestigkeit besteht. Das Harzeinlagerungsverfahren (Kauritverfahren) ist diesbezüglich viel weniger gefährlich.

C. Das Streichen der Gewebe mit Kunststoffen.

Grundsätzlich wird bei allen Streichstoffen so gearbeitet, daß der Filmaufbau von innen nach außen härter wird. Es wird deshalb die

Grundierungsstreichmasse mit wenig oder überhaupt keinen Füllstoffen angesetzt. Dadurch wird einerseits die Haftfestigkeit, andererseits auch die Geschmeidigkeit des Filmes günstig beeinflußt. Unter Umständen werden in die Grundierungsstreichmasse zusätzlich Weichmacher oder andere die Klebefähigkeit erhöhende Substanzen eingearbeitet. Der Schlußstrich soll dagegen möglichst hart und widerstandsfähig sein. Man gebraucht daher oft einen anderen Kunststoff als den, aus dem der Hauptanteil des Filmes aufgebaut ist. Auf jeden Fall vermeidet man einen zu starken Anteil an weichmachenden Mitteln, welche auch ein Klebrigwerden der obersten Schichte verursachen können. Wenn eine glänzende Oberfläche verlangt wird, darf man nicht zu viel Füllstoffe und Pigmente zusetzen, umgekehrt kann man auch als letzten Strich eine stark gefüllte Mischung verwenden, wenn eine matte Oberfläche erreicht werden soll.

Um gleichmäßige Filme zu erzielen, ist es besser, eine größere Anzahl dünner Schichten aufzulegen als mit wenigen dickeren Schichten die gewünschte Filmstärke zu erreichen. Bei stärkerem Druck, welchen man durch die Stellung des Streichmessers bewirken kann, bei Verwendung dünnerer Streichmesser oder bei wenig viskosen Streichmassen sind die erhaltenen Schichten dünner. Die Streichmesser sind daher auf- und abwärts bewegbar und um eine horizontale Achse drehbar gelagert. Durch den Abstand des Streichmessers von dem Gewebe wird die Schichtdicke ebenfalls beeinflußt. Durch die stärkere Spannung des Gewebes wird bei dem ersten Strich gleichzeitig ein besseres Eindringen der Streichmasse in das Gewebe hervorgerufen, aber auch die Gefahr des Durchschlagens der Streichmasse durch das Gewebe vergrößert.

Aus diesen Gründen bevorzugt man für den ersten Strich das Arbeiten mit einem dünnen Streichmesser, um auch bei stärkerer Spannung des Gewebes ein besseres Eindringen der Streichmasse in das Gewebe zu erreichen, ohne daß die Streichmasse durch das Gewebe durchschlägt. Bei den folgenden Strichen können stärkere Messer verwendet werden. Manchmal wird auch mit zwei hintereinander stehenden Messern gestrichen. Das Gewebe nimmt beim ersten Strich immer eine größere Menge auf als unter den gleichen Verhältnissen bei den nachfolgenden Strichen.

Die Streichanlagen sind schwerer gebaut als die in der Textilveredlung für Rakelappreturen verwendeten. Die Streichtische tragen die Streichmesser, welche in der vertikalen Richtung verschiebbar und um eine Horizontalachse drehbar gelagert sind. Da man Streichmesser mit verschiedenem Profil verwendet, sind sie leicht auswechselbar gelagert. Das Streichmesser kann sowohl mit Unterstützung (Gummiband oder Gummiwalze) als auch ohne Unterstützung als Luftrakel angeordnet sein. Das Gummiband ist endlos und läuft über zwei Rollen; man erhält derart eine äußerst elastische Unterlage, Gummiwalzen und Kissen sind starrere Unterlagen (Abb. 1).

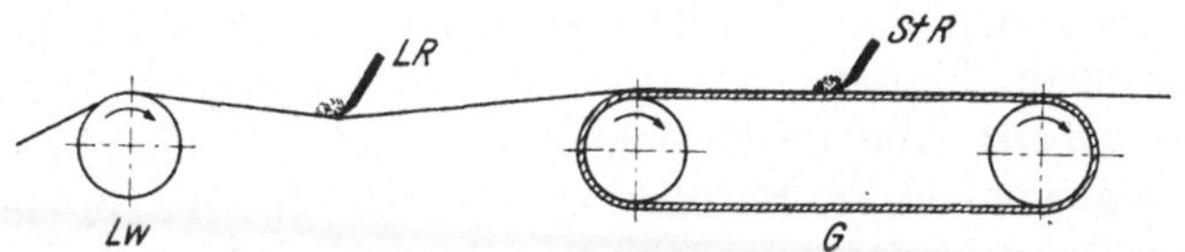

Abb. 1. Schema einer Luftrakel in Kombination mit einer Gummibandrakel.
LR Luftrakel, *StR* Gummibandrakel (Stützrakel), *Lw* Leitwalze, *G* endloses Gummiband.

Die Trockenanlage ist an den Streichtisch so angebaut, daß das gestrichene Gewebe ohne Unterbrechung getrocknet werden kann. Nach dem ersten Strich trocknet man vielfach in einem Spannrahmen. Dies ist günstiger, als wenn die schon in einer anderen Trockenmaschine

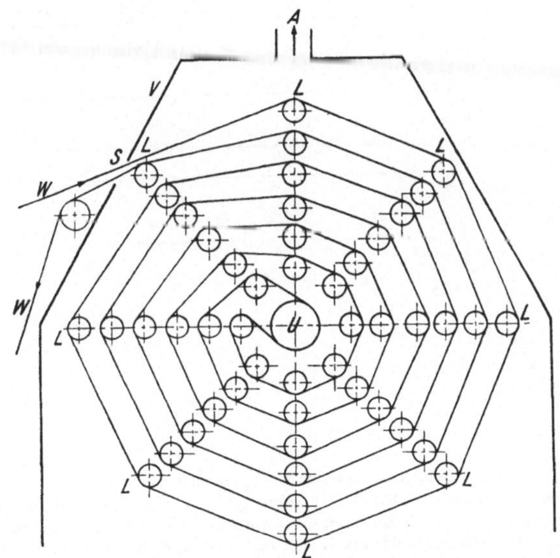

Abb. 2. Spiraltrockenmaschine.
Das Gewebe *W* läuft durch einen Schlitz *S* in der Verschalung *V* und über die Leitwalzen *L*, wobei die bestrichene Seite mit den Walzen nicht in Berührung kommt. Nach dem Passieren der Umkehrwalze *U*, welche auch als Heizzylinder ausgebildet sein kann, läuft es wieder in der entgegengesetzten Richtung zurück. Die Lösungsmitteldämpfe werden durch Absaugrohre entfernt.

getrocknete Ware nachträglich gespannt wird, da dabei der Film beschädigt wird. Keinesfalls darf man die Gewebe in einem späteren Stadium spannen. Auch die anderen Trockenmaschinen entsprechen den in der Textilveredlung gebräuchlichen. Vielfach werden Trockentrommeln benützt. Bei diesen ist darauf zu achten, daß der Verdampfungsprozeß nicht zu rasch verläuft, da durch die entstehenden Dampfblasen eine kraterartige Filmoberfläche entsteht. Für viele Zwecke haben sich Spiraltrockenmaschinen gut bewährt. Diese sind nach demselben Prinzip wie die Trockenmansarden der Druckmaschinen gebaut. Die noch nicht getrocknete Schichte kommt mit den Leitwalzen nicht in Berührung, da das Gewebe in der ersten Hälfte des Durchlaufes nur mit der Rückseite die Leitwalzen berührt (Abb. 2). Für Streichmassen, welche mit brennbaren Lösungsmitteln hergestellt sind, sind die Spiraltrockenmaschinen oft weniger geeignet, da die Brandgefahr eine größere ist; durch die vielen Leitwalzen tritt elektrostatische Aufladung in erhöhtem Maße ein; da-

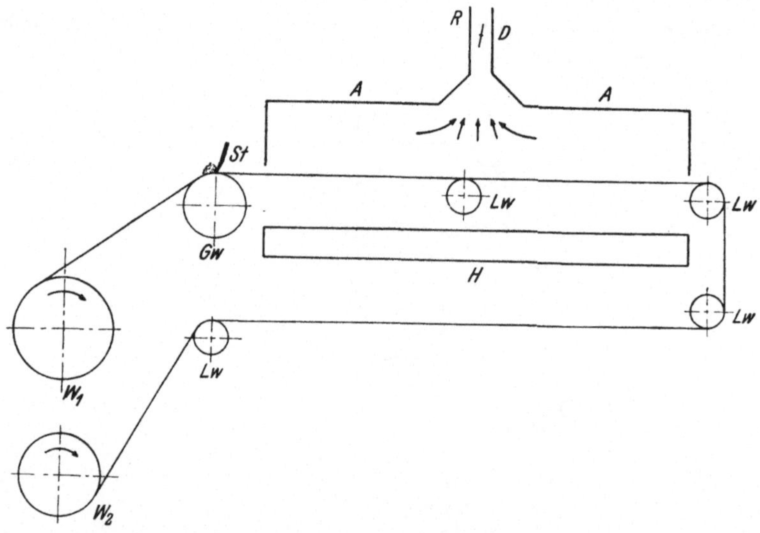

Abb. 3. Schema einer Spreadingmaschine.

W_1 Nicht gestrichenes Gewebe; W_2 Gestrichenes Gewebe; *Lw* Leitwalzen; *Gw* Gummiwalze, an deren Stelle auch ein Gummiband verwendet werden kann; *St* Streichmesser, welches auch ohne Gummiwalze oder Gummiband als Luftrakel verwendet werden kann; *H* Heizplatte oder Heizkörper; *A* Absaugehaube; *R* Absaugerohr; *D* Drosselklappe.

durch, daß das ein- und auslaufende Gewebe nebeneinander vorbeiläuft, besteht die Möglichkeit eines Ladungsausgleiches unter Funkenbildung in höherem Maße; außerdem ist die Abführung der Lösungsmitteldämpfe, welche sich zwischen den Warenbahnen befinden, sehr erschwert. Hängen sind bei Verwendung von Dispersionen gut geeignet, bei Verwendung von Lösungen ist die Rückgewinnung der Lösungsmittel sehr schwierig. Bei Verwendung von Lösungen haben sich die in der Gummiindustrie benützten Spreadingmaschinen am besten bewährt. Bei diesen wird das Gewebe mit der nicht gestrichenen Rückseite über Leitwalzen geführt, unter denen sich Heizplatten oder andere Heizkörper befinden (Abb. 3). Die Absaugung der Lösungsmitteldämpfe ist bei dieser Maschine am leichtesten durchzuführen.

Auch die Heizkanäle, die zur Gelatinierung der Polyvinylchlorid-Weichmacher-Pasten dienen, können zum Verdampfen von Lösungsmitteln oder Wasser verwendet werden (Abb. 4).

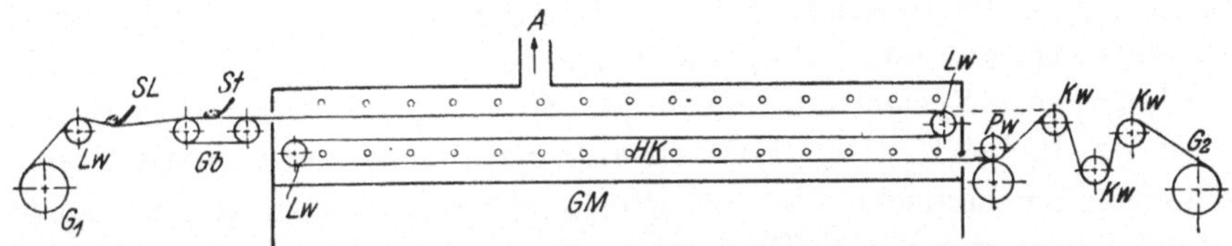

Abb. 4. Gelatinieranlage für Polyvinylchlorid.
GM Gelatiniermaschine; *HK* Heizkörper; *A* Abzugrohr; *Gb* Gummiband; *St* Streichmesser für Gummiband; *SL* Streichmesser für Luftrakel; *Pw* Prägewalzen; *Kw* Kühlwalzen; *Lw* Leitwalzen; G_1 Gewebe; G_2 Gestrichenes Gewebe.

Manchmal wird eine Ware nicht auf einer einzigen Maschine vom Anfang bis zum Ende fertig gestrichen. Für den ersten Strich wird oft ein Spannrahmen verwendet. Trockentrommeln lassen sich vielfach für die ersten Striche benützen, da die durch Dampfblasenbildung hervorgerufenen Unregelmäßigkeiten bei den folgenden Strichen ausgeglichen werden können. Bei den Schlußstrichen werden nur geringe Mengen aufgetragen, so daß auch für die Lösungsmittelrückgewinnung nicht eingerichtete Anlagen ohne nennenswerte Verluste zum Trocknen von Filmen aus Kunststofflösungen geeignet sind.

Zwischen dem ersten und den folgenden Strichen wird häufig kalandert, um eine glatte Oberfläche zu erhalten. Gewöhnlich wird nach dem letzten Strich bei erhöhter Temperatur, um die Kunststoffschichte plastisch zu machen, mit glatten oder geprägten Walzen kalandert.

Um ein Verkleben der einzelnen Schichten zu verhindern, muß die Oberfläche des Filmes bisweilen mit Talkum oder anderen Stoffen gepudert werden.

D. Die Verwendung der Kunststoff-Dispersionen in der Textilveredlung.

Lit.: Craemer, Kunststoff-Dispersionen, ihre Eigenschaften und Einsatzmöglichkeiten für die Herstellung von Lederaustauschprodukten, Kunststofftechnik, XI. Jahrgang, 1941, Heft 2, 44—50.

Bald nachdem die Polymerisation von Vinylverbindungen, insbesondere des Vinylacetates und der Acrylsäureester, in wässeriger

Emulsion gelungen war, wurden die ersten Versuche unternommen, diese in vieler Hinsicht dem natürlichen Latex ähnlichen Dispersionen für Zwecke der Textilveredlung einzusetzen. An die Polymerisate der einheitlichen monomeren Verbindungen schlossen sich später verschiedene Mischpolymerisate an. Im Gegensatz zu den viskosen und homogenen Lösungen in organischen Lösungsmitteln stellen die wässerigen Dispersionen der Kunststoffe ein heterogenes System mit einer wässerigen Phase dar, in dem negativ geladene Partikel der Polymerisate verschiedener Größe dispergiert sind. Füllstoffe verhalten sich daher in einem aus einer Lösung hergestellten Film anders als bei einem aus einer Dispersion hergestellten. Im ersten Fall wird das heterogene System erst durch den Zusatz des Füllstoffes gebildet, so daß z. B. bei Kautschuk durch aktive Füllstoffe, wie Gasruß, verschiedene mechanische Eigenschaften verbessert werden können. Dies ist bei Verwendung einer Dispersion, die an sich schon ein heterogenes System darstellt, nicht möglich, da sich der ungefüllte Film ähnlich dem aus einer Lösung gewonnenen, aber mit einem Füllstoff gefüllten, verhält. Durch einen höheren Zusatz an Füllmittel werden die Eigenschaften des Filmes, der aus Dispersionen erhalten wird, sogar verschlechtert. Auf die gleiche Ursache ist die wesentlich geringere Konzentration der Lösungen gleicher Viskosität im Vergleich zu der von Dispersionen zurückzuführen. Man kann daher mit einem Strich bei Verwendung von Dispersionen wesentlich mehr Kunststoffmasse auftragen als bei Verwendung der Lösungen. Die Teilchengröße ist bei den einzelnen Polymerisaten verschieden, sie hängt aber auch von der Art des Emulgators und des Schutzkolloids ab. Am feinsten dispergiert sind die Polyacrylsäureester und die Butadienpolymerisate, während die Polyvinylacetate wesentlich gröber dispergiert sind und daher bei stärkerer Verdünnung mit Wasser infolge der Herabsetzung der Wirkung des Schutzkolloids zum Absetzen neigen. Der kleineren Teilchengröße entspricht gleichzeitig eine geringere Viskosität und eine geringere Verträglichkeit mit Füllstoffen.

Die Dispersionen der Polyacrylsäureester, der meisten Mischpolymerisate der Acrylsäure und der Polyvinylacetate sind schwach bis stark sauer eingestellt, die des Polyisobutylens, der Butadienmischpolymerisate und des natürlichen Kautschuks dagegen schwach bis stark alkalisch; man muß daher beim Mischen verschiedener Dispersionen darauf achten, daß der pH-Wert nicht den Fällungspunkt einer Mischkomponente erreicht. Sauer reagierende Dispersionen müssen vor dem Mischen mit alkalischen mittels Amoniak alkalisch eingestellt werden. Die meisten Dispersionen sind elektrolytempfindlich. Dies wird bei der Herstellung von Werkstoffen auf Basis von losen Fasern ausgenützt. Insbesondere wirken mehrwertige Schwermetallsalze, wie Chromsulfat, Aluminiumsulfat, Aluminiumformiat, Zinkammoniumchlorid und Zirkonsalze fällend.

Die Dispersionen sind mit verschiedenen wasserlöslichen Kolloiden mischbar; Wachsemulsionen und Paraffinemulsionen wie Ramasit WD erhöhen die Pigmentverträglichkeit bei gleichzeitiger wasserabweisender Wirkung; mit Latecoll, Plexileim, Tylose und anderen viskosen Lösungen können dünnflüssige Dispersionen verdickt werden; ähnlich wirkt Collacral N, welches gleichzeitig als Schutzkolloid eine Ausfällung duch Füllstoffe erschwert. Weichmacher mit gelatinierenden Eigenschaften können zur Erhöhung der Geschmeidigkeit, der Kältefestigkeit und der Klebefähigkeit durch kräftiges Rühren eingearbeitet werden; in manchen Fällen müssen Emulgatoren hinzugefügt werden. Verschiedene Kunststoffdispersionen können gemeinsam mit Harnstoff-Formaldehyd-Kondensaten bei der Knitterfest-Ausrüstung oder mit Formaldehyd-Lösungen bei der Quellfest-Ausrüstung verwendet werden.

Die wesentlichsten Vorteile der Dispersionen von Kunststoffen im Vergleich mit den entsprechenden Lösungen sind in der einfachen Arbeitsweise begründet, welche sich den in Textilveredlungsbetrieben vorhandenen Einrichtungen anpaßt und im Rahmen der üblichen Arbeitsmethoden in wässerigem Medium bleibt. Es entfallen die kostspieligen Einrichtungen, welche die Rückgewinnung der Lösungsmittel und der Schutz gegen die feuergefährliche und gesundheitsschädigende Wirkung der Lösungsmitteldämpfe erfordern, und die Verluste an kostbaren Lösungsmitteln. Die Haftfestigkeit der Filme aus Dispersionen ist verbessert, so daß manchmal die ersten Striche mittels Dispersionen, die folgenden mittels Lösungen von Kunststoffen hergestellt werden. Man kann mit einer geringeren Anzahl von Strichen auskommen, da die Dispersionen eine wesentlich größere Menge an Kunststoff enthalten. Nachteilig ist vor allem die geringere Stabilität der Mischungen aus Dispersionen, welche auch aus diesem Grunde nicht allzu große Mengen an Füllstoffen enthalten dürfen. Sie sind daher auch nicht unbegrenzt haltbar; eingetrocknete Mischungen können nicht mehr in einen verarbeitungsfähigen Zustand übergeführt werden und sind daher wertlos. Auch die Herstellung der Mischungen kann bei unsachgemäßer Arbeitsweise zu Koagulationserscheinungen führen. Die Streichanlage muß vor der Wärmeausstrahlung der Trokkenmaschine geschützt sein, um eine vorzeitige Koagulation der vor dem Streichmesser befindlichen Streichmasse zu vermeiden. Die Wasserbeständigkeit der aus Dispersionen hergestellten Filme ist allgemein infolge der zugesetzten wasserlöslichen und sogar oberflächenaktiven Stoffe geringer als die der aus den entsprechenden Lösungen erzeugten Filme.

Eine eingehende Beschreibung der Eigenschaften der Dispersionen ist in den Abschnitten über Polyacrylsäureester- und Polyvinylacetat-Dispersionen, Polyvinylchlorid-Pasten, natürlichen Latex und Bunadispersionen zu finden.

E. Die Herstellung von Kunststofflösungen und ihre Verarbeitung.

Da die Textilindustrie im allgemeinen auf die Verarbeitung von Lösungen nicht eingerichtet ist, sollen im folgenden die Herstellung und die Verarbeitung der Kunststofflösungen und die dazu verwendeten Maschinen kurz beschrieben werden.

In manchen Fällen, insbesondere bei der Verarbeitung von Kautschuk, Butadien- und Isobutylen-Polymerisaten ist eine Mastizierung auf sogenannten Mischwalzwerken notwendig. Gleichzeitig kann auf den Mischwalzwerken das Einarbeiten der Füllstoffe und der anderen Zusätze und die Homogenisierung der Mischung erfolgen. Ebenso werden manchmal die Mischungen des Polyvinylchlorids mit Weichmachern auf dem Mischwalzwerk ausgeführt. Dieses besteht aus zwei nebeneinander gelagerten Walzen, welche mit verschiedener Geschwindigkeit, also unter Friktion, mit mehr oder minder hohem Druck gegeneinander laufen. Die Walzen, die meist aus Kokillenguß hergestellt werden, sind mit Dampf heizbar und mit Wasser kühlbar. Das Material wird in den von den beiden Walzen gebildeten Zwischenraum gebracht und von den rotierenden Walzen mitgenommen. Dabei bildet sich eine Schichte auf der einen Walze, das sogenannte „Fell". Die Füllstoffe und die anderen Zusatzstoffe werden allmählich zugegeben während das Mischwalzwerk im Gang ist. Bei entsprechend langer Behandlung werden die Mischungen immer mehr homogen (Abb. 5).

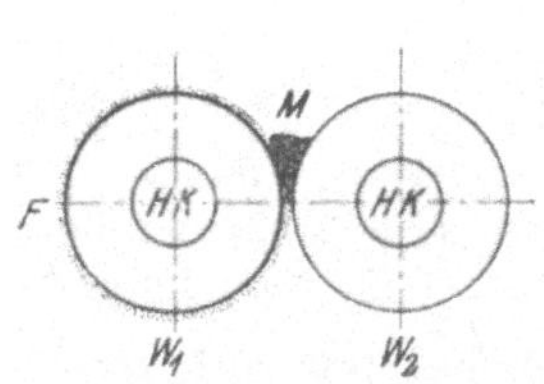

Abb. 5. Schema eines Mischwalzwerkes.

W_1 und W_2 Walzen mit Hohlraum; *HK* zum Heizen und Kühlen; *M* Mischung, die verarbeitet werden soll; *F* Fell.

Außer im Mischwalzwerk können Mischungen aus Polyisobutylen in Knetmaschinen hergestellt werden. Die Knetmaschinen, die unter anderem von Werner & Pfleiderer, Stuttgart, gebaut werden, bestehen aus einem meistens kippbaren Trog, in welchem zwei Knetflügel mit regelbarer Geschwindigkeit gegeneinander arbeiten. Für die Verarbeitung von Polyisobutylen müssen sie auf die entsprechend hohe Temperatur heizbar sein (Abb. 6).

Auch andere Mischmaschinen können für Polyisobutylen verwendet werden, wenngleich die Mischungen meist weniger homogen ausfallen.

Der eigentliche Lösungsvorgang wird in Mischmaschinen vorgenommen, welche in ihrer einfachsten Form den in der Textilveredlungsindustrie benützten Rührwerken entsprechen. Bessere Durchmischung und raschere Auflösung findet in Knetmaschinen und anderen komplizierter gebauten Maschinen (z. B. Petzold'sche Kreiselmischer) statt. Alle diese Maschinen müssen zur Vermeidung von Lösungsmittelverlusten geschlossen sein. Sie dürfen wegen der Brandgefahr nicht zu rasch laufen und sollen mit Wasser kühlbar sein. Sie müssen wegen der besonders bei Polyisobutylen auftretenden statischen Elektrizität gut geerdet sein.

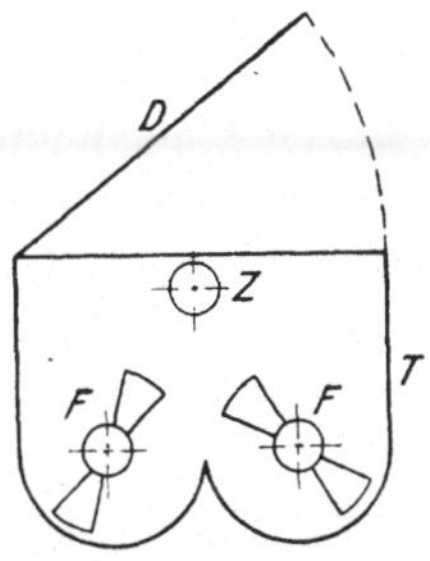

Abb. 6. Knetmaschine.
T Trog; *F* Knetflügel;
D Deckel; *Z* Zapfen zum Kippen des Troges.

Die zum Streichen und zum Trocknen verwendeten Maschinen wurden schon früher mit ihren Vor- und Nachteilen beschrieben. Eine rationelle Produktion ist nur dann möglich, wenn die verdampften Lösungsmittel in möglichst hohem Ausmaße wieder gewonnen werden. Dazu ist es notwendig, die ganze Streich- und Trockenanlage zu verkapseln und an eine gute Lösungsmittelrückgewinnungsanlage anzuschließen. Gleichzeitig wird dadurch die Ansammlung größerer Mengen der gesundheitsschädlichen und feuergefährlichen Lösungsmitteldämpfe im Arbeitsraum vermieden. Über die Schutzmaßnahmen gegen Brand- und Explosionsgefahr, insbesondere solche, welche die Aufladung durch auftretende Reibungselektrizität einschränken sollen, ist ausführlich in dem Abschnitt über die Verwendung des Polyisobutylens berichtet. Infolge der einfachen Konstruktion ist die Spreadingmaschine als die geeignetste Maschine anzusehen, bei welcher sich auch die Rückgewinnung der Lösungsmittel am leichtesten bewerkstelligen läßt. Die Absaugrohre, welche zur Rückgewinnungsanlage führen, sollen Drosselklappen besitzen; mit deren Hilfe ist es möglich, das von einem Ventilator abzusaugende Luft-Lösungsmitteldampf-Gemisch gleichmäßig auf alle im Betrieb stehende Maschinen zu verteilen.

Die Lösungsmittelrückgewinnungsanlagen arbeiten nach verschiedenen Prinzipien. Am meisten eingeführt sind solche, bei denen die Lösungsmitteldämpfe durch Adsorptionsmittel, wie Aktivkohle oder Gele der Kieselsäure (Silikagel) oder von Metalloxyden adsorbiert werden. Sobald die Adsorptionsmittel mit den Lösungsmitteln gesättigt sind, werden diese durch Ausdämpfen mittels Wasserdampf ausgetrieben und die Adsorptionsmittel wieder regeneriert.

Die mittels eines Ventilators von der Streich- und Trockenanlage abgesaugten Lösungsmitteldämpfe gelangen zuerst in einen Adsorber. Dieser besteht aus einem stehenden kesselförmigen Behälter, in welchem auf einem Siebboden zuerst eine Schotterschichte und darüber eine Schichte von körniger Aktivkohle eingefüllt ist. Innerhalb eines Bruchteiles einer Sekunde wird aus dem von unten nach oben durchströmenden Luft-Lösungsmitteldampf-Gemisch das Lösungsmittel adsorbiert, während die reine Luft durch ein Ableitungsrohr abgeführt wird. Erst wenn die Aktivkohle nahezu gesättigt ist, wird nicht mehr die ganze Lösungsmittelmenge adsorbiert. Dies kann

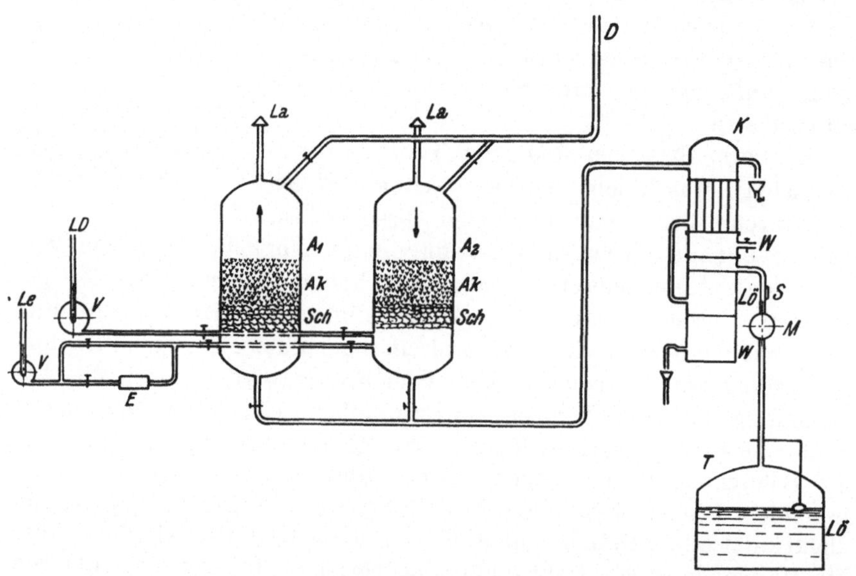

Abb. 7. Schema einer Lösungsmittel-Rückgewinnungsanlage. (Aktivkohle).

A_1 Adsorber, der eben mit Lösungsmitteldämpfen beladen wird; A_2 Adsorber, aus dem das Lösungsmittel eben durch Wasserdampf ausgetrieben wird; *Sch* Schotter; *Ak* Aktivkohle; *LD* Zuleitungsrohr für Lösungsmitteldämpfe; *Le* Zuleitungsrohr für Frischluft; *E* Erhitzer für Luft; *V* Ventilatoren; *La* Luftabführung; *D* Dampfzuleitungsrohr; *K* Kondensator; *Wr* Wasserzuleitungsrohr; *Lö* Lösungsmittel; *W* Wasser; *S* Schauglas; *M* Meßuhr; *T* Tank.

durch den Geruch der austretenden Luft oder durch ein Meßgerät festgestellt werden. Sobald der Adsorber beladen ist, schaltet man auf einen zweiten Adsorber um. Das im ersten Adsorber festgehaltene Lösungsmittel wird durch Wasserdampf, der von oben nach unten strömt, ausgetrieben. Das austretende Gemisch der Dämpfe von Wasser und Lösungsmittel gelangt in einen Kondensator, wo es

verflüssigt wird, und weiter in einen Abscheider, wo das Lösungsmittel vom Wasser getrennt wird, wenn es wasserunlöslich ist. Es
geht dann über ein Schauglas und eine Meßuhr in den Vorrats-
behälter. Gleichzeitig, während der eine Adsorber beladen wird,
trocknet man im anderen Adsorber die feuchte Aktivkohle mittels
Warmluft, die durchgeblasen wird; dann wird die Aktivkohle mit
Kaltluft gekühlt und kann wieder frisch beladen werden. Bei wasserlöslichen Lösungsmitteln wird das Gemisch mit ca. 30% Lösungsmittel in einer Rektifizieranlage getrennt. Bei der Ausdämpfung
der Aktivkohle werden die letzten Reste des Lösungsmittels nicht
ausgetrieben, da dies mit einem außergewöhnlich hohen Dampfver-
brauch verbunden ist und daher unwirtschaftlich wäre (Abb. 7).

Lit.: Piatti, Die Wiedergewinnung flüchtiger Lösungsmittel, Berlin 1932.

Spezieller Teil.

I. Die Verwendung von aus Naturstoffen erzeugten Kunststoffen.

A. Die Verwendung des natürlichen Kautschuks und des natürlichen Latex.

Lit.: Hauser, Handbuch der Kautschuktechnologie, 1935. — Memmler, Handbuch der Kautschukwissenschaften, 1930. — Kluckow, Verarbeitung von Kautschuk, Kunstkautschuk und weichgummiähnlichen Kunststoffen, Berlin. — H. Barron, Chemische Technologie des Kautschuks, Berlin 1941. — S. Boström, K. Lange, H. Schmidt und P. Stöcklin, Kautschuk und verwandte Stoffe, Berlin 1940.

Die Arbeitsmethoden der Kautschukindustrie wurden für die Verarbeitung verschiedener Kunststoffe, insbesondere für die Verarbeitung des synthetischen Kautschuks übernommen. Aus diesem Grunde ist es zweckmäßig, das Wichtigste über die Verarbeitung des natürlichen Kautschuks mitzuteilen, insbesondere, da auch verschiedene Textilbetriebe die Herstellung von mit natürlichem Latex gestrichenen Geweben aufgenommen haben.

1. Die Verwendung des natürlichen Kautschuks.

Kautschuk wird aus dem Milchsaft (Latex) verschiedener tropischer Pflanzen, insbesondere verschiedener Euphorbiacen gewonnen. Der Milchsaft enthält den Kautschuk als feine Tröpfchen emulgiert. Das ursprüngliche Verfahren, den Latex durch Räuchern zum Gerinnen zu bringen (smoked sheets), wurde durch Koagulation mittels schwacher Säuren wie Essig- oder Ameisensäure ersetzt. Die entstandenen Kuchen werden gewaschen und zu dünnen „Fellen" ausgewalzt.

Kautschuk zeichnet sich durch seine hohe Rückprallelastizität aus, er ist unter 0^0 C hart, bei 50^0 C wird er plastisch, so daß man ihn formen, schweißen und mit anderen Stoffen zusammenkneten kann. Er läßt sich leicht in Benzin, chlorierten Kohlenwasserstoffen, Benzol und anderen organischen Lösungsmitteln lösen. Bei höheren Temperaturen schmilzt er unter Zersetzung.

In chemischer Hinsicht stellt Kautschuk ein polymerisiertes Isopren dar. Durch Einwirkung von Schwefel tritt Absättigung der Doppelbindungen durch Schwefelbrücken ein. Dieser Prozeß heißt Vulkanisation. Erst durch diese erhält der Kautschuk seinen hohen technischen Wert. Durch Erhitzen einer Mischung von Kautschuk mit ca. 1 bis 10% Schwefel, Vulkanisationsbeschleunigern und anderen Zusatzstoffen auf ca. 120 bis 140° C und darüber während einer von der Temperatur abhängigen Zeitdauer erhält man den Weichgummi, mit 30% Schwefel den Hartgummi. Weichgummi ist wesentlich elastischer und widerstandsfähiger gegen chemische Einflüsse als nicht vulkanisierter Kautschuk, während seine Bildsamkeit verlorengegangen ist. Durch geeignete Vulkanisationsbeschleuniger kann man nicht nur die Zeitdauer, sondern auch die Temperatur so weit herabsetzen, daß man unter 100° C vulkanisieren kann. Man kann auch mit Chlorschwefel in Schwefelkohlenstofflösung in der Kälte vulkanisieren, bei Geweben kann jedoch eine Faserschädigung durch die frei werdende Salzsäure eintreten.

Nachdem man schon früher erkannt hatte, daß die Vulkanisation durch Zusatz von Bleioxyd, Magnesiumoxyd oder Calciumoxyd beschleunigt wird, wurden verschiedene organische Substanzen gefunden, die wesentlich stärker beschleunigend wirken. Diese Wirkung zeigen verschiedene Amine (Piperidin), Aldehydamine (Hexamethylentetramin), Guanidine (Diphenylguanidin), in stärkerem Maße Mercaptobenzothiazol und verschiedene ähnliche Verbindungen und noch mehr die Thiuramsulfide und die Salze der Dithiocarbaminsäuren.

Die am meisten verwendeten Beschleuniger sind folgende:

1. Mäßig wirkende Beschleuniger: Hexamethylentetramin (Vulkazit H der I.G.); Diphenyl- und Diorthotoluylguanidin (D.P.G. und D.O.T.G. verschiedener amerikanischer Firmen, Vulkazit D).

2. Halbultrabeschleuniger: Mercaptobenzothiazol (Vulkazit Mercapto, Captax, Thiotax usw.); Dibenzothiazyldisulfid (Vulkazit DM, Altax usw.); verschiedene Derivate des Mercaptobenzothiazol (z. B. Vulkazit AZ, Santocure usw.).

3. Ultrabeschleuniger: Tetramethylthiurammonosulfid (Monex, Thionex usw.); Tetramethylthiuramdisulfid (Vulkazit Thiuram, Tuad usw.); Pentamethylendithiocarbaminsaures Piperidin (Vulkazit P); Cyclohexyläthylaminsalz der Cyclohexyläthyldithiocarbaminsäure (Vulkazit 774); Zinksalz und Bleisalz der Pentamethylendithiocarbaminsäure (ZPD, bzw. LPD); Zinksalz der Äthylphenyldithiocarbaminsäure (Vulkazit P extra N) und die Zinksalze anderer Dithiocarbaminsäuren.

Durch die Beschleuniger wird nicht nur die Vulkanisationsdauer verkürzt, es kann auch eine Erniedrigung der Vulkanisationstemperatur erreicht werden. Die physikalischen Eigenschaften der Vulkanisate werden verbessert.

Durch Zinkoxyd werden die Beschleuniger aktiviert. Ähnliche Wirkung besitzen Zinkstearat und Bleiglätte. Auch Stearinsäure wirkt ebenso wie auch andere Fettsäuren aktivierend.

Unter den Füllstoffen muß zwischen aktiven und inaktiven unterschieden werden. Aktive Füllstoffe wie aktives Zinkoxyd, Aktivruß und aktives Kaolin verbessern die physikalischen Eigenschaften der Vulkanisate, besonders die Reißfestigkeit und die Abriebfestigkeit. Diese Wirkung nimmt mit zunehmend feiner Verteilung zu, sie ist aber auch von der Form der Teilchen abhängig. Inaktive Füllstoffe wie Kreide, Schwerspat usw. zeigen diese Wirkung nicht.

Weichmacher werden hauptsächlich zur Erleichterung der Verarbeitung angewandt, außer Fettsäuren Mineralöl, Paraffin, Bitumen, Harze usw., ferner auch Faktis (durch Behandlung mit Schwefel bei höheren Temperaturen oder durch Chlorschwefel aus trocknenden Ölen erhaltene Produkte). Letzterer ist auch ebenso wie Kautschukregenerate ein Streckungsmittel.

Als Farbstoffe dienen außer anorganischen wie Ruß, Zinkweiß, Titanweiß, Eisenoxyden, Goldschwefel, Ultramarin und anderen verschiedene organische Farbpigmente. Als Alterungsschutzmittel werden hauptsächlich Aldol-α-Naphtylamin und Phenyl-β-Naphtylamin verwendet.

Diese Substanzen werden dem vorher durch Mastizieren auf dem Mischwalzwerk plastisch gemachten Kautschuk in geeigneter Reihenfolge zugesetzt. Auch dies wird auf Mischwalzwerken durchgeführt. Die Mischungen werden dann auf verschiedenen Verarbeitungsmaschinen, z. B. Kalandern weiterverarbeitet und schließlich vulkanisiert. Für manche Zwecke, vor allem zum Streichen von Geweben, müssen die Mischungen in Benzin gelöst werden.

Bei der Herstellung von Kautschukmischungen ist es wichtig, daß die Zusätze keine sogenannten Kautschukgifte enthalten. Dies sind vor allem Kupfer- und Manganverbindungen, welche infolge ihrer Sauerstoff übertragenden Wirkung eine rasche Zerstörung des Kautschuks verursachen.

Es soll noch bemerkt werden, daß Kautschuk gegen die Einwirkung von Sonnenstrahlen, insbesondere von ultravioletten Strahlen, sehr empfindlich ist. Diese zerstörende Wirkung ist auf die Bildung von Ozon oder Wasserstoffsuperoxyd zurückzuführen. Dieselbe Schädigung tritt auch ohne Licht, nur nach bedeutend längerer Zeit ein. Die Schädigung wird bei Gegenwart von Sauerstoffüberträgern, wie Metallsalzen und Metalloxyden, verschiedenen Fettsäuren und Harzen beschleunigt. Durch Antioxydantien hingegen, vor allem aromatische und heterocyclische Basen (Alterungsschutzmittel), wird die schädliche Oxydationswirkung zurückgedrängt.

Die Schädigung zeigt sich dadurch, daß der Kautschuk brüchig wird, manchmal auch vor dem Brüchigwerden durch Klebrigkeit des Kautschuks. Dies tritt auch bei zu schwacher Vulkanisation ein. Die Klebrigkeit läßt sich bis zu einem gewissen Grad durch Behandlung mit Tannin oder Formaldehyd oder durch Einpudern mit Talkum vermeiden. Schwach vulkanisierter Kautschuk hat anfangs eine geringere Festigkeit als zu stark vulkanisierter. Die den Kautschuk schädigende Wirkung des Lichtes kann man durch Farbpigmente, welche die Lichtstrahlen absorbieren, oder durch Aluminiumpulver, welches die Lichtstrahlen reflektiert, vermindern.

Gummierte Stoffe werden für die verschiedensten Zwecke hergestellt, z. B. Regenmantelstoffe, Schürzen, Bergmann- und Taucheranzüge, verschiedene andere Schutzbekleidungsstoffe, Betteinlagen, Verbandbatist, Kabelbänder, Kunstleder, Autoverdeckstoffe, Faltbootstoffe. Letztere werden durch Streichen und Doublieren von mehreren Geweben hergestellt. Dazu kommen Ein- und Umlagen für Schläuche, Treibriemen, Transportbänder, Voll- und Cordgewebe für Bereifungen.

Die Gummierung kann nach folgenden 2 Methoden ausgeführt werden: Bei der ersten Methode wird auf einem Kalander mit gleich oder verschieden rasch laufenden Walzen gearbeitet. Zwischen den oberen zwei Walzen wird die Mischung in der Wärme plastisch gemacht und zwischen den unteren Walzen auf ein durchlaufendes Gewebe aufgetragen (Abb. 8). Bei der zweiten Methode wird in der üblichen Weise auf Streichmaschinen eine in Lösungsmitteln, vor allem in Benzin, gelöste Mischung auf das Gewebe aufgetragen. Es soll für diese Zwecke nur eine gute Kautschkusorte verwendet werden, da der Preis im Vergleich zu den Gesamtkosten eine untergeordnete Rolle spielt. Man wird dies auch bei eventuellem Faktiszusatz berücksichtigen müssen. Falls dieser nicht völlig entsäuert ist, muß Magnesia usta zugesetzt werden. Gasruß dient als Pigment, seine die Festigkeiten verbessernde Wirkung ist in diesem Falle von untergeordneter Bedeutung, da das Gewebe der Hauptträger der Festigkeitseigenschaften ist. Falls mit Chlorschwefel vulkanisiert werden soll, muß

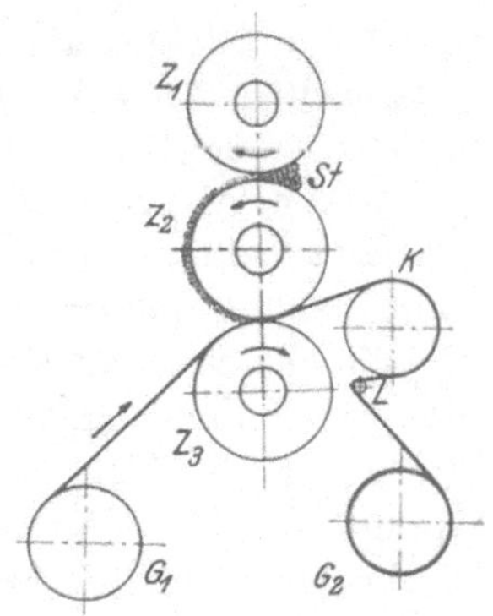

Abb. 8. Schema eines Gummikalanders.

Z_1, Z_2, Z_3 Walzen des Gummikalanders; K Kühlwalze; L Leitwalze; St Mischung zum Beschichten oder für Folien; G_1 Rohgewebe; G_2 Beschichtetes Gewebe.

darauf Rücksicht genommen werden, daß durch die abgespaltene Salzsäure manche der Füllstoffe angegriffen werden. Es werden zum Färben der Mischungen außer verschiedenen anorganischen Farben wie Ultramarin organische Spezialfarbstoffe wie die Vulkanechtfarbstoffe verwendet. Die Farbstoffe müssen ebenso wie die zum Färben des Gewebes verwendeten (Typ 8015 der I. G.) kupfer- und manganfrei sein, da diese beiden Metalle gefährliche Kautschukgifte sind und rasche Zerstörung des Kautschuks bewirken. Das beste Lösungsmittel ist Benzin; Benzol ist wegen seiner Giftigkeit weniger zu empfehlen; die zwar nicht brennbaren chlorierten Kohlenwasserstoffe kosten volumsmäßig schon das mehrfache wie Benzin, dazu kommen die größeren Verdampfungsverluste infolge des niedrigeren Siedepunktes, außerdem sind sie gesundheitsschädlicher. Zum Streichen werden am meisten Spreadingmaschinen (Abb. 3) verwendet. Bei diesen läuft das gestrichene Gewebe über einen Heiztisch, ohne daß die gestrichene Gewebeseite mit Leitwalzen in Berührung kommen kann. Über dem Heiztisch wird gewöhnlich eine Abzughaube mit Anschluß an die Lösungsmittelrückgewinnungsanlage (Abb. 7) angebracht. Die Lösungsmittel werden meist nach dem Adsorptionsverfahren mittels Aktivkohle oder Silikagel zurückgewonnen. Die Streich- und Trockenanlage muß mit Vorrichtungen zum Ableiten der vor allem bei trockener Witterung entstehenden statischen Elektrizität ausgestattet sein, da besonders bei vollständig gekapselten Anlagen die Brandgefahr eine große ist. Man streicht meistens mit Gummibandrakeln, die Warengeschwindigkeit beträgt je nach dem Trocknen ca. 6 bis 12 Meter pro Minute. Beim ersten Strich arbeitet man zwecks guter Haftung mit dünneren Lösungen, beim letzten mit einem dünnen Messer, um eine möglichst glatte Oberfläche zu erreichen. Falls zweiseitig gummiert werden soll, muß mit Talkum oder anderen Mitteln gepudert werden, um ein Zusammenkleben der Vorder- und Rückseite des Gewebes beim Aufrollen zu vermeiden. Bei Waren, die doubliert werden sollen, muß aber die Klebrigkeit erhalten bleiben, so daß an Stelle des Puderns Stoffe als Zwischenläufer verwendet werden. Da beim Doublieren die Gleichmäßigkeit des Films von geringerer Wichtigkeit ist, können auch Trockentrommeln benützt werden, die sonst nicht zu empfehlen sind, da durch die rasche Verdampfung des Lösungsmittels Blasen im Film entstehen. Die Doublierung wird meistens auf dem Kalander ausgeführt. Waren, die lackiert werden sollen, dürfen nicht gepudert werden.

An das Streichen und die angeführten Zwischenoperationen schließt sich die Vulkanisation an, welche sowohl als Kaltvulkanisation als auch als Warmvulkanisation ausgeführt wird. Bei ersterer wird eine 1 bis 6%ige Lösung von Chlorschwefel in Schwefelkohlenstoff oder in chlorierten Kohlenwasserstoffen (eventuell auch in Benzin) durch eine Auftragwalze aus einem Trog auf die darüberlaufende Kautschukschichte aufgetragen, dann wird auf Heiztrommeln getrocknet. Bei der Warmvulkanisation enthält schon die Mischung den Schwefel. Die Warmvulkanisation von Geweben wird in Heizkesseln oder Heizkammern, in denen die aufgehängten Gewebe der Einwirkung der Wärme ausgesetzt werden, oder in Kammern, welche die Gewebe kontinuierlich passieren, ausgeführt. Falls überhaupt keine derartige Vulkanisationsanlage vorhanden ist, kann bei Verwendung von rasch wirkenden Ultrabeschleunigern auch auf Heiztrommeln vulkanisiert werden. Bei nachträglicher Lagerung findet vollständiges Ausvulkanisieren auch bei Zimmertemperatur statt.

Die Erzeugung von gummierten Stoffen mit Kautschuklösungen erfordert Spezialerfahrungen und eine vollkommene maschinelle Einrichtung und ist daher für Textilbetriebe nicht zu empfehlen.

2. Die Verwendung des natürlichen Latex.

Lit.: Hauser, Handbuch der Kautschuktechnologie, 1931. — Hauser, Latex 1927. — H. P. und W. Stevens, Rubber Latex.

Seitdem es gelungen ist, den natürlichen Latex durch Zusatz von Alkalien so weit zu stabilisieren, daß er nicht nur den Transport nach Europa, sondern auch den Zusatz von Füllstoffen ohne Koagulation verträgt, hat seine Verwendung an Stelle der Gummilösungen immer mehr zugenommen, insbesondere auf dem Gebiete der mit Kautschuk beschichteten Gewebe. Neben Latex, welcher meistens durch Ammoniak stabilisiert ist und einen Trockengehalt von 33 bis 45% Trockensubstanz aufweist, werden Latexkonzentrate verwendet, welche wie „Revertex" durch einfache Verdampfung mit einem Trockengehalt von 73 bis 75% oder, wie „Jatex" durch Zentrifugieren mit einem Trockengehalt von ca. 60% hergestellt werden.

a) Allgemeines.

Die Herstellung von Mischungen aus Latex gestaltet sich grundsätzlich anders als die von Mischungen aus Rohkautschuk. Da der Latex eine wässerige Emulsion darstellt, kommen nur solche Zusatzstoffe in Betracht, die entweder wasserlöslich oder derart fein in Wasser dispergierbar sind, daß sie selbst Dispersionen, bzw. Emulsionen bilden können. Wegen der Empfindlichkeit des Latex sauren Substanzen gegenüber dürfen sauer reagierende Stoffe ebenso wie leicht dissoziierbare Metallsalze nicht oder nur mit größter Vorsicht zugesetzt werden, um Koagulation zu vermeiden. Auch manche neutral reagierende Stoffe wie Gasruß können leicht dadurch Koagulation bewirken, daß sie Wasser absorbieren. Ebenso sind Substanzen mit hohem spezifischen Gewicht und solche mit schlechter Netzfähigkeit Wasser gegenüber nicht sehr geeignet. Es ist also in erster Linie das Verhalten der Zusatzstoffe Wasser gegenüber von Bedeutung, da der Latex ein heterogenes System mit einer wässerigen Phase darstellt, in dem negativ geladene Kautschukteilchen verschiedener Größe dispergiert sind, im Gegensatz zu den homogenen und viskosen Kautschuklösungen. Es ist daher das Verhalten der gleichen Füllstoffe in einem aus einer Kautschuklösung hergestellten Film ein anderes als in einem aus dem Latex hergestellten. Im ersten Falle stellt der durch Mastizierung plastizierte Kautschuk die kontinuierliche Phase dar. Zugesetzte, im Kautschuk mehr oder minder gleichmäßig verteilte aktive Füllstoffe wie Gasruß können die Kerbzähigkeit (Widerstand gegen Einreißen) wesentlich erhöhen. In einem ungefüllten Latexfilm, der an sich schon ein heterogenes System darstellt, weisen die einzelnen Latexpartikelchen schon eine derartige Mikrostruktur auf, daß sich der ungefüllte Latexfilm ähnlich dem aus Rohkautschuk gewonnenen, aber mit Gasruß gefüllten Film verhält. Ein. zu hoher Zusatz von Füllstoffen zu einer Latexmischung kann sogar die mechanischen Eigenschaften des Films verschlechtern, indem sich die Füllstoffteilchen um und zwischen die Latexpartikeln gruppieren.

Um Koagulation zu vermeiden, ist äußerst feine Verteilung der Füllstoffe notwendig; besonders günstig ist die Zerkleinerung der Füllstoffe in Kugelmühlen oder Desintegratoren.

Die Zusätze sind meist dieselben wie bei Kautschuklösungen. Es ist zu beachten, daß sie nicht alkaliempfindlich sein und nicht sauer reagieren dürfen, um Koagulation des Latex zu vermeiden. Wichtige Zusatzstoffe sind Calciumcarbonat, Kreide, Calciumoxyd, Gips, Magnesiumoxyd, Kaolin, Schwerspat, Lithopone, Zinkoxyd, Titanoxyd, inaktiver Ruß, Farbpigmente (meistens organische), ferner emulgierbare Fette, Öle, Wachse, Harze, Asphalt und Bitumen. Der Schwefel wird meistens als Kolloidschwefel (Gehalt 85% Schwefel) zugesetzt. Als Beschleuniger werden meistens Ultrabeschleuniger verwendet; sehr beliebt ist die Kombination von gleichen Teilen pentamethylendithiocarbaminsaurem Piperidin (Vulkazit P) und dem Cyclohexyläthylaminsalz der Cyclohexyläthyldithiocarbaminsäure (Vulkazit 774). Die Mischungen, welche die Ultrabeschleuniger gemeinsam mit Schwefel enthalten, müssen mit großer Vorsicht behandelt werden, da sie schon bei Temperaturen um 100° C vulkanisieren. Man darf sie daher nur in kühlen Räumen aufbewahren und soll sie möglichst bald verarbeiten. Es ist zweckmäßiger, bei nicht zu hoher Temperatur und etwas längerer Zeitdauer zu vulkanisieren, um ein sicheres Arbeiten zu gewährleisten und Übervulkanisation zu vermeiden. Für Gewebegummierungen mit Latex sind die genannten Beschleuniger dort besonders gut geeignet, wo keine eigentlichen Vulkanisationsanlagen vorhanden sind, da auch beim Lagern bei niedrigerer Temperatur die Vulkanisation zu Ende geführt werden kann.

Zur Entwicklung der vollen Wirksamkeit brauchen die Beschleuniger gewisse Zusätze von Aktivatoren. Meistens wird aktives Zinkoxyd, welches sehr kleine Partikel besitzt, in Mengen von 0.8 bis 1,0% vom Gewicht des Kautschuks verwendet. Außerdem werden bei manchen Beschleunigern Zinkstearat, Stearinsäure, Magnesiumoxyd oder Bleiglätte mit gutem Erfolg verwendet.

Als Alterungsschutzmittel werden wie beim Kautschuk selbst Phenyl-Betanaphtylamin und Aldol-Alphanaphtylamin in Mengen von 1 bis 2%, auf die Trockensubstanz bezogen, zugesetzt. Gegen die schädigende Wirkung des Lichtes, insbesondere der ultravioletten Strahlen, setzt man 1 bis 2% Paraffin zu, welches im Film allmählich an die Oberfläche wandert. Außerdem gewährt der Zusatz von gelben Pigmenten (z. B. Cadmiumsulfid) oder von Aluminiumpulver einen gewissen Schutz. Auf jeden Fall muß die richtige Vulkanisationstemperatur und Zeit innegehalten werden, da sonst die Reißfestigkeit, die Knickfestigkeit und die Beständigkeit gegen Hitzeeinwirkung und Chemikalien leidet.

Das Paraffin, welches in Form einer Emulsion (z. B. Ramasit der I. G. Farbenindustrie A. G. oder Heliozone von Dupont) zugesetzt wird, dient nicht nur als Schutz gegen die schädliche Wirkung der ultravioletten Strahlen, sondern auch dazu, das Durchschlagen der Streichmassen durch das Gewebe zu verhindern. Um die Gefahr des Koagulierens der Latexmischungen, insbesondere bei Zusatz von Gasruß zu verringern, werden Stabilisatoren, wie Tamol NNO, Vultamol (I. G. Farbenindustrie A. G.), Dupont-Aquarex, Kasein und andere Eiweißstoffe zu den Mischungen gegeben. Ein Zusatz von Emulgatoren ist ebenfalls zweckmäßig, manchmal braucht man auch Netzmittel wie Nekal BX. Als Verdickungsmittel und gleichzeitige Schutzkolloide dienen Kasein, Johannisbrotkernmehl (Diagum), polyacrylsaures Ammon (Plexileim von Röhm u. Haas, Darmstadt, und Latecoll der I. G. Farbenindustrie A. G.).

Bei der Herstellung der Mischungen verfährt man am besten so, daß man die Füll- und Zusatzstoffe mit Wasser anteigt, zu glatten Pasten vermahlt und dann dem stabilisierten Latex zusetzt. Die Anteigung der Pasten kann von Hand aus erfolgen, besser ist es, bei großen Chargen Rührwerke zu verwenden. Den Pasten kann man zur Erhöhung der dispergierenden und netzenden Wirkung kapillaraktive Substanzen zusetzen. Schließlich werden die Pasten in Farbreibmühlen oder in Kugelmühlen homogenisiert, bevor sie dem Latex zugesetzt werden. Nach dem Einrühren der Pasten in den Latex wird die Mischung in Mischmaschinen weiter durchgearbeitet. Es dürfen nur solche Mischmaschinen verwendet werden, bei denen keine Reibungswärme auftritt. Am zweckmäßigsten ist es, zuerst in einem Rührwerk zu mischen und dann durch einen Walzenstuhl mit kühlbaren Walzen oder durch eine Farbmühle (Trichtermühle mit Porzellanmahlscheiben von Schifferdecker in Worms oder von Follow & Bates) laufen zu lassen. Auftretende Koagulate können durch ein Organtinfilter beim Auslauf abgetrennt werden.

Wenn man sehr konzentrierte Mischungen haben will, kann man die trockenen Füllstoffe unter Zusatz von Netzmitteln in fein pulverisiertem Zustand direkt dem Latex zurühren. Dann wird in geeigneten Mühlen homogenisiert. Die Gefahr der Koagulation ist sehr groß. Man kann aber auch dem Latex die angeteigten Füllstoffe zusetzen und dann die verdünnte Mischung durch Verdampfen unter ständiger schaukelnder Bewegung konzentrieren.

Da Latexmischungen bei gleicher Konzentration wesentlich weniger viskos sind als Kautschuklösungen, werden verdickende Substanzen zugesetzt, wie Johannesbrotkernmehl (Diagum), Celluloseäther (Tylose), polyacrylsaures Ammon (Plexileim oder Latecoll). Diese Zusätze verschlechtern die Wasserfestigkeit, es ist daher besser, mit höheren Latexkonzentrationen zu arbeiten. Auch durch Zusatz von $1/2\%$ Triäthanolamin läßt sich Latex verdicken.

Wenn man keine Latexkonzentrate, wie Jatex oder Revertex zur Verfügung hat, kann man sich dadurch helfen, daß man den 40%igen Latex durch kochende Lösungen von Diagum (Johannisbrotkernmehl) oder Karraghenextrakt konzentriert. Man gießt eine kochende $1/2\%$ige Diagumlösung in ungefähr die gleiche Menge Latex. Nach 24stündigem Stehen trennt man den konzentrierten Latex vom Serum ab. Das erhaltene Produkt ist 55%ig.

b) Das Streichen von Geweben mit Latex.

Die Herstellung von gummierten Geweben mittels Kautschuklösungen ist für die Textilveredlungsindustrie ohne Bedeutung geblieben, da nicht nur die Herstellung der Mischungen, sondern auch das Streichen selbst Einrichtungen erfordert, welche der Textilveredlungsindustrie nicht zur Verfügung stehen, so daß dieser Industriezweig ganz der Gummiindustrie sowie anderen Industrien, welche sich gummierte Stoffe für Spezialzwecke selbst herstellen (Kabelbänder, Faltboothäute), reserviert blieb. Im Gegensatz dazu ist die Verarbeitung von Latexmischungen auf den in der Textilveredlungsindustrie vorhandenen Maschinen ohne größere Umbauten und Neuanschaffungen möglich. Auch das Arbeiten mit wässerigen Dispersionen entspricht den Arbeitsmethoden der Textilveredlungsindustrie mehr als die Verwendung von in organischen Lösungsmitteln aufgelösten Substanzen.

In erster Linie werden Regenmantelstoffe und andere wasserdichte Gewebe, ferner doublierte Stoffe wie Autoverdeckstoffe, Faltbootstoffe, Schutzstoffe für industrielle und hygienische Zwecke und Kunstleder durch Streichen oder auch Imprägnieren mit Latex hergestellt. Man kann durch nachträgliches Prägen auf dem Prägekalander die Narbung des Leders imitieren, die erzielten Effekte sind aber nicht so gut wie bei den später eingeführten Kunststoffen. Eine andere Methode, eine Narbung herzustellen, besteht darin, auf gerauhte Ware die Latexmischung zu streichen. Beim Trocknen bildet sich ein Film von lederartigem Aussehen (Färberei F. Edlinger, Wien XXI).

Das Arbeiten mit größeren Latexkonzentrationen hat den Vorteil, daß man mit einem Strich mehr Masse auftragen kann, und daß man den Zusatz der die Wasserfestigkeit des Filmes ungünstig beeinflussenden Verdickungsmittel vermeiden kann. Es ist überhaupt daran zu erinnern, daß die aus Latexmischungen hergestellten Filme verschiedene Substanzen enthalten, die unter Umständen die Wasserfestigkeit beeinträchtigen könnten, vor allem oberflächenaktive Substanzen.

Da die Latexmischungen ein heterogenes, disperses, wässeriges System bilden, besteht nach dem Auftrag auf das Gewebe keine Tendenz zum Ausgleichen des Filmes. Kautschuklösungen, die ein homogenes System bilden und auch viskoser sind, gleichen sich nach dem Streichen sofort aus, abgesehen davon, daß keine Koagulate entstehen können und auch die Gefahr, daß sich Füllstoffagglomerate bilden, geringer ist. Wenn sich derartige Füllstoffnester oder Koagulate unter dem Streichmesser festklemmen, entstehen Längsstreifen im Film, die sich kaum mehr ausgleichen. Die Latexmischungen sind durch die Einwirkung von Wärme wesentlich mehr gefährdet als Kautschuklösungen. Bei diesen kann das verdampfte Lösungsmittel wieder ersetzt werden, bei jenen tritt Koagulation auf, die nicht mehr rückgängig gemacht werden kann. Bei der Verarbeitung muß auf diese Unterschiede im Verhalten der Dispersionen im Vergleich mit Lösungen Rücksicht genommen werden. Man verwendet zum Streichen und Trocknen Streich- und Trockenmaschinen verschiedener Konstruktion. Es muß aber darauf geachtet werden, daß die vor dem Streichmesser liegende Streichmasse nicht der direkten Einwirkung der von der Trockenanlage ausgestrahlten Wärme ausgesetzt ist, um Koagulation zu vermeiden. Aus diesem Grunde ist die Anwendung von Heiztrommeln weniger empfehlenswert. Zumindest für den ersten

Strich ist die Verwendung von Luftrakeln günstiger als die von Gummiband- oder Kissenrakeln, um das Durchschlagen der Mischungen, die weniger vikos als Kautschuklösungen sind, zu vermeiden. Nach dem ersten Strich wird das Gewebe auf einem Spann- oder Egalisierrahmen auf die erforderliche Breite gespannt. Man kann auch an Stelle der Spreadingmaschine einen Spannrahmen mit vorgebauter Streicheinrichtung für den ersten Strich verwenden. Dabei ist eine Beschädigung des Filmes durch Spannen nach dem Trocknen verhindert. Um eine möglichst glatte Oberfläche zu erzielen, wird vor den weiteren Strichen warm kalandert. Sollte der Film schlecht auf dem Gewebe haften, so kann man sich durch Zusatz von Netzmitteln von der Art des Nekals helfen, dadurch wird aber die Gefahr des Durchschlagens vergrößert. Bei Verwendung von Lösungen wirkt schon das Lösungsmittel selbst auf die Wachs- und Fettsubstanzen auflösend ein, welche durch ihre wasserabstoßenden Eigenschaften die Haftfestigkeit des Latexfilmes verschlechtern. Es kommt daher in erster Linie auf die Art des Gewebes und dessen Vorbehandlung an, ob man sich im Interesse einer besseren Haftfestigkeit zu einem Zusatz von Netzmitteln oder im Interesse des Nichtdurchschlagens der Mischungen durch das Gewebe zu einer gerade entgegengesetzt wirkenden Imprägnierung mit wasserabstoßenden Mitteln entschließen soll. Bei Verwendung von dicht gewebten, gut von Wachsen und Fetten der Rohfaser und von Schmälzen und Schlichten gereinigten, stark kalanderten Geweben ist weder ein zu starkes Durchschlagen der Streichmassen noch eine ungenügende Haftfestigkeit des Filmes zu befürchten. Beim zweiten oder dritten Strich soll der Film vollständig dicht und porenfrei gestrichen sein. Diese Striche können auch mit der Gummiband- oder Kissenrakel gemacht werden. Die Geschwindigkeit, mit der gefahren wird, hängt vom Trocknungseffekt ab. Da Latexmischungen wesentlich konzentrierter sind als gleich viskose Kautschuklösungen, braucht man auch für die gleiche Menge Ware entsprechend weniger Dampf.

Die aus Latex hergestellten Filme sind weniger klebrig als die aus Kautschuklösungen hergestellten, so daß man sich das Pudern in vielen Fällen ersparen kann. Man kann die Klebrigkeit für bestimmte Zwecke durch Zusatz von Weichmachern erhöhen. Für diese Zwecke haben sich Adipinsäureester (Sipalin) bewährt.

Gewebe können ohne Schwierigkeiten mit Latexmischungen doubliert werden. Die eine Gewebebahn wird gestrichen und noch in nassem Zustand mit der anderen zusammengebracht. Dies kann man zwischen zwei geheizten Walzen auf einer „Doodle" genannten Maschine oder auf einem Kalander ausführen, außerdem existieren Doubliermaschinen, bei denen die gestrichene und doublierte Ware über eine Trockentrommel läuft. Da die im Latex befindlichen Substanzen Wasser hartnäckig zurückhalten, kann mit Chlorschwefel nicht vulkanisiert werden; das Wasser würde auf den Chlorschwefel unter Abspaltung von Chlorwasserstoff einwirken.

Die Warmvulkanisation wird in der gewöhnlichen Art ausgeführt, entweder in Heizkesseln oder Heizkammern, in denen die Ware in aufgehängtem Zustand bleibt, oder es lauft die Ware im kontinuierlichen Betrieb über Leitwalzen durch Heizkammern, die den in der Textilveredlungsindustrie gebräuchlichen Mansarden oder Hotflues analog konstruiert sind. Sie können auch nach dem Prinzip der modernen Trockenhängen gebaut werden.

Da meistens Ultrabeschleuniger zur Anwendung kommen, bei denen eine ganz kurze Heizdauer notwendig ist, und die vollständige Ausvulkanisierung auch bei Zimmertemperatur nach mehrwöchentlichem Lagern eintritt, genügt manchmal eine Passage über eine Heiztrommel oder über die Trockenanlage beim Streichen, um die Vulkanisierung einzuleiten. Um das gefährliche Anvulkanisieren der Mischungen vor dem Streichen zu vermeiden, werden die Ultrabeschleuniger oft nicht in die gleichen Mischungen gegeben wie der Schwefel. Entweder streicht man abwechselnd bei jedem Strich mit zwei verschiedenen Latexmischungen, von denen die eine den Schwefel und die andere die Ultrabeschleuniger enthält, oder man streicht mit einer Latexmischung, welche nur Schwefel enthält, die Ware fertig und behandelt zum Schluß vor dem Vulkanisieren die Schichte mit einer Lösung der Ultrabeschleuniger. Bei Verwendung von Ultrabeschleunigern kommt man mit Temperaturen von 100° C durch, wenn man entsprechend langsam fährt, sonst müssen die Vulkanisieranlagen für höhere Temperaturen eingerichtet werden. Man kann dann ohne Schwierigkeiten auf den zum Knitter- und Quellfestmachen von Zellwoll- und Kunstseidengeweben verwendeten Maschinen vulkanisieren, da sowohl die Temperatur als auch die Zeitdauer bei diesen Verfahren ungefähr die gleichen sind wie beim Vulkanisieren mit Ultrabeschleunigern.

Es folgen einige Rezepte aus der Praxis:

```
100,— kg Kautschuk (165 kg Latex 60%ig oder 250 kg Latex 40%ig)
  2,— kg Schwefel (2,35 kg Kolloidschwefel)
0,40 kg Vulkazit P (I. G. Farbenindustrie A. G.)
0,40 kg Vulkazit 774
  5,— kg Zinkoxyd
  1,— kg Zinkstearat
 20,— kg Kaolin
 10,— kg Ultramarin oder anderes Pigment (Ruß, Titanweiß usw.)
  3,— kg Aldol-Alphanaphtylamin
  2,— kg Ramasit WDS
0,50 kg Tamol NNO
```

Die Vulkanisationsdauer beträgt ca. 10 Minuten bei 120⁰ C.

Für Doublierungen bewährt sich folgender Ansatz:

100,— kg Kautschuk (250 kg Latex 40%ig)
  2,— kg Schwefel (2,35 kg Kolloidschwefel)
  0,40 kg Vulkazit P
  0,40 kg Vulkazit 774
  5,— kg Zinkoxyd
  3,— kg Aldol-Alphanaphtylamin
  1,— kg Triäthanolamin

Es genügt vollkommen, wenn die Ware auf heißen Zylindern beim Doublieren getrocknet und nachher heiß kalandert wird. Ein weiterer Vulkanisierprozeß kann entfallen, besonders wenn man die Ware aufgerollt liegen läßt.

B. Die Verwendung des Leinöls (Wachstuch und Öltuch).

Lit.: Seligmann und Zicke, Handbuch der Lack- und Firnisindustrie. — Eßlinger-Jakobi, Die Fabrikation des Wachstuches, Wien-Leipzig, 1931.

1. Allgemeines.

Das Leinöl zeigt die bekannte Eigenschaft, sich durch Einwirkung von Sauerstoff in eine feste, geschmeidige, aber wenig elastische Masse, das Linoxyn, zu verwandeln. Im Leinöl sind hauptsächlich Linolsäure (mit zwei Doppelbindungen) und Linolensäure (mit drei Doppelbindungen) enthalten. Diese scheinen zuerst durch Sauerstoffanlagerung an Doppelbindungen in Peroxyde überzugehen, welche mit weiteren Doppelbindungen unter Ringschluß reagieren. Durch Polymerisation oder Kondensation bilden sich daraus hochpolymere Systeme. Die Zusammensetzung des Linoxyns ist noch nicht genau bekannt, es besteht aus Oxydationsprodukten und aus Polymerisationsprodukten, daneben sind wahrscheinlich auch noch Abbauprodukte vorhanden. Auf der Linoxynbildung beruht das Trocknen des Leinöles und seine Verwendung in Form von Firnis, Lacken, Ölfarben und zur Herstellung von Wachstuch und Ledertuch sowie von Linoleum.

Die Sauerstoffaufnahme beträgt bis zu 25%. Die Trocknung des Leinöles wird durch die sogenannten Sikkative sehr beschleunigt. Als Sikkative werden verschiedene Metalloxyde, wie Blei-, Mangan- oder Kobaltoxyd, die als Sauerstoffüberträger wirken, verwendet. Bleioxyd wird meistens nicht allein verwendet, sondern nur in Verbindung mit Manganoxyd. Die Metalloxyde oder auch Metallhydroxyde werden nach verschiedenen Verfahren im Leinöl bei höherer Temperatur gelöst, wobei sich die entsprechende Metallseife bildet. Früher stellte man die Leinölmischungen zugleich mit der Sikkativbildung her, indem die ganze Leinölmenge mit den Metalloxyden oder Metallhydroxyden auf 250 bis 300⁰ C erhitzt wurde. Dabei wurde also ein kleiner Teil des Öles in die Metallseife umgewandelt. Durch Erhitzen auf derartig hohe Temperaturen kann aber schon eine Umwandlung in standölartige Produkte eintreten. Standöle sind die höher viskosen, durch Erhitzen von Leinöl und anderen trocknenden Ölen auf hohe Temperaturen hergestellten Ölfirnisse. Durch gleichzeitig stattfindende Oxydation tritt eine Dunkelfärbung ein. Um diese unerwünschte Standölbildung zu vermeiden, werden jetzt die meisten Sikkative in chemischen Fabriken hergestellt und in fertigem Zustand bei Temperaturen von höchstens 120 bis 150⁰ C dem Leinöl zugemischt. Man muß dabei die Hauptmenge des Leinöles nicht mehr auf so hohe Temperaturen erhitzen und erhält dadurch helle Mischungen. Die fertigbezogenen Sikkative sind meistens öl- oder harzsaure, manchmal auch naphtensaure Salze (Soligentrockner der I. G. Farbenindustrie A. G.). Bei Erhöhung des Sikkativzusatzes wird bis zu einem gewissen Grad die Trockenzeit herabgesetzt, darüber hinaus ist die Erhöhung des Sikkativzusatzes nicht nur nutzlos, sondern von schädlicher Wirkung auf die Haltbarkeit des gebildeten Filmes (Optimum ca. 0,5 % Blei oder 0,25 % Mangan oder 0,5 % Blei + 0,1 % Mangan oder 0,1 % Kobalt). Man kann die Sikkative durch Schmelzen, nämlich Umsetzung von erhitzter Ölsäure oder erhitztem Harz mit dem Metalloxyd, oder durch Fällung, nämlich Umsetzung einer wasserlöslichen Seife ·mit einem wasserlöslichen Salz, herstellen. Bei der Erzeugung von Leinölfirn's ist es günstiger, etwas höher und länger, als es zum Lösen des Sikkativs im Leinöl notwendig ist, zu erwärmen, da dadurch besser trocknende Firnisse, welche also die kürzeste Trockenzeit brauchen, hergestellt werden.

2. Die Fabrikation von Wachstuch und Öltuch (Ölseide).

Die Fabrikation dieser Artikel wird von einigen Spezialfabriken ausgeführt. Es handelt sich um ältere Fabrikationsmethoden, welche viele praktische Erfahrungen verlangen. Durch die modernen Kunststoffe werden sie aber immer mehr verdrängt, da diese nicht nur wesentlich bessere Eigenschaften im Gebrauch aufweisen, sondern auch leichter zu verarbeiten sind. Es soll daher nur ein kurzer Überblick über diesen Fabrikationszweig gegeben werden; das erwähnte Werk von Eßlinger-Jakobi enthält eine genaue Beschreibung der Fabrikationsweise. Vom chemischen Standpunkt aus nahe verwandt ist die Fabrikation des Linoleums, welche auch vielfach ein den gleichen Fabriken ausgeführt wird, jedoch eine ganz andere maschinelle Einrichtung erfordert.

Die Öl-, Leder- und Wachstuche werden durch Auftragen von Schichten, welche hauptsächlich aus Firnissen und fetten Lacken bestehen, auf Streichmaschinen fabriziert. In Hängen wird die Trocknung durchgeführt, wobei das Leinöl in Linoxyn verwandelt wird. Um das Leinöl in einen streichfähigen Zustand zu bringen, muß es durch Erhitzen eingedickt werden.

Die Erfahrung hat ergeben, daß altes Leinöl für diesen Zweck besser geeignet ist als frisches. Das Kochen des Leinöls erfordert große Erfahrung und Vorsicht. Da es ein schlechter Wärmeleiter ist, muß ein Rührwerk verwendet werden, um zu verhindern, daß der eine Teil schon die Zersetzungstemperatur erreicht, während der andere überhaupt noch nicht erwärmt ist. Es wird gewöhnlich mit direkter Feuerung geheizt, wobei man bei dem älteren Verfahren bis 300° C erhitzt, um die richtige Viskosität zu erreichen. Über diese Temperatur darf keinesfalls erhitzt werden, sondern die Temperatur muß konstant gehalten werden. Es muß mit großer Sorgfalt gearbeitet werden, da sehr leicht ein Überkochen des Leinöles eintritt, so daß man Rührwerke, welche das Mehrfache des verwendeten Leinöles fassen, benützt. Da mit direkter Feuerung erhitzt wird, ist aus diesem Grunde besondere Vorsicht notwendig, um Brände zu vermeiden. Den richtigen Verlauf des Kochprozesses erkennt der Praktiker daran, daß das gut gekochte Öl nach dem Erkalten Fäden von ungefähr 4 cm Länge zwischen den Fingern ziehen läßt. Besser ist selbstverständlich eine Bestimmung der Viskosität nach einer der gebräuchlichen Methoden (Höppler-Viskosimeter, Cochiusrohr usw.). Bei zu langem Kochen sind Verluste an Substanz zu verzeichnen. Sobald das Öl unter 100° C abgekühlt ist, wird es durch eine Wasserschichte von 5 bis 6 cm vor Luftzutritt geschützt.

Besser ist folgendes Verfahren, wobei das Öl nur bis 200° C erhitzt wird, während gleichzeitig durch ein Rohr Luft eingeblasen wird, welches in einer Brause endet. Noch besser ist ein Verfahren, bei welchem das Öl als feiner Regen hinuntertropft, während gleichzeitig warme Luft entgegenströmt. Der Grad der Oxydation läßt sich durch die Erhöhung des spezifischen Gewichtes bestimmen. Man nennt diese Öle „geblasene Öle“. Bei diesen Verfahren ist die Gefahr des Überkochens und die Brandgefahr vermieden.

Für die oberen Striche eignen sich gekochte oder geblasene Öle nicht, da sie nicht vollständig erhärten.

Für die oberen Schichten werden richtige Firnisse verwendet, welche neben Elastizität Glanz haben. Die Leinölfirnisse sollen rasch trocknen und eine hohe Viskosität aufweisen, um sich gut streichen zu lassen. Um gute Elastizität der Schichten zu erreichen, ist es notwendig, die Firnisse und Lacke längere Zeit warm zu lagern. Am meisten werden Blei- und Manganfirnisse verwendet. Für Selbstherstellung von Firnissen werden in dem genannten Werk folgende Verfahren angegeben:

Bleifirnis: In 100 Teile Leinöl werden 2 bis 3 Teile Bleiglätte bei 225⁰ C eingetragen und es wird dann auf 300⁰ C erhitzt. Mit Mennige erhält man rascher einen Firnis, mit Bleiacetat schon in der Kälte.

Manganfirnis: In 990 Teile Leinöl, das stark erhitzt wird, werden 2 bis 3 Teile Manganborat, welches aus Mangansulfat und Borax in stöchiometrischem Verhältnis gewonnen wird und welches mit 10 Teilen Leinöl angeteigt ist, eingerührt; es wird bis zum Kochen erhitzt und höchstens eine halbe Stunde bei dieser Temperatur belassen. Man kann auch so verfahren, daß man nur auf 100⁰ C mehrere Tage erwärmt.

Zinkfirnis ist wenig geeignet, man kann aber Zinkoxyd in Mischung mit Manganborat verwenden.

Für fette Lacke eignen sich Harze (Kopal), welche dem Leinöl zugesetzt werden.

Als Füllmittel werden Schlämmkreide, China clay (Kaolin), Lithopone usw. verwendet.

Als Grundierungsstrich wird meist eine Mischung des durch Kochen oder Blasen eingedickten Leinöles mit Füllstoffen und Farbpigmenten, welche durch Benzin oder andere Lösungsmittel wie Dekalin verdünnt ist und der nur kleine Mengen Firnis zugesetzt sind, verwendet. Auch Leim wird manchmal zugesetzt. Als zweiten Strich verwendet man Firnis mit Farbe. Bei besseren Waren folgt noch ein Lackstrich.

Wachstuche werden sowohl ein- als auch mehrfarbig bedruckt. Die Druckmethoden sind dieselben wie im Zeugdruck. Es wird Hand-, Film-, Schablonen-, Spritz- und Maschinendruck ausgeführt. Man arbeitet sowohl mit gravierten als auch mit Reliefwalzen. Der gestrichene oder bedruckte Stoff läuft von der Streich- oder Druckmaschine, welche fahrbar vor einer Hänge mit mehreren Warenbahnen angeordnet ist, direkt in diese, wo er längere Zeit hängen bleibt, bis die Umwandlung in Linoxyn beendigt ist. Die Temperatur soll nicht zu hoch sein, höchstens 50⁰ C. Von der Druckmaschine selbst werden Mitläufer und Drucktuch entfernt; der Presseur wird mit zwei Lagen dünnen Nesselstoffes umwickelt, um eine weichere Unterlage zu erhalten. Das Verschmieren der Ware durch den Überschuß an Farbe auf den Seiten läßt sich dadurch vermeiden, daß man auf beiden Seiten einen Papierstreifen mitlaufen läßt. Als Farbstoffe werden organische Pigmente und Erdfarben verwendet.

Die Bildung des Linoxyns geschieht also in zwei Phasen: Zuerst wird das Leinöl durch Kochen oder Blasen verdickt oder durch Zusatz von Sikkativen in Firnis verwandelt; nachdem dieser auf die Ware aufgetragen ist, findet die mit einer Polymerisation verbundene Oxydation in der Hänge statt.

3. Die Leinölschlichten.

Das Leinöl wird auch zum Schlichten von Kunstseidengarnen verwendet; es bildet sich dabei ein den Faden umhüllender Linoxynfilm, welcher glatt, geschmeidig, elastisch und von bemerkenswerter Festigkeit ist. Vom webtechnischen Standpunkt entspricht er den höchsten Anforderungen, verursacht aber unter Umständen dem Ausrüster Schwierigkeiten infolge der schwierigen Auswaschbarkeit. Diese ist auf zu weit gehende Oxydation und Polymerisation des Leinöles zurückzuführen, da die höheren Oxydations- und Polymerisationsstufen ihre Löslichkeit in Fettlösern verlieren.. Daneben besteht die Gefahr der Faserschädigung durch die Sauerstoff übertragende Wirkung des Leinöles, bzw. der Fettsäure-Peroxyde.

Da der eigentlichen Linoxynbildung die Entstehung von Fettsäureperoxyden vorangeht, ist es zweckmäßiger, von gekochtem Leinöl auszugehen, um die Linoxynbildung auf der Faser zu beschleunigen. Starker Luftwechsel, trockene Luft, Licht und höhere Temperatur bewirken rascheres Trocknen; letztere kann aber zu weitgehende Polymerisation zur Folge haben, so daß man in dieser Hinsicht vorsichtig sein muß. Bei den ersten Schlichten dieser Art (Schefty-Schlichten) arbeitete man mit Lösungen von gekochtem Leinöl in Benzin ohne Sikkative bei einer Trocknungstemperatur von 30 bis 40° C, später ging man auch zur Mitverwendung von Sikkativen über, um das Trocknen zu beschleunigen. Die Verwendung von Sikkativen ist aber mit der Gefahr einer oxydativen Schädigung der Faser verbunden, vor allem bei Verwendung von Mangan. Um die Oxydation während der stattfindenden Polymerisation einzuschränken, hat man versucht, reduzierende Substanzen, vor allem aromatische Verbindungen mit Hydroxyl- und Aminogruppen, zuzusetzen. Außer der Oxydationswirkung besteht noch eine weitere Schädigungsgefahr darin, daß bei der Linoxynbildung organische Säuren als Nebenprodukte auftreten, welche die Faser angreifen können.

Einfacher als das Arbeiten mit Benzinlösungen ist die Verwendung von Emulsionen. Die Emulsionen werden mit den in der Textilveredlung gebräuchlichen Emulgatoren hergestellt; an Stelle von zugesetzten Seifen kann man partiell verseiftes Leinöl verwenden, außerdem kommen Fettalkoholsulfonate, alkylnaphtalinsulfosaures Natrium in Verbindung mit Eiweißabbauprodukten (Nekal AEM) und nicht ionogene aktive Stoffe (Emulphore) in Betracht. Da die Emulgatoren die Trocknung verzögern können, setzt man auch den Emulsionen bisweilen Sikkative zu. Die geringe Naßfestigkeit der regenerierten Cellulosen wirkt sich ungünstig aus, außerdem kleben die geschlichteten Fäden leicht zusammen.

Die mit Leinölen geschlichteten Garne werden nach dem Verweben vor dem Bleichen und Färben mit Fettlöserpräparaten von der Art der „Laventine" entschlichtet; zu stark verharzte Leinölschlichten, welche ihre Löslichkeit verloren haben, können durch sauerstoffabgebende Stoffe wie Wasserstoffsuperoxyd, Perborat usw. in lauwarmen Bädern entschlichtet werden. Über diese Verfahren ist in den einschlägigen Fachwerken ausführlich berichtet.

C. Die Verwendung der Celluloseester und Celluloseäther.

Lit.: R. Houwink, Chemie und Technologie der Kunststoffe, Leipzig 1942. — W. Münzinger, Das Kunstleder und seine Herstellung, Frankfurt a. M. — L. Diserens, Die neuesten Fortschritte in der Anwendung der Farbstoffe, Basel 1941. — I. G. Farbenindustrie A. G., Collodiumwolle, — I. G. Farbenindustrie A. G., Ratgeber für das Bedrucken von Baumwolle und anderen Fasern pflanzlichen Ursprungs, Frankfurt a. M. 1934. — I. G. Farbenindustrie A. G., Lösungs- und Weichmachungsmittel für Lacke, Kunstleder und verwandte Gebiete, Frankfurt a. M. 1937.

1. Die Verwendung der Celluloseester.

Die für die Textilindustrie bedeutungsvollsten Kunststoffe aus Celluloseabkömmlingen und regenerierter Cellulose sind die verschiedenen Kunstseiden und Zellwollen. In diesem Werke kann darauf nicht näher eingegangen werden. Auch die Herstellung von Kunstleder aus Celluloseestern, insbesondere aus Nitrocellulose, kann im Rahmen dieses Buches nur kurz geschildert werden, obwohl auch heute noch ein überwiegender Teil des Kunstleders durch Bestreichen von Geweben mit Nitrocelluloselösungen fabriziert wird. Mit diesem Thema befaßt sich das ausgezeichnete Werk von W. Münzinger, „Das Kunstleder und seine Herstellung."

a) Die Herstellung von Kunstleder durch Streichen von Geweben mit Nitrocelluloselösungen.

Für diesen Zweck werden nicht die höchsten Veresterungsstufen, welche Sprengstoffe sind, verwendet, sondern solche, welche ca. 1,5 bis 2 Salpetersäurereste auf einen Glukoserest enthalten. Wenngleich diese nicht mehr Sprengstoffeigenschaften besitzen, so sind sie doch in höchstem Maße feuergefährlich. Die Nitrocellulose (auch „Nitrowolle" oder „Collodiumwolle" bezeichnet) wird daher nicht in trockenem Zustand, sondern mit Äthylalkohol oder Butylalkohol angefeuchtet geliefert. Die Lösungsmittel, welche bei der Kunstlederfabrikation dazu dienen, die Nitrocellulose in einen plastischen, auftragfähigen Zustand zu bringen, sind vor allem Gemische aus den leicht flüchtigen Essigsäureestern des Methyl- und Äthylalkohols, denen man noch geringe Mengen der höher siedenden Butyl- und Isobutylacetate zumischt. Als Verschnittmittel dient Alkohol. Für schlechtere Qualitäten verwendet man häufig Celluloidabfälle, insbesondere Filmabfälle.

Der Nitrocelluloselösung, welche ungefähr die 2- bis 3-fache Menge an Lösungsmitteln enthält, werden außerdem Weichmacher und Füllstoffe, insbesondere Erdfarben und auch Pigmentfarben organischen Ursprungs zugesetzt. Als Weichmacher wurde früher fast ausschließlich Rizinusöl verwendet; jetzt existieren eine ganze Reihe von synthetisch hergestellten Weichmachungsmitteln, insbesondere Ester mehrbasischer Säuren wie Phtalsäureester (Palatinole), Adipinsäureester (Sipaline), Trikresylphosphat usw.

Die Menge des verwendeten Weichmachers beträgt meist 100 bis 150% der Nitrocellulosemenge. Sie ist nicht nur nach dem gewünschten Weichheitsgrad zu bemessen, sondern auch· davon abhängig zu machen, ob es sich um die Grundierung, den Mittelstrich (Farbstrich) oder um den Schlußstrich (Deckstrich, Lackstrich) handelt. Durch die Weichmacherzusätze werden verschiedene mechanische Eigenschaften des Erzeugnisses weitgehend beeinflußt, insbesondere die Kältebeständigkeit, die Festigkeiten, die Alterungseigenschaften. Meistens ist es zweckmäßig, eine Kombination verschiedener Weichmacher zu verwenden. Während manche Weichmacher nur in Form mehr oder minder kleiner Tröpfchen in der Nitrocellulose verteilt sind, z. B. Rizinusöl, bilden andere ausgesprochene Gele mit der Nitrocellulose.

Rizinusöl begünstigt die Zerstörung des Nitrocellulosefilms durch Sonnenlicht. Auch Trikresyl-· und Triphenylphosphat sind keine besonders gut geeigneten Weichmachungsmitteln. Gut geeignet sind verschiedene Phtalsäureester, vor allem Glykolphtalat und Diamylphtalat.

Die Festigkeitseigenschaften und die Kältebeständigkeit sind von der Menge des zugesetzten Weichmachers abhängig. Es bestehen dabei die gleichen Beziehungen, welche beim Polyvinylchlorid ausführlich beschrieben sind.

Die Streichmassen werden auf Knetmaschinen, eventuell auch in Rührmaschinen hergestellt, indem die Nitrocellulose in dem Lösungsmittelgemisch unter Zusatz der Weichmacher gelöst wird. Die Füllstoffe werden mit einem Teil der Weichmacher auf Walzenstühlen angerieben und dann der Nitrocelluloselösung auf Knetwerken oder in Trichtermühlen zugesetzt.

Bei der Herstellung von Kunstleder werden meist drei verschiedene Streichmassen verwendet. Als Grundierung dient eine Streichmasse, welche keine oder nur eine geringe Menge Füllstoffe und Farbpigmente enthält; dadurch wird eine bessere Haftung auf dem Gewebe erreicht. Die Streichmasse für die Farbstriche (Mittelstriche) muß weich und geschmeidig sein, sie enthält daher größere Mengen Weichmacher und ist gleichzeitig die Trägerin der Füllstoffe und Pigmente. Diese Schichte ist die dickste; sie wird in 2 bis 6, unter Umständen noch mehr Strichen aufgetragen. Als oberste Schichte folgt eine Deckschichte (Lackschichte), welche die Aufgabe hat, die Unregelmäßigkeiten der darunter liegenden Schichten auszugleichen, und gleichzeitig hart sein muß; außerdem wird durch sie dem Erzeugnis Glanz verliehen. Sie darf daher nur wenig Weichmacher enthalten und ist meist füllstofffrei, da Füllstoffe enthaltende Streichmassen matt auftrocknen. Schließlich wird auf einem Prägekalander bei nicht zu großer Wärme eine Narbung aufgepreßt. Bei der Herstellung von zweifarbigem Kunstleder wird nach dem Prägen mit einer dünnen gefärbten Streichmasse gestrichen, welche sich nur in der Prägung festsetzt.

Man stellt aus leichten und schweren Geweben Kunstleder her. Auch Papiergewebe fanden im Kriege Verwendung. Die Gewebe werden in der üblichen Weise gebleicht, gefärbt und auf dem Spannrahmen getrocknet und gespannt. Sie müssen gut gesengt, geschoren und gebürstet werden, damit keine Unregelmäßigkeiten beim Streichen entstehen. Für manche Zwecke werden sie linksseitig gerauht.

Die ersten Striche macht man am besten auf einer einem Spannrahmen vorgebauten Streichanlage; sonst muß nach den Grundierungsstrichen auf einem Spannrahmen oder einer Egalisiermaschine auf die Breite gespannt werden. Die weiteren Striche werden auf Spreadingmaschinen, Spiraltrocknern und Wachstuchstreichmaschinen, die Hängen vorgebaut sind, ausgeführt. Notfalls können auch Streichanlagen mit Trockenzylindern benützt werden, wenn zu hohe Trockentemperaturen vermieden werden.

Mit der Fabrikation von Nitrocellulose-Kunstleder ist die Fabrikation des Buchbinderleinens nahe verwandt. Die maschinellen Einrichtungen und die Arbeitsmethoden sind die gleichen, so daß die Fabrikation beider Artikel meistens in den gleichen Betrieben ausgeführt wird. Aus preislichen Gründen werden Buchbinderleinen häufig nicht mit Nitrocellulose, sondern mit Stärkeappreturen erzeugt.

Auch zur Herstellung von doublierten Stoffen sind Nitrocelluloselösungen geeignet. Die Vereinigung der beiden Gewebe muß dabei
stattfinden, solange das Lösungsmittel noch nicht verdampft ist;
hinter der Streichanlage, auf der das eine Gewebe mit der Cellulose-
lösung bestrichen wird, wird das andere Gewebe von oben heran-
geführt, mittels eines Walzenpaares angepreßt und gemeinsam mit
dem gestrichenen Gewebe über einen Trockenzylinder geführt.

Nach Versuchen, die der Verfasser durchgeführt hat, kann ein-
wandfreies Nitrocellulose-Kunstleder mit wässerigen Emulsionen
von Nitrocellulose, welche Kasein als Emulgator enthalten, erzeugt
werden. Die Reißfestigkeit, Stichausreißfestigkeit, Einreißfestigkeit,
Knickung in frischem und gealtertem Zustand, Wasserdichte,
Wasserfestigkeit und Wärmebeständigkeit sind einwandfrei.

Die Acetylcellulose hat sich auf dem Gebiete der Kunstlederfabrikation bisher nicht durchsetzen können, obwohl vielfach dies-
bezügliche Versuche unternommen worden sind, da die erhaltenen
Filme weniger geschmeidig und elastisch sind.

b) Die Verwendung der Celluloseester in der Druckerei.

α) Die Verwendung der Acetylcellulose.

Unter der Bezeichnung Serikose LC und LC extra wurde diese
von der I. G. Farbenindustrie A. G. für Metallpulver- und Pigmentdruck auf den Markt gebracht. Als Lösungsmittel werden Ketone, wie
Aceton, Anon (Cyclohexanon), niedere Fettsäuren, wie Ameisensäure
und Eisessig, und vor allem verschiedene Ester, z. B. Methylacetat,
Methyl- und Äthyllactat, Glycol-Monoformiat (Serikosol), außerdem Methylalkohol, Dioxan usw. verwendet. Manche Ester, welche
allein als Lösungsmittel nicht geeignet sind, werden zu Lösungsmitteln, wenn man ihnen ca. 20% Methylalkohol zusetzt, z. B. Äthyl-,
Butyl- und Isobutylacetat, Methyl- und Äthylpropionat. Ebenso löst
die Mischung von Äthylalkohol und Benzol, die beide Nichtlöser sind,
die Acetylcellulose auf. Außerdem werden verschiedene Nichtlöser als
Verschnittmittel verwendet, z. B. aromatische Kohlenwasserstoffe,
verschiedene Ester, Butylalkohol usw. Trikresylphosphat und verschiedene Phtalsäureester (Palatinole) können als Weichmacher zugesetzt werden.

Während bei den ersten Verfahren die Acetylcellulose die Rolle
eines Verdickungsmittels spielte und die Fixierung des Pigmentes
durch gleichzeitig in der Druckfarbe enthaltene Phenol-Formaldehyd-
Mischungen stattfand, ging man später dazu über, Acetylcellulose
ohne harzbildende Verbindungen zu drucken.

Druckfarbe mit Phenol und Formaldehyd:

140 g Serikose
230 g Alkohol
100 g Aceton
180 g Phenol
150 g Formaldehyd 40%
200 g Zinkweiß
─────────────
1 kg

(Battegay und Wagner, Bull. Mulh. 1913, 234, Färb.Ztg. 1914, 54. — Stephan, Färb.Ztg. 1913, 330. — Günther, Färb.Ztg. 1913, 537.)

Wichtiger sind die Druckverfahren geworden, bei denen die Acetylcellulose gleichzeitig Verdickungs- und Fixiermittel ist. Die I. G. Farbenindustrie A. G. gibt folgende Vorschrift an:

Serikoselösung: 120 bis 100 g Serikose LC extra mit
880 bis 900 g Serikosol N-Spiritus-Gemisch übergießen
─────────────
1 kg und unter öfterem Umrühren bis zur vollkommenen Lösung stehen lassen.

Serikosol N Spiritus-Gemisch: 4 Teile Serikosol N und
3 Teile Spiritus denat. zusammenmischen.

Opaldruck:
300 g Titanweiß oder Zinkweiß
100 g Spiritus denat.
150 g Serikosol N-Spiritusgemisch
450 g Serikoselösung
─────────────
1 kg

Bronzedruck
200 g Bronzepulver
150 g Lösungsmittel E 13
650 g Serikoselösung
─────────────
1 kg

Pigmentfarbstoffdruck
50 bis 80 g Pigmentfarbstoff in Pulver
150 bis 120 g Spiritus denat.
250 g Serikosol N-Spiritusgemisch
550 g Serikoselösung
─────────────
1 kg

Nach dem Drucken wird getrocknet. Es muß nicht gedämpft werden; man kann aber dämpfen, wenn es mitgedruckte Farben erforderlich machen. Die mit Titanweiß oder einem anderen weißen Pigment bedruckte Ware kann überfärbt werden, wodurch man Ton-in-Ton-Effekte erhält.

Mänche Acetylcelluloselösungen vertragen einen Zusatz von 20 bis 25% Wasser, so daß man durch Zusatz von Rongalit C geätzte Mattweißeffekte auf vorgefärbten Böden herstellen kann. Drucke mit Acetylcellulose können duch Zusatz von basischen und spritlöslichen Farbstoffen (Sprit-, Spritecht-, Sudan-, Zapon- und Zaponechtfarbstoffen), die im Serikosol N-Spiritus-Gemisch im Verhältnis von 1 : 100 gelöst werden, geschönt werden.

Bronzefarben werden am besten auf vorkalanderter Ware mit tiefgravierten Walzen und groben Hachuren gedruckt. Nach dem Trocknen wird nochmals kalandert.

β) *Die Verwendung der Nitrocellulose.*

Die Drucke, welche mit Nitrocellulose ausgeführt sind, zeichnen sich vor denen, bei welchen Acetylcellulose verwendet wird, durch größere Geschmeidigkeit und Elastizität aus. Man verwendet in Druckfarben als Lösungsmittel vor allem Ester wie Methyl-, Äthyl-, Butyl-, Isobutyl-, Amyl-, Äthylglycol- und Cyclohexyl-Acetat, Alkohole wie Methanol, Cyclohexanol und Methylcyclohexanol, Ketone wie Aceton, Cyclohexanon und Methylcyclohexanon, Äther von Glykolen und ihre Acetylderivate wie Äthyl- und Butylglykol, Methyl- und Äthyl-Glykol-Acetat, ferner Dioxan und Diacetonalkohol (Pyranton A). Als Verschnittmittel können Alkohol, aliphatische und aromatische Kohlenwasserstoffe zugesetzt werden. Als Weichmacher eignen sich verschiedene Phtalsäureester (Palatinole), Trikresylphosphat usw. Auch Rizinusöl ist brauchbar.

Die Druckfarben auf Basis von Nitrocellulose haben vor allem im Lackdruck mit Zinkschablonen Anwendung gefunden. Für diesen Artikel, welcher mittels Spritzdruck ausgeführt wird, eignen sich infolge ihrer Lebhaftigkeit und guten Deckkraft besonders die „Kasarakofferfarben" der I. G. Farbenindustrie A. G. Sie werden meist auf dunkel gefärbte Böden gedruckt. Wenn Schattierungen gespritzt werden sollen, muß mit einer weißen Farbe vorgespritzt und nach dem Trocknen mit Buntspritzfarben überspritzt werden.

Bei Verwendung von spritlöslichen Farbstoffen druckt man meistens mit Zaponlack als Fixierungs- und Verdickungsmittel:

Zaponlack:	Druckfarbe:
40 g Collodiumwolle E. 950, alkoholfeucht, werden in einem Gemisch von	10 bis 20 g spritlöslicher Farbstoff
	150 bis 130 g Lösungsmittel E 13
	100 g Butanol
200 g Äthylglykol,	710 bis 700 g Zaponlack
200 g Lösungsmittel E 13,	30 bis 50 g Palatinol O
460 g Spiritus denat.,	1000 g
100 g Butanol gelöst	
1000 g	

Es lassen sich mit Nitrocellulose Wachstuchimitationen im Spritz- oder auch im Rouleaudruck fabrizieren. Die Ware wird zuerst mit einer weißen Farbe, welche Nitrocellulose, Lösungsmittel, Weichmacher und ein weißes Pigment enthält, in der gleichen Weise, wie Kunstleder fabriziert wird, gestrichen. Dann werden die Druckfarben, welche außer Nitrocellulose Lösungsmittel, Weichmacher und Farbpigmente enthalten, entweder auf dem Rouleau gedruckt oder unter

Verwendung von Schablonen gespritzt. Schließlich wird ein Nitrocelluloselack, welcher wenig Weichmacher und keine Pigmente enthält, auf das Gewebe gestrichen.

2. Die Verwendung der Celluloseäther.

a) Allgemeines.

Bedeutung haben vor allem die Methyl-, Äthyl- und Oxyäthyl-Cellulose (Glykol-Cellulose) gewonnen, ferner die entsprechende Äthercarbonsäure, die Cellulose-Glykolsäure und ihr Natriumsalz. Unter den Celluloseäthern kann man je nach Alkylierungsgrad und Art des Alkylrestes verschieden lösliche Produkte erhalten. Methylcellulosen mit einem Methoxyl-Gehalt von 1,3 je Glukoserest sind wasserlöslich, bei niedriger Methoxylierung nur in Alkalien löslich. Die wasserlöslichen Produkte sind von faserartiger Struktur; im warmen Wasser werden sie koaguliert, lösen sich aber wieder beim Abkühlen auf. Die höchsten Methylierungsstufen sind nicht nur in Wasser, sondern auch in organischen Lösungsmitteln, insbesondere in chlorierten Kohlenwasserstoffen, Pyridin, Benzol, Eisessig usw. löslich. Bei den Äthylcellulosen ist die Gewinnung von wasserlöslichen Produkten wesentlich mehr eingeschränkt. Die niedrigen Äthylierungsstufen sind nur in Alkalien löslich, die mittleren sind wasserlöslich, die höheren dagegen nur in Alkohol und anderen organischen Lösungsmitteln. Die Oxyäthylcellulose ist bei niedrigem Substitutionsgrad wasserunlöslich und in Alkalien unvollkommen löslich, kann aber durch Mischen mit verdünnter Natronlauge und Abkühlung in Lösung gebracht werden. Bei höherer Substitution nimmt die Löslichkeit in Alkalien zu, wobei man bei Erhöhung der Glycolreste die Konzentration der Lauge herabsetzen kann. Die Celluloseglykolsäuren sind bei niederem Substitutionsgrad unlöslich in Wasser, bei einer größeren Anzahl von Glykolsäureresten werden sie wasserlöslich. In Alkalien sind alle Stufen löslich. Durch Aluminiumsalze werden sie ausgefällt; dies läßt sich aber durch Zusatz von Oxycarbonsäuren, wie Glykolsäure, Milchsäure, Zitronensäure, Weinsäure, Apfelsäure, Diglykolsäure, Thioglykolsäure oder Ameisensäure verhindern (DRP. 723.492). Dies ist von Bedeutung bei der Herstellung von Reserven mit Aluminiumsalzen unter Variaminblau, wenn man cellulose-glykolsaures Natrium (Colloresin V.) als Verdickungsmittel verwendet.

Von der I. G. (Kalle) wurden diese Produkte unter den Bezeichnungen Tylose, Colloresin, Cellappret, von der Böhme-Fettchemie als Hortol, von der I. C. I. als Cellofas, von der Rhône-Poulene als Rhodapret und Rhomellose, von der Silvania Corp. als Ceglin auf den Markt gebracht. Man unterscheidet folgende Gruppen:

1. Alkalilösliche, wasserunlösliche Produkte niederen Alkylierungsgrades, z. B. Tylose 4S, SW usw.

2. Wasserlösliche Produkte mittleren Alkylierungsgrades, welche bei höherer Temperatur koagulieren, z. B. Colloresin DK (Methylcellulose). Weniger ausgeprägt ist die Koagulation bei höherer Temperatur bei der Tylose TWA (Glykolcellulose) und anderen Produkten.

3. Hochalkylierte, in organischen Lösungsmitteln lösliche Produkte wie Tylose A (höher alkylierte Methylcellulose).

4. Wasserlösliche celluloseglykolsaure Alkalisalze (Colloresin V).

b) Die Verwendung der Celluloseäther als Schlicht- und Appreturmittel.

Die Celluloseäther, welche von der I. G. unter der Bezeichnung Tylose herausgebracht werden, weisen folgende Vorzüge auf: Sie können in kaltem Wasser gelöst werden; man kann durch Verwendung verschiedener Marken bei gleichem Trockengehalt Flotten verschiedenen Viskositätsgrades erhalten; sie sind vollständig beständig gegen chemische und bakterielle Einwirkung; sie können mit anderen Appreturmitteln wie Stärke oder auch mit Kunststoffdispersionen gemischt werden; Öle und Fettstoffe lassen sich mittels der Tylosen emulgieren, ebenso können auch Füllstoffe und Pigmente feinst dispergiert werden; die erhaltenen Filme sind sehr geschmeidig und fest, so daß ein Stauben der Schlichten und Appreturen vermieden wird; das Filmbildungsvermögen ist hervorragend; die Filme sind nicht hygroskopisch.

Für Schlichten und Appreturen, an die keine besonderen Anforderungen bezüglich der Waschechtheit gestellt werden, kommen die Tylosen TWA 25, TWA 100, TWA 600, MGC 25, MGC 600, MGC 2000 in Betracht. Die beigesetzten Zahlen beziehen sich auf den Viskositätsgrad. Die Tylosen TWA dürfen mit Rücksicht auf den Umstand, daß ihre Lösungen bei 50° C koagulieren, nicht bei zu hohen Temperaturen verwendet werden, während die Lösungen der Tylose MGC auch bei höheren Temperaturen beständig bleiben; letztere sind beständig gegen Salzzusätze, insbesondere in Gegenwart von Fettsäurekondensaten wie Igepon T. Für das Schlichten der Kunstseiden wurde eine Spezialmarke KZ geschaffen. Für Schlichtzwecke werden die nieder- bis mittelviskosen Marken in einer Menge von 8 bis 15 g pro Liter verwendet, von den zum Schlichten von Kunstseide bestimmten Spezialmarken Tylose

KZ 5 und KZ 25 verwendet man bis zu 25·g pro Liter. Es werden dafür die höher viskosen Einstellungen verwendet.

Für Woll-Appreturen, welche nicht waschecht sein müssen, verwendet man die Tylose TWA-Marken, ebenso für leichtere Baumwollgewebe wie Hemden-Zephire, Popeline, Linon, Damast usw., während für die steiferen Appreturen auf Blaudrucken, Trachtenstoffen, Berufsköpern usw. die Tylose MGC-Marken benützt werden. Tylose-Appreturen werden sowohl nach dem Imprägnierverfahren auf dem Foulard als auch durch Streichen auf einer Streichmaschine hergestellt. In letzterem Falle verwendet man bis zu 70 g trockene Tylose pro kg Streichmasse (Grundierungen für Buchbinder-Kaliko, Kunstleder).

Waschechte Appreturen können unter Zuhilfenahme der alkalilöslichen Celluloseäther, welche unter der Bezeichnung Tylose 4 S geliefert werden, hergestellt werden. Die feste Tylose 4 S wird unter Eiskühlung in der 9fachen Menge Natronlauge 12⁰ Bé gelöst und die erhaltene 10%ige Lösung mit Natronlauge 7⁰ Bé auf das 2- bis 3-fache Volumen verdünnt. Die Ware wird mit der 3- bis 5%igen Tyloselösung geklotzt, worauf man durch ein Fällbad, welches 5% Schwefelsäure und 5% Glaubersalz oder 5% Salzsäure und 15% Kochsalz, bzw 20% Ammonsulfat enthält, bei 35 bis 40⁰ C passiert; die Passage durch das Fällbad soll mindestens 2 bis 3 Minuten dauern; keinesfalls darf die Ware alkalisch reagieren. Dann wird bis zum Verschwinden der sauren Reaktion gespült und kochend geseift.

Ein anderes Celluloseätherpräparat der I. G. ist das Cellappret (Celluloseglykolsaures Natrium), welches vor allem in der Bandindustrie Anwendung findet.

c) Die Verwendung der Celluloseäther in der Druckerei.

Als Druckverdickung hat die Methylcellulose, welche in kaltem Wasser löslich, in heißem Wasser aber koaguliert wird, für das Drucken von Küpenfarbstoffen als Colloresin DK größte Bedeutung gewonnen. Außer durch Erhöhung der Temperatur auf 35⁰ C kann Colloresin DK durch Alkalien und Alkalicarbonate, ferner auch durch Salze, Phenole und Gerbstoffe gefällt werden. Die für den Druck geeignete Verdickung enthält 35 bis 40 g Colloresin DK pro kg. Man kann sie mit kaltem Wasser verdünnen und mit Stärke-, Johannisbrotkernmehl- und anderen Verdickungen verschneiden. Die Zügigkeit der Verdickung wird durch Zusätze von Rhodansalzen, organischen Lösungsmitteln wie Glycin A, Glycerin und Alkohol, durch organische Säuren wie Essigsäure, Milchsäure und Weinsäure sowie durch verschiedene organische Verbindungen wie Ludigol verbessert.

Das Druckverfahren besteht bekanntlich darin, daß die Druckfarben außer der Verdickung nur den Küpenfarbstoff enthalten. Sie
sind daher unbegrenzt haltbar und man ist in der Lage, die gedruckte
Ware ohne Dämpfen beliebig lange liegen zu lassen, ohne eine Zer-
störung der Druckfarben, welche noch nicht auf der Faser fixiert
sind, befürchten zu müssen. Die Entwicklung geschieht durch eine
Passage durch ein Bad, welches entweder Rongalit C und Pottasche
oder Hydrosulfit und Natronlauge enthält, und anschließendes
Dämpfen. Bei Verwendung von Rongalit und Pottasche kann nach der
Imprägnierung eine Zwischentrocknung in der Hotflue oder in einem
Spannrahmen oder in einer Hänge bei Temperaturen unter der
Zersetzungstemperatur des Rongalits (60⁰ C) eingeschaltet werden,
worauf im Mather-Platt oder im Von der Wehl-Dämpfer gedämpft
wird. Man kann aber auch direkt nach dem Klotzen mit der
Rongalit C, Pottasche und die anderen Zusätze wie Glycerin,
Nekal BX und Glaubersalz enthaltenden Lösung naß in den Schnelldämpfer einfahren, wo man 8 bis 12 Minuten dämpft. Bei Verwendung eines Hydrosulfit und Pottasche sowie Aceton, Glyecin,
Netzmittel und Glaubersalz enthaltenden Bades wird sofort in einen
kleinen Spezialdämpfer naß eingefahren und bei 110 bis 115⁰ C ca.
20 Sekunden gedämpft. Dann wird mit kaltem Wasser gespült, wobei
die Colloresin-Verdickung wieder in Lösung geht, mit Essigsäure
abgesäuert, mit Perborat entwickelt, gespült und geseift.

Dieses Verfahren, welches in Koloristenkreisen wohl allgemein
bekannt ist, hat besondere Bedeutung für den Hand-, Spritz-, Film-
und Kettgarndruck gewonnen. Man ist dadurch imstande, eine größere
Menge bedruckte Ware ansammeln zu können, bevor man dämpft.
Darüber hinaus ist das Verfahren auch für den Rouleaudruck bedeu-
tungsvoll geworden, wobei auch die Anwendung des „Aubauer-
Dämpfers" ermöglicht wurde. Dieser wird bekanntlich auf weit über
100⁰ C liegende Temperatur angeheizt; der Dampf wird aus dem von
der nassen Ware mitgebrachten Wasser entwickelt. Die Drucke
fallen viel farbkräftiger aus als bei Verwendung der gewöhnlichen
Schnelldämpfer. Auch für den Ätzdruck und den Druck mit Diazo-
verbindungen auf naphtolierter Ware ist das Verfahren geeignet.

Ein anderes Verdickungsmittel ist das Colloresin V, welches
aus celluloseglykolsaurem Natrium besteht und aus mit Lauge
angefeuchteten Buchenholzspänen durch Einwirkung von Monochloressigsäure gewonnen wird (DRP. 712.666): Es ist auch in
warmem Wasser löslich. Die Verdickungen enthalten 150 g Colloresin V im kg und dienen als Ersatz für British-Gummi-, Traganth-
und Pflanzenschleimverdickungen. Sie eignen sich für den Direkt-,
Ätz- und Reservedruck mit Küpenfarbstoffen, Indigosolen, Rapidecht-,

Rapidogen- und Rapidazolfarbstoffen, diazotierten Echtbasen und Echtfärbesalzen, Naphtolaten, substantiven Farbstoffen, Säurefarbstoffen, Anilinschwarz und anderen Oxydationsfarbstoffen.

Es würde zu weit führen, alles Wissenswerte über die Anwendung der Colloresine zu berichten, so daß auf die diesbezüglich von der I. G. herausgegebene Literatur verwiesen werden muß.

II. Die Verwendung der Polymerisatkunststoffe.

A. Die Verwendung der Butadienpolymerisate.

1. Die Verwendung des Buna und anderer Kunstkautschuke.

Lit.: Scheiber, Chemie und Technologie der künstlichen Harze, Stuttgart 1943. — Houwink, Chemie und Technologie der Kunststoffe, Leipzig 1942. — Kluckow, Verarbeitung von Kautschuk, Kunstkautschuk und weichgummiähnlichen Kunststoffen, Berlin. — S. Boström, K. Lange, H. Schmidt, P. Stöcklin, Kautschuk und verwandte Stoffe, Berlin 1940. — I. G. Farbenindustrie A. G., Allgemeine Richtlinien für die Herstellung und Verarbeitung von Bunamischungen, September 1937.

Man hat anfangs versucht, einen synthetischen Kautschuk durch Polymerisation des Isoprens (Methylbutadien) herzustellen, welcher in seiner chemischen Zusammensetzung dem Naturkautschuk vollkommen entspricht. Obwohl diese Versuche Erfolg hatten und auf dieser Basis im ersten Weltkrieg tatsächlich verhältnismäßig nicht sehr große Mengen eines brauchbaren Produktes erzeugt worden waren, wurde später den Polymerisaten des Butadiens der Vorzug gegeben. Es muß zwischen dem synthetischen Kautschuk (Polymerisationsprodukt des Isoprens) und dem richtig als „Kunstkautschuk" zu bezeichnenden Polymerisaten der Butadienderivate scharf unterschieden werden. Während nach Staudinger (Kautschuk 1934, 194) die Molekülgruppen im Naturkautschuk in einer Ebene liegen, erfolgt bei Buna und ähnlichen Produkten die Aneinanderlagerung in drei Dimensionen. Durch diese Vernetzung oder „Cyclisierung" der Kettenmoleküle wird die im Vergleich zu Naturkautschuk schwere Verarbeitbarkeit der Butadienpolymerisate bewirkt. Insbesondere ist der geringe Plastizierungseffekt beim Mastizieren auf dem Mischwalzwerk darauf zurückzuführen. Auch die größere Widerstandsfähigkeit gegen die Einwirkung von Hitze, Licht und Chemikalien hat die gleiche Ursache. Infolge der noch vorhandenen Doppelbindungen sind sie aber ebenso wie Naturkautschuk zur Anlagerung von Schwefel befähigt, d. h. vulkanisierbar; 2-Chlor-Butadien-Polymerisate verhalten sich jedoch anders. Auf Grund dieser mit Naturkautschuk gemeinsamen Vulkanisierbarkeit besitzen die Butadien-Polymerisate auch die charakteristischen physikalischen

Kautschukeigenschaften in hohem Maße, insbesondere die starke Rückprallelastizität. Während aber Naturkautschuk in nicht vulkanisiertem Zustande in Gegenwart von Licht und Sauerstoff oxydativ abgebaut wird, neigen die Polymerisate des Butadien und des 2-Chlorbutadiens unter den gleichen Bedingungen zur Vernetzung, also zu einer Molekülvergrößerung. Zur Verhinderung dieser für die weitere Verarbeitung schädlichen Veränderung wird diesen Produkten schon bei der Polymerisation Phenyl-β-Naphtylamin als Konservierungsmittel zugesetzt.

Die ersten Butadien-Polymerisate wurden mit Natrium-Metall als Katalysator hergestellt. Diese von der I. G. erzeugten Produkte wurden als Zahlenbuna bezeichnet, da ihr Polymerisationsgrad durch eine der Bezeichnung Buna beigefügte Zahl gekennzeichnet wurde. Entsprechende russische Produkte sind der SKA- und B-Kautschuk. Später gelang es, durch Auffindung geeigneter Emulgatoren die Emulsionspolymeristaion zu der wichtigsten Polymerisationsmethode auszubauen.

Den oben angeführten Vorzügen der Butadien-Polymerisate stehen folgende Nachteile im Vergleich mit Naturkautschuk gegenüber. Die Verarbeitbarkeit ist eine schwierigere; dies zeigt sich vor allem beim Mastizieren und Mischen auf den Mischwalzen, so daß der Energieverbrauch bis auf das Dreifache steigen kann. Die Vulkanisate der Butadienpolymerisate besitzen nur bei Mitverwendung von Aktivruß eine genügende Zerreißfähigkeit. Die Kältebeständigkeit ist geringer als bei Naturkautschuk.

Man hat die Beobachtung gemacht, daß man die Vernetzung des reinen Butadiens während der Polymerisation dadurch zurückdrängen kann, daß man ein Gemisch von Butadien mit Butadienderivaten oder anderen polymerisierbaren Stoffen polymerisiert. Besonders die Mischpolymerisate mit Styrol und mit Acrylnitril haben günstige Ergebnisse gezeitigt. Infolgedessen werden die reinen Butadien-Polymerisate heute nur selten verwendet; die niedermolekularen Butadien-Polymerisate eignen sich aber als Weichmacher für die Butadien-Mischpolymerisate. Durch die Art und Menge der zweiten Komponente lassen sich die chemischen und physikalischen Eigenschaften der Butadien-Mischpolymerisate weitgehend variieren und den jeweiligen Verwendungszwecken anpassen. (Bis zum Oktober 1947 wurden in den USA 411 Butadien-Mischpolymerisate untersucht, von denen eine große Anzahl derzeit technische Verwendung findet. Sie führen die Bezeichnung Buna GR—S [Government Rubber Styrene].)

Von der I. G. wurde ein Mischpolymerisat aus 30% Styrol und 70% Butadien unter der Bezeichnung Buna S, ein anderes aus 50%

Styrol und 50% Butadien unter der Bezeichnung Buna SS herausgebracht. Bei letzterem Produkt ist durch den höheren Styrolanteil eine größere Thermoplastizität. vorhanden, weiters sind die Dehnbarkeit, der Modulus und die Härte der Vulkanisate größer. Trotzdem durch die Mischpolymerisation die Vernetzung zurückgedrängt ist, muß zur leichteren Verarbeitbarkeit der sogenannte thermische Abbau durchgeführt werden. Wie schon erwähnt wurde, lassen sich diese Produkte nicht in derselben Weise wie Naturkautschuk durch Mastizieren auf den Mischwalzen in eine plastische Masse umwandeln. Sie müssen daher einer oxydativen Behandlung bei Temperaturen zwischen 100⁰ C und 150⁰ C (am besten ca. 135⁰ C) mit Luftsauerstoff oder bei niedrigeren Temperaturen unter Zusatz von Abbaumitteln unterworfen werden. Dieser sogenannte thermische Abbau wird in einem Heißluftstrom mit oder ohne Überdruck (notfalls auch auf heißen Walzen oder in einem heizbaren Knetwerk bei 140 bis 150⁰ C) ausgeführt. Erst nachdem auf diesem Wege ein plastisches Produkt erhalten worden ist, kann man dem abgekühlten Produkt die verschiedenen Zusätze zumischen. Durch Zusatz abbaufördernder Mittel (Phenylhydrazin, Mercaptane) läßt sich das Abbauverfahren abkürzen oder ganz vermeiden. Der amerikanische Buna (GR—S) kann ohne thermischen Abbau direkt verarbeitet werden. Der an Styrol reichere Buna SS läßt sich leichter als Buna S abbauen, dagegen ist der Abbau der Butadien-Acrylnitril-Mischpolymerisate schwieriger. Nach dem Abbau muß bald weiterverarbeitet werden, da bald wieder eine Vernetzung der depolymerisierten Substanz, d. h. also eine Molekülvergrößerung eintritt und die Verarbeitbarkeit geringer wird. Die Verarbeitbarkeit auf dem Walzwerk und Kalander, die Klebrigkeit der nicht vulkanisierten Mischungen, die Haftfestigkeit auf Geweben und die Löslichkeit sind um so größer, je kleiner der Polymerisationsgrad ist.

Die weitere Verarbeitung des abgebauten Buna S erfolgt in der gleichen Weise wie bei Naturkautschuk. Es werden dieselben Beschleuniger, Füllstoffe und Weichmacher verwendet, das Mischen auf den Mischwalzen wird ebenso wie bei Naturkautschuk durchgeführt. Inaktive Füllmittel geben bei Buna S niedrigere Zugfestigkeitswerte als bei Naturkautschuk; man muß daher immer aktive Füllstoffe (vor allem Aktivruß) zusetzen. Alterungsschutzmittel werden nicht den, Mischungen zugesetzt, da bei der Polymerisation Phenyl-β-Naphtylamin als Gegenmittel gegen die Vernetzung zugefügt wurde. Auch die Vulkanisation findet in der gleichen Weise statt wie bei Naturkautschuk. Die Gefahr einer Übervulkanisation ist jedoch wesentlich geringer.

Buna SS ist infolge seines größeren Styrolgehaltes plastischer und läßt sich leichter in den üblichen Lösungsmitteln lösen. Die elastischen Eigenschaften sind bei Buna SS geringer, die Festigkeitseigenschaften meist höher.

Die Butadien-Styrol-Mischpolymerisate sind in aliphatischen, aromatischen und chlorierten Kohlenwasserstoffen löslich. Im Gegensatz dazu werden die Butadien-Acrylnitril-Mischpolymerisate von aliphatischen Kohlenwasserstoffen, Mineralöl, pflanzlichen und tierischen Fetten und Ölen nicht angegriffen. Dagegen quellen sie stark in aromatischen und chlorierten Kohlenwasserstoffen. Auch bei diesen Produkten wird durch Vermehrung der Acrylnitril-Komponente eine Erhöhung der plastischen Eigenschaften auf Kosten der elastischen erzielt. Butadien-Acrylnitril-Mischpolymerisate sind „Perbunan" (früher Buna N und NN) der I. G. Farbenindustrie A. G. und der Standard Oil Co. sowie „Chemigum" der Goodyear Tire & Rubber Co. und „Hycar" der B. F. Goodrich Chemical Company. Die sonstigen Eigenschaften und die Verarbeitungsweise entsprechen denen der Butadien-Styrol-Mischpolymerisate.

Die Herstellung von mit Buna beschichteten Geweben kann außer nach dem Kalanderverfahren durch Streichen mit Benzinlösungen oder mit Dispersionen erfolgen. Die Verarbeitung von Bunalösungen ist für Textilbetriebe ohne Interesse, da Buna auf Maschinen, die in Textilbetrieben nicht vorhanden sind, verarbeitet werden muß, abgesehen davon, daß dazu Spezialerfahrungen auf dem Gebiete der Kautschuktechnologie erforderlich sind.

Wesentlich einfacher und auch auf den einem Textilveredlungsbetrieb normalerweise zur Verfügung stehenden Maschinen durchführbar ist die Erzeugung von mit Buna-Dispersionen gestrichenen Geweben, so daß darüber ausführlicher berichtet werden soll.

Interessante Eigenschaften weisen Mischungen von Polyvinylchlorid und Butadien-Acrylnitril-Polymerisaten auf. Derartige Kombinationen, bei denen die erste Komponente zur zweiten im Verhältnis 55:45 steht, werden unter der Bezeichnung „Geon-Polyblend" von der B. F. Goodrich Chemical Company in den Handel gebracht. Die beiden Komponenten befinden sich in kolloidaler Verteilung. Das Produkt kann in der normalen Weise wie Polyvinylchlorid durch Gelatinierung bei höheren Temperaturen (es werden 280 bis 350⁰ F angegeben) verarbeitet werden, wobei das Butadien-Acrylnitril-Mischpolymerisat als Weichmacher dient. Man kann aber auch auf kalten Walzen mischen und das Butadien-Acrylnitril-Mischpolymerisat vulkanisieren, wobei das Polyvinylchlorid verfestigend wirkt. Ferner kann man das Produkt zu Polyvinylchloridmischungen als Streckungsmittel oder zu Bunamischungen zusetzen, um die Widerstandsfähigkeit der letzteren gegen die Einwirkung von

Sonnenlicht, Ozon, Lösungsmittel und mechanische Beanspruchung zu erhöhen. Obwohl die Lichtbeständigkeit· des „Geon-Polyblend" nur 30% der eines Polyvinylchlorids beträgt, kann man sie durch Zusatz von Licht absorbierenden oder reflektierenden Substanzen erhöhen.

Dieses Produkt verbindet also die Öl-, Chemikalien- und Alterungsbeständigkeit des Polyvinylchlorids mit der Elastizität der Butadien-Polymerisate. Es ist kein Zusatz von Weichmachern notwendig, so daß auch kein Wandern der Weichmacher befürchtet werden muß. Durch Anwendung der Vulkanisation erhält man bessere Eigenschaften als wenn man nach dem für Polyvinylchloride üblichen Gelatinierungsverfahren arbeitet (Rubber Age 1947, August, 563 bis 566).

Im Anschluß an die Butadien-Polymerisate und Mischpolymerisate sollen noch die Polymerisate des 2-Chlor-Butadien besprochen werden. Diese werden von Du Pont unter der Bezeichnung „Neoprene" (früher „Duprene") und in Rußland unter der Bezeichnung „Sowprene" erzeugt. Ihre charakteristischeste Eigenschaft ist die, daß sie nicht wie Naturkautschuk oder Buna Schwefel anlagern können. Sie sind aber zur Vernetzung befähigt. Diese Polymerisation findet schon bei der Lagerung statt, insbesondere bei der Verarbeitung in der Wärme. Schwefel wirkt dabei als Beschleuniger, die Substanzen, die bei Naturkautschuk als Beschleuniger dienen, wirken aber vielfach der Vernetzung bei 2-Chlor-Butadien-Polymerisaten entgegen. Die „Vulkanisation" dauert länger als bei· Naturkautschuk und Buna.

Diese Produkte sind öl- und lösungsmittelbeständig. Sie werden durch die Einwirkung von Sonnenlicht nicht geschädigt. Sie sind durch ihren Chlorgehalt gut widerstandsfähig gegen Feuer. Außer ihrer Neigung, beim Lagern, besonders in der Kälte, hart zu werden, erleiden sie keine Veränderungen, die dem Altern des Naturkautschuks entsprechen. Durch Wärme kann dieses Hartwerden ohne dauernde Schädigung wieder behoben werden (I. R. J. 1948, 5, 152 u. 6, 175).

2. Die Verwendung der Bunalatices (Igetex).

a) Allgemeines.

Wie schon früher erwähnt wurde, werden Buna S und SS sowie Perbunan durch Mischpolymerisation von Butadien mit Styrol, bzw. mit Acrylsäurenitril in Emulsion hergestellt. Die dabei entstehenden Dispersionen in wässerigem Medium stellen synthetische Latices dar, deren Teilchen einen Radius von 0,01 bis 0,1 μ haben, also unter der mikroskopischen Sichtbarkeit sind; sie werden unter dem Namen „Igetex" von der I. G. Farbenindustrie A. G. in den Handel gebracht. Dem Buna S und SS entsprechen die Marken Igetex S ca. 35%ig und 45%ig und Igetex SS ca. 45%ig, dem Perbunan N und N extra die

Marken Igetex N ca. 30%ig und Igetex NN ca. 45%ig. Ähnliche Dispersionen werden von verschiedenen amerikanischen Firmen hergestellt (Butadien-Styrol-Mischpolymerisate, z. B. „GR—S Latex" und Butadien-Acrylnitril-Mischpolymerisate, z. B. „Hycar"). Im Gegensatz zum natürlichen Latex unterscheiden sich also die verschiedenen synthetischen Laticas nicht nur in Bezug auf die Konzentration, sondern auch in ihren Eigenschaften und damit in ihrer Einsatzfähigkeit. Bei Buna hängt die Festigkeit der Filme in erster Linie von den zugesetzten Füllstoffen ab, bei Igetex fast nur von den Filmeigenschaften des betreffenden Buna und nur in untergeordnetem Maße von den zugesetzten Füllstoffen. Nach den Angaben der I. G. Farbenindustrie A. G. sind die durchschnittlichen Festigkeitswerte in Mischungen mit Vulkazit P und Vulkazit 774 folgende:

```
Igetex S  ca. 35%ig und ca. 45%ig . . . .   40 bis  50 kg/qcm
Igetex SS ca. 45%ig  . . . . . . . . 150 bis 200 kg/qcm
Igetex N  ca. 30%ig  . . . . . . . .  50 bis 100 kg/qcm
Igetex NN ca. 45%ig  . . . . . . . . 180 bis 220 kg/qcm
```

Für manche Zwecke genügen die weniger festen Marken vollkommen, so ist z. B. Igetex S zum Streichen und Imprägnieren von Textilien sehr gut geeignet, während für Tauchartikel, bei denen die Festigkeit des Materials von großer Bedeutung ist, Igetex SS und Igetex NN verwendet werden müssen.

Igetex NN ist sauer, die anderen Marken mehr oder minder alkalisch eingestellt. Der pH-Wert ergibt sich aus folgender Tabelle der I. G. Farbenindustrie A. G.:

Igetex	Einstellung	Gramm-Aequivalent Säure bzw. Alkali im Liter (Normalität)	pH-Wert
Igetex S ca. 35%	alkalisch	ca. 0,035	ca. 11
Igetex S ca. 45%	alkalisch	ca. 0,15	ca. 10
Igetex SS ca. 45%	alkalisch	ca. 0,08	ca. 10
Igetex N ca. 30%	alkalisch	ca. 0,002	ca. 8
Igetex NN ca. 45%	sauer	ca. 0,007	ca. 3

In sämtlichen Marken sind die Latexteilchen negativ geladen. Eine Änderung des Ladungssinnes durch Säurezusatz ist auch bei Verwendung von Emulgatoren nicht möglich, da Koagulation eintritt. Nur Igetex NN verträgt einen geringen Säurezusatz. Auch Salze und Alkohole wirken koagulierend. Gegen Zusatz von verdünnten Alkalien und konzentriertem Ammoniak sind die Latices stabil. Auch durch Einwirkung von Frost tritt langsame Koagulation ein. Von dieser

Koagulation, welche bei Temperaturen unter dem Gefrierpunkt eintritt und nicht reversibel ist, muß das Gelieren, welches bei Temperaturen knapp über dem Gefrierpunkt auftritt, deutlich unterschieden werden. Igetex N und NN zeigen bei abnehmender Temperatur bis ungefähr 0^0 C eine allmähliche, nicht allzu große Viskositätszunahme. Igetex S und SS erstarren zwischen 16^0 C und 0^0 C in einem engen Intervall von 2 bis 3 Graden zu einer steifen Paste. Die Gelierungstemperatur, der sogenannte Stockpunkt, ist von der Konzentration abhängig. Mit wachsender Konzentration steigt die Gelierungstemperatur. Sie ist auch von der Elektrolytkonzentration weitgehendst abhängig, so daß schon die geringsten Konzentrationsunterschiede deutliche Verschiebungen des Stockpunktes verursachen. Durch Erwärmen des gelierten Latex über den Stockpunkt tritt wieder Verflüssigung ein, wobei keine Veränderung der ursprünglichen Eigenschaften festzustellen ist; der Vorgang ist völlig reversibel. Wenn der gelierte ·Latex Erschütterungen ausgesetzt war, so nimmt er ein grießiges Aussehen an. Auch in diesem Falle genügt schwache Erwärmung, um den ursprünglichen Zustand wieder herzustellen. Gegen Erschütterungen ist die Beständigkeit im allgemeinen gut. Auch gegen höhere Temperaturen ist eine gewisse Beständigkeit festzustellen.

Gegen Füllstoffe sind die synthetischen Latices weniger beständig als Naturlatex, so daß die Füllstoffe auf das feinste vermahlt und gut angeteigt werden müssen, um Koagulationen zu vermeiden. Trockene Füllstoffe können schon durch Wasserentzug koagulierend wirken. Besonders bei Verwendung von Ruß ist Vorsicht am Platz. Zweckmäßig arbeitet man so, daß man mit einer 5 bis 10%igen Lösung von Vultamol, welches für diese Zwecke als Schutzkolloid und Dispergierungsmittel von der I. G. Farbenindustrie A. G. herausgebracht wurde, anteigt. Verschiedene Füllstoffe, wie Ruß, Magnesiumcarbonat, Kreide, Kaolin und Bentonit geben leicht Anlaß zu Koagulationserscheinungen, so daß man nach der Dispergierung der fertigen Füllstoffpaste noch Emulgatoren wie Emulphor O und Emulgator MN zufügt.

Nach dem Anteigen mit der Vultamollösung werden die Füllstoffe mindestens 24 Stunden auf gut wirkenden Kugelmühlen vermahlen. Wenn keine Kugelmühle zur Verfügung steht, kann man sich mit einem guten Walzenstuhl oder einer Trichtermühle behelfen. Man muß aber die Mischungen mehrmals durchnehmen, bevor man sie dem Igetex zusetzt. Die Verteilung der Füllstoffpaste im Igetex geschieht am besten mittels eines elektrischen Schnellrührers. Fertige Igetexmischungen sollen nicht·oder nur mit großer Vorsicht durch Walzenstühle und Trichtermühlen durchgenommen werden, da durch die auftretende Reibungswärme Koagulation eintreten kann.

Die erforderlichen Zusätze sind ungefähr die gleichen wie bei Verwendung von natürlichem Latex. Im allgemeinen muß auch Igetex vulkanisiert werden, um die erforderlichen Festigkeitseigenschaften, Elastizität und gute Alterungseigenschaften zu erreichen. Der Schwefel wird in Form von 85%igem Kolloidschwefel zugesetzt. Man verwendet 1,5 bis 3 Teile auf 100 Teile trockene Igetexsubstanz. Kristalliner Schwefel ist weniger günstig, da er tagelang in der Kolloidmühle gemahlen werden müßte. Eine höhere Schwefelmenge ist ungünstig, da die Neigung zum Ausschwefeln besteht. Als Beschleuniger verwendet man am besten Ultrabeschleuniger, wie die wasserlöslichen Vulkazite P und 774 zu gleichen Teilen kombiniert. Man kann bei Verwendung von je 0,3 Teilen dieser Beschleuniger mit einer Vulkanisationsdauer von $1^1/_2$ bis 3 Stunden bei 100° C rechnen. Bei Erhöhung der Beschleunigermengen kann die Vulkanisationsgeschwindigkeit bis zu einem gewissen Grad unter Erhöhung der Festigkeit vergrößert werden. Bei entsprechend langer Lagerung tritt bei Verwendung dieser Beschleuniger schon bei Zimmertemperatur Vulkanisation ein, ebenso werden nicht vollständig ausvulkanisierte Fabrikate bei der Lagerung nachvulkanisiert. Dies ist dort von Vorteil, wo keine geeigneten Vulkanisationsanlagen vorhanden sind, also besonders in Textilwerken. Bei Verwendung einer Mischung von je 0,75 Teilen von Vulkazit P und 774 kann weitgehende Vulkanisation bei Zimmertemperatur in 20 bis 30 Tagen erreicht werden. Vulkazit P ist Pentamethylen-Dithiocarbaminsaures Piperidin, Vulkazit 774 ist Cyclohexyläthyldithiocarbaminsaures Cyclohexyläthylamin. Weitere Angaben über Vulkanisationsbeschleuniger sind in dem Abschnitt über natürlichen Latex enthalten. Noch rascher als diese Beschleuniger wirkt Vulkazit P extra N (Zinksalz der Äthylphenyldithiocarbaminsäure), welcher aber nicht wasserlöslich ist und nur dann seine volle Wirkung entfalten kann, wenn er in der Kugelmühle gut dispergiert wird. Der Schwefel wird gemeinsam mit dem zur Vulkanisation notwendigen Zinkoxyd (2 bis 5 Teile) und den unlöslichen Beschleunigern sowie Füllstoffen mit 5 bis 10%iger Vultamollösung angeteigt, während wasserlösliche Beschleuniger am besten für sich in Vultamollösung vorher aufgelöst werden. Füllstoffe dürfen nur in nicht allzu großer Menge zugesetzt werden; aktive Füllstoffe, wie Ruß oder Kaolin, bewirken nur in engen Grenzen Verbesserung der mechanischen Eigenschaften. Mit einer Füllung von 10 bis 20 Teilen Füllstoff, bezogen auf 100 Teile trockener Bunasubstanz, werden die besten Festigkeitseigenschaften erreicht. Von aktivem Ruß sollen nicht mehr als 10 Teile auf 100 Teile Trockensubstanz verwendet werden. Gasruß soll überhaupt getrennt von Schwefel und Zinkoxyd gemahlen werden. Zum Färben verwendet man Pigmentfarbstoffe, am besten

Vulkanosolfarbstoffe (diese sind in Wasser feinst dispergierte Pigmentfarbstoffe). Eigentliche Alterungsschutzmittel werden den Mischungen nicht zugesetzt. Igetex enthält von der Fabrikation Phenyl-Betanaphtylamin, welches einerseits bei der Polymerisation als Stabilisator dient, andererseits auch als Alterungsschutzmittel wirkt. Es ist zu beachten, daß bei längerer Einwirkung von Licht durch das Phenyl-Betanaphtylamin Braunfärbung der Filme eintritt. Dies darf mit der gewöhnlichen Alterung nicht verwechselt werden. Die Alterungseigenschaften sind im allgemeinen besser als die des natürlichen Latex. Um die Gefahr der Koagulation der Mischungen zu verringern, werden noch zusätzlich Emulgatoren nach erfolgter Dispergierung in der Vultamollösung zugesetzt, z. B. Emulphor O oder Emulgator MN. Sie werden als 20%ige Lösungen in einer Menge von 3%, auf das Gewicht der Füllstoffe bezogen, verwendet. Auch ammoniakalische Kaseinlösungen sind zur Stabilisierung geeignet. Die so hergestellten Füllstoffmischungen werden vorsichtig, wie früher beschrieben wurde, in Igetex eingerührt.

In vielen Fällen, z. B. für das Streichen von Textilien, sind die so erhaltenen Mischungen nicht viskos genug. Zum Verdicken finden außer ammoniakalischem Kasein vor allem die Ammonsalze der Polyacrylsäure Verwendung. Derartige Produkte sind „Plexileim" von Röhm & Haas in Darmstadt und „Latecoll" der I. G. Farbenindustrie A. G., ähnlich auch „Collacral" der letztgenannten Firma. Außerdem können Cellulosealkyläther wie die Tylosen als Verdickungsmittel verwendet werden. Ein anorganisches Verdickungsmittel ist der Bentonit, ein kolloidales Aluminiumsilikat, welches gleichzeitig ein Füllmittel ist. Die organischen Verdickungsmittel beeinflussen die Wasserfestigkeit der Filme ungünstig. Man setzt daher den Mischungen noch Paraffinemulsionen wie Ramasit WDS zu. Die auf Basis von polyacrylsauren Salzen aufgebauten Verdickungsmittel (Latecoll, Plexileim) darf man auf keinen Fall dem Igetex zusetzen, da sonst Koagulation eintritt. Am zweckmäßigsten wird ein Teil der Igetexmischung in das Verdickungsmittel eingerührt und dann der Rest zugefügt. Auch für Bentonit ist diese Arbeitsweise günstig.

Über die Vulkanisation ist folgendes bemerkenswert. Am raschesten wird Igetex S vulkanisiert, dann folgen Igetex N, Igetex NN und Igetex SS. Je höher die Vulkanisationstemperatur ist, desto schwieriger ist es, die richtige Zeitdauer einzuhalten. Es besteht daher die Gefahr, daß man unter- oder übervulkanisierte Fabrikate erhält. In ersterem Falle wird die Ware bald klebrig und brüchig, die Alterungseigenschaften sind allgemein schlecht. Beim Betupfen mit Xylol wird das Material klebrig und läßt sich zu Fäden ziehen, während richtig vulkanisierte Ware nur quillt. Übervulkanisiertes Material wird hart, die Reißfestigkeit geht zurück. Man kann Übervulkanisation durch Lagern bei 80⁰ C während 14 Tagen feststellen. Die Ware soll dabei nicht hart werden. Gut vulkanisiertes Material ist beständig gegen verdünnte Säuren und Alkalien, in konzentrierter Salzsäure tritt Quellung ein. Bei Einwirkung von ultraviolettem Licht werden auch gut vulkanisierte Fabrikate bald klebrig, während schon im gewöhnlichen Licht Braunfärbung eintritt. Dies ist aber mit der gewöhnlichen Alterung nicht zu verwechseln.

Es soll noch erwähnt werden, daß Igetex mit natürlichem Latex verschnitten werden kann.

b) Das Streichen und Imprägnieren von Textilien mit Bunalatices.

Infolge der verhältnismäßig einfachen Verarbeitungsweise der Latices werden sie in steigendem Maße gegenüber den Lösungen von Buna bevorzugt. Insbesondere für die Textilveredlungsindustrie ist ihre Anwendung infolge der Möglichkeit, ohne große Erfahrungen auf dem Gebiete des Buna und ohne größere maschinelle Einrichtungen auszukommen, weitaus empfehlenswerter als das Arbeiten mit Bunalösungen. Die Vorteile des Arbeitens mit den Latices sind folgende:

1. Der Abbau des Buna, welcher große Erfahrungen erfordert und für den die notwendige apparative Einrichtung vorhanden sein muß, entfällt.

2. Das Arbeiten auf dem Mischwalzwerk und das Auflösen der Mischungen entfällt. Man erspart sich dadurch einerseits das Mischwalzwerk, anderseits die Lösungsmittelrückgewinnungsanlage, die Schuzvorrichtungen gegen Brandgefahr und die gesundheitsschädigenden Wirkungen der Lösungsmitteldämpfe. Außerdem muß auch bei gut wirkenden Lösungsmittelrückgewinnungsanlagen mit einem beträchtlichen Verlust an Lösungsmitteln gerechnet werden.

3. Bei Verwendung von Ultrabeschleunigern sind keine besonderen Einrichtungen zum Vulkanisieren notwendig. Sehr gut geeignet sind auf höhere Temperaturen heizbare Trockenanlagen, bei denen die Waren kontinuierlich durchgenommen werden, etwa die Anlagen, die zum Kondensieren für die knitterfreie und quellfeste Ausrüstung verwendet werden. Es genügen aber, wenn man entsprechend langsam fährt, auch gewöhnliche Trockenhängen, Spannrahmen, ja sogar Trockenzylinder.

Die Hauptverwendungsgebiete sind die Herstellung von gummierten Stoffen nach dem Streichverfahren (Regenmantelstoffe, gasdichte Stoffe, Lederaustauschstoffe usw.), die Herstellung von doublierten Stoffen, bei denen manchmal nicht vulkanisiert wird, ferner die Herstellung von Lederaustauschprodukten durch Imprägnieren von

Fasermaterial und das Imprägnieren von Geweben, um die Haftfähigkeit von Buna und Naturkautschuk zu verbessern.

Die Gewebe werden vor dem Streichen in der üblichen Weise ausgerüstet. Zur Vermeidung des Durchschlagens der Mischungen wird die Ware wasserdicht imprägniert. Bei Geweben aus Kunstseide und Zellwolle ist eine die Quellfestigkeit und die Krumpfechtheit erhöhende Behandlung mittels Formaldehyd oder Formaldehyd abspaltenden Substanzen von Vorteil; dadurch wird die Haftfestigkeit des Filmes günstig beeinflußt, da das Schrumpfen des Gewebes durch Wassereinwirkung und das dadurch verursachte Loslösen des Films vermindert wird. Neben der reinen Formalisierung hat sich auch die Einlagerung von Harnstoff-Formaldehyd-Kondensaten (Kaurit KF) gut bewährt, um die Haftfestigkeit der Filme zu verbessern. Die so vorbereitete Ware wird am besten mit einem Vorstrich auf einer einem Spannrahmen vorgebauten Streichmaschine versehen und dann im Spannrahmen getrocknet. Diese Arbeitsweise ist zweckmäßiger als das Spannen der schon getrockneten Ware, da dabei der Film zerrissen wird. Die weiteren Striche können dann in jeder anderen Trocknungsanlage getrocknet werden, da kein weiterer Gewebeeinsprung mehr möglich ist.

Der Verfasser hat nach folgender Arbeitsweise mit Maschinen, die jedem Textilbetrieb zur Verfügung stehen, gute Erfolge bei der Herstellung von zweiseitig gestrichenen' Regenmantelstoffen · erzielt. Ein Zellwollgewebe, welches quellfest ausgerüstet ist, wird auf beiden Seiten mit einer schwächer belasteten Streichmasse gestrichen, um gute Haftung auf dem Gewebe zu gewährleisten. Getrocknet wird im Spannrahmen. Nach dem ersten Strich wird heiß kalandert. Die Streichmassen für die folgenden Striche enthalten mehr Füllstoffe. Es kann auch in Hängen oder in jeder anderen Trocknungsanlage getrocknet werden. Schließlich wird im Spannrahmen bei möglichst hoher Temperatur und langsamstem Gang vulkanisiert. Um ein Kleben der nicht vulkanisierten Ware zu vermeiden, muß nach dem Streichen mit Talkum auf einer Maschine, die man sich leicht selbst bauen kann, eingestaubt werden.

Um ein vorzeitiges Anvulkanisieren der Streichmassen zu vermeiden, kann man auch so arbeiten, daß die Streichmasse für den ersten Strich nur Schwefel, aber keinen Beschleuniger · enthält, die andere Streichmasse dafür den Beschleuniger ohne Schwefel. Die Zusätze an Schwefel und Beschleunigern in den beiden Mischungen müssen so bemessen sein, daß im fertigen Film die entsprechenden Mengen vorhanden sind.

Um vollständige Vulkanisation auf ·diesem Wege zu erreichen, wurden die Zusätze an Schwefel und Beschleunigern höher bemessen, als es in der Gummiindustrie bei Verwendung geeigneterer Anlagen üblich ist.

Streichmasse für den Vorstrich:

220 kg Igetex S ca. 45% (100 kg Trockensubstanz)

- 4 kg Kolloidschwefel 85%
- 6 kg Zinkoxyd
- 5 kg Kaolin
- 5 kg Ruß
- 30 kg 5%ige Vultamollösung
- 0,5 kg Vulkazit P
- 0,5 kg Vulkazit 774
- 10 kg 5%ige Vultamollösung
- 20 kg Ramasit WDS
- 10 kg Latecoll oder Plexileim

Streichmasse für die Nachstriche:

220 kg Igetex S ca. 45% (100 kg Trockensubstanz)

- 4 kg Kolloidschwefel 85%
- 6 kg Zinkoxyd
- 10 kg Ruß
- 18 kg Kaolin
- 30 kg 5%ige Vultamollösung
- 0,5 kg Vulkazit P
- 0,5 kg Vulkazit 774
- 10 kg 5%ige Vultamollösung
- 1 kg Emulgator MN
- 20 kg Ramasit WDS
- 10 kg Latecoll oder Plexileim

Nach den Erfahrungen des Verfassers sind Mischungen mit höheren Rußmengen zwar beim Stehen beständig, beim Streichen aber werden die Streichmassen nach dem Durchlauf von einigen Stücken ständig dicker und trockener, bis man nicht mehr weiterarbeiten kann. Durch weiteren Zusatz von Wasser und starkes Rühren lassen sich anfangs wieder streichfähige Massen erzielen, welche aber sehr rasch wieder denselben Übelstand zeigen, wobei allmählich Koagulation eintritt. Allem Anschein tritt während des Streichens ein Wasserentzug durch das Gewebe ein. Es ist auch darauf zu achten, daß die vor dem Streichmesser befindlichen Streichmassen nicht der Ausstrahlung der Trockenmaschine ausgesetzt sind.

Eine Variante, bei der Schwefel und Beschleuniger in den Mischungen getrennt sind, ist folgende:

Vorstrich mit Schwefel:

220 kg Igetex S ca. 45% (100 kg Trockensubstanz)

    4 kg Kolloidschwefel 85%
    6 kg Zinkoxyd
    6 kg Ruß
    4 kg Beinschwarz
  18 kg Talkum
  40 kg 5%ige Vultamollösung
    2 kg Emulgator MN
  20 kg Ramasit WDS
  10 kg Latecoll oder Plexileim

Nachstrich mit Beschleunigern:

220 kg Igetex S ca. 45% (100 kg Trockensubstanz)

    1 kg Vulkazit P
    1 kg Vulkazit 774
  20 kg 5%ige Vultamollösung
  10 kg Latecoll oder Plexileim

Ein Ansatz für Igetex mit Vulkazit P extra N mit Bentonit ist folgender:

220 kg Igetex S ca. 45% (100 kg Trockensubstanz)

    3 kg Kolloidschwefel 85%
    5 kg Zinkoxyd
  10 kg Kolloidkaolin
  30 kg 5%ige Vultamollösung
  0,8 kg Vulkazit P extra N
  1,6 kg 5%ige Vultamollösung
  15 kg Aktiv-Bentonit
  60 kg 5%ige Vultamollösung
  50 kg Wasser

10 Teile Bentonit entsprechen 7 Teilen Latecoll.

Mischungen, welche zum Doublieren (Kaschieren) verwendet werden sollen, müssen besonders gut kleben, es darf daher vor dem Zusammenbringen mit der zweiten Gewebebahn nicht zu heiß getrocknet werden, um ein vorzeitiges Vulkanisieren zu vermeiden. Manchmal arbeitet man überhaupt ohne Vulkanisation, es werden dann Mischungen ohne Schwefel, Beschleuniger und Zinkoxyd verwendet. Regenmantelstoffe, Gasmaskenstoffe, Autoverdeckstoffe und Faltbootstoffe werden aus zwei und mehr Gewebelagen hergestellt.

Mit niedriger viskosen Mischungen, häufig auch ohne Füllstoffe, werden Imprägnierungen ausgeführt. Wichtig ist auch die Herstellung von Lederaustauschstoffen, bei denen das Fasermaterial durch die Dispersionen in sich verbunden wird. Das Bindemittel in Dispersionsform hat die Aufgabe, dem Fasermaterial, manchmal auch dem Gewebe, die Festigkeit, Einreißfestigkeit, Härte und Wasserdichtheit zu verleihen. Vielfach werden auch Verschnitte mit anderen Kunststoffen verwendet. Am besten geeignet sind Igetex N und S. Es sollen aber nur grobporige Faservliese und lockere Wattevliese verwendet werden, da Schwefel und Zinkoxyd beim Imprägnieren von feinporigen Vliesen leicht abfiltriert werden. Bei Verwendung von Lederfasern ist auf die Empfindlichkeit des Leders gegen höhere Temperaturen Rücksicht zu nehmen.

Bunalatices können als Hilfsprodukte zur Erhöhung der Gummifreudigkeit von Geweben aus Kunstseide, Zellwolle und Baumwolle Verwendung finden. Die Haftung von Buna und von Naturkautschuk auf Kunstseide, aber auch auf Zellwolle ist nicht gut und auch bei Baumwolle ist oft eine bessere Haftfestigkeit erwünscht. Dies kann man durch Imprägnierung der Gewebe mit Igetex S in Mischung mit Kasein oder anderen Eiweißstoffen sowie mit Resorcin-Formaldehyd-Kondensationsprodukten erreichen.

1. Imprägniermischung mit Kasein:

30 bis 40 Teile Kasein werden mit 3 bis 4 Teilen konzentriertem Ammoniak und 300 bis 400 Teilen Wasser bis zur Lösung erwärmt und nach dem Abkühlen in 220 Teile Igetex S 45% eingerührt. Je mehr Imprägnierungsmittel auf der Faser niedergeschlagen wird, desto besser ist die Haftung auf dem Gewebe. Man soll nicht über 70 bis 80 g Trockensubstanz pro qm bei einem Gewebegewicht von 430 g/qm gehen.

2. Imprägnierung mit Hämoglobin:

60 Teile Hämoglobin werden in 600 Teilen Wasser aufgelöst und nach dem Erkalten 220 Teilen Igetex S 45% zugesetzt.

3. Imprägnierung mit Resorcin-Formaldehyd-Kondensationsprodukt. Eine Lösung von

    250 Teilen Wasser
     10 Teilen Resorcin
      8 Teilen Formaldehyd (24 Teile Formaldehyd 33%)
     0,4 Teilen Natriumhydroxyd

wird nach 15 bis 20 Stunden mit Ammoniak schwach alkalisch eingestellt, dann in 220 Teile Igetex eingerührt. Diese Mischung muß sofort verarbeitet werden, da sie zur Koagulation neigt. Die Imprägnierung kann leichter sein als bei Verwendung von Eiweißstoffen, da zwischen 30 und 100 g/qm kein Unterschied in der Haftfestigkeit besteht. Sie ist aber geringer als bei Verwendung von Eiweißstoffen. Die Trocknung wird gemeinsam mit der Kondensation bei 130⁰ C durchgeführt. Für Gewebe, die mit Buna S und SS gummiert werden, imprägniert man mit Igetex S und SS, bei Gummierung mit Perbunan verwendet man Igetex N.

B. Die Verwendung des Polyisobutylens (Oppanol).

Lit.: Scheiber, Chemie und Technologie der künstlichen Harze. Stuttgart 1943. — R. Houwink, Chemie und Technologie der Kunststoffe, Leipzig 1942. — Kluckow, Verarbeitung von Kautschuk, Kunstkautschuk und weichgummiähnlichen Kunststoffen, Berlin. — I. G. Farbenindustrie A. G., Oppanol B, Frankfurt 1937. — I. G. Farbenindustrie A. G., Kunststoffe, Taschenbuch für die verarbeitende Industrie, 1942. — Simonds-Ellis, Handbook of Plastics, 7. Aufl., New York 1946.

Von allen Kunststoffen sind die höheren Polymerisate des Isobutylens dem natürlichen Kautschuk und Buna sowohl in den Eigenschaften als auch in der Art der Verarbeitung am ähnlichsten. Im Gegensatz zu Kautschuk sind aber die Isobutylenpolymerisate nicht vulkanisierbar, da sie keine Doppelbindungen enthalten. Die Polyisobutylene werden von den Amerikanern unter dem Namen „Vistanex" (Standard Oil Co.), von der I. G. Farbenindustrie A. G. wurden sie unter der Bezeichnung „Oppanol" in Ludwigshafen hergestellt. Es existieren Produkte verschiedenen Polymerisationsgrades, die dem Namen beigesetzte Zahl bezeichnet den Polymerisationsgrad. Oppanol B 3 mit einem durchschnittlichen Polymerisationsgrad von 3000 ist ein dickflüssiges Öl, Oppanol B 15 mit einem durchschnittlichen Polymerisationsgrad von 15.000 ist eine zähflüssige, hochviskose Masse, Oppanol B 50 mit einem durchschnittlichen Polymerisationsgrad von 50.000 ist eine zähe, klebrige, plastische Masse, die in ihrer Konsistenz stark mastiziertem Rohkautschuk ähnlich ist, Oppanol B 100 mit einem durchschnittlichen Polymerisationsgrad von 100.000 ist ein sehr hochdehnbares Material, welches dem schwach mastizierten Rohkautschuk ähnlich ist, Oppanol B 200 mit einem durchschnittlichen Polymerisationsgrad von 200.000 ist ein sehr hochdehnbares und auch elastisches Produkt.

Das Mischpolymerisat aus 90% Isobutylen und 10% Styrol wurde unter dem Namen Oppanol O hergestellt. Es dient vor allem für Auskleidungen, die bei tiefen Temperaturen beansprucht werden; es ist aber gegen mechanische Beanspruchungen bei höheren Temperaturen empfindlich. Es wurden daraus Folien hergestellt (ebenso aus den Marken OGR, OG, OK).

Mischpolymerisate aus Isobutylen und Butadien sind vulkanisierbar („Butyl-Rubber").

1. Allgemeines.

Bei Vergleich der verschiedenen Polymerisationsstufen des Isobutylens erkennt man, daß durch Erhöhung des Polymerisationsgrades eine Verfestigung unter gleichzeitigem Rückgang der Plastizität und der Dehnung stattfindet. Aber auch die höchstpolymerisierten Produkte behalten eine gewisse Plastizität. Diese Plastizität erscheint in der Wärme in erhöhtem Maße, es handelt sich also um ein ausge-

sprochen thermoplastisches Material. Aber auch bei normalen
Temperaturen ist die Plastizität nicht unbedeutend; Oppanol B 200,
welches einer dauernden Gewichtsbelastung ausgesetzt wird, erleidet
dauernde Verformung, eine Erscheinung, welche unter der Bezeichnung
„Kalter Fluß" bekannt ist. Durch Zusätze von natürlichem oder
synthetischem Kautschuk, von natürlichen oder künstlichen Harzen
oder von anderen Substanzen kann eine Verbesserung der Form-
beständigkeit und anderer mechanischer Eigenschaften erreicht
werden. Dies geht jedoch auf Kosten der elastischen Eigenschaften.

Die hochpolymeren Produkte, vor allem das Oppanol B 200,
werden auf Grund ihrer dem Kautschuk ähnlichen Eigenschaften
in manchen Fällen für dieselben Zwecke verwendet wie dieser,
die niedrigpolymeren dienen in erster Linie als alterungsbeständige
Weichmacher zur Herstellung von Klebstoffen und zur· Verbesserung von Öl, Paraffin und Bitumen. Das am meisten verwendete
Produkt ist das Oppanol B 200, es kann sowohl für sich allein
als auch in Kombination mit niedrigeren Polymerisationsstufen
in Verschnitten mit Naturkautschuk, Buna, Guttapercha und Regene-
raten Verwendung finden. In Mischung mit den vulkanisierbaren Produkten kann bei den für diese üblichen Temperaturen gearbeitet
werden, ihre Verarbeitbarkeit wird durch den Zusatz von Oppanol
verbessert, auch ihre chemischen und elektrischen Eigenschaften
sind besser. So ergeben Streichlösungen wesentlich glattere Auf-
striche.

Oppanol B 200 ist fast farblos, geschmack- und geruchlos und
physiologisch einwandfrei. Es ist gegen Einwirkung von Chemikalien
hervorragend beständig. Es ist u. a. vollkommen beständig bei einer
Temperatur von 20⁰ C gegen verdünnte und konzentrierte Salzsäure,
Schwefelsäure, Phosphorsäure, Chlorsulfonsäure, Ameisensäure,
Essigsäure, Ammoniak, Natron- und Kalilauge, Ätzkalklösung,
Chlorkalklösung, Hydrosulfitlösung, Kupfersulfatlösung, Perman-
ganatlösung, Bichromat- und Chromsäurelösung, Phenol- und
Napthalinsulfosäurelösung, Wasserstoffsuperoxyd und Ozon, ferner
mindestens 5 Wochen lang gegen konzentrierte Salpeter- und Nitrier-
säure. Auch von kochendem Wasser wird es nicht angegriffen. Es
ist jedoch nicht beständig gegen flüssiges, gasförmiges oder in
Wasser gelöstes Chlor oder Brom, auch nicht gegen konzentrierte
Schwefel- und Salpetersäure bei 80⁰ C. Es ist vollkommen undurch-
lässig gegen Wasser und gegen verschiedene Gase, z. B. gegen
flüssiges oder gasförmiges Gelbkreuzgas (Lost), welches im ersten
Weltkrieg als Kampfstoff diente.

Es ist unlöslich in Methyl- und Äthylalkohol, Methyl- und Äthylacetat sowie in verschiedenen anderen Estern, in mehrwertigen

Alkoholen wie Glykol und Glycerin, in Aceton, Anon und anderen Ketonen. Es ist quellbar in Äther, Butylacetat, tierischen und pflanzlichen Fetten. Es ist löslich in Benzin, Mineralöl und Paraffin, in Benzol, Toluol, Xylol, Cyclohexan, Methylenchlorid, Tetrachlorkohlenstoff, Chlorbenzol und Schwefelkohlenstoff.

Es behält bis 100° C seine mechanischen Eigenschaften, wird bei höheren Temperaturen plastisch, bei 180 bis 200° C ist seine optimale Verarbeitungstemperatur, zwischen 350 und 400° C erfolgt vollständige Zersetzung unter Bildung von gas- und ölförmigen Zersetzungsprodukten. Es bleibt auch bei tiefen Temperaturen bis zu — 50° C elastisch, bei weiterer Abkühlung tritt Versprödung ein.

Es bleibt bei Einwirkung von diffusem Licht unverändert, durch Sonnenbestrahlung, insbesondere durch ultraviolette Strahlen tritt ein allmählicher Abbau ein, wenn gleichzeitige Einwirkung von Sauerstoff vorhanden ist. Man kann durch Schutzschichten aus Oppanol C und Füllstoffen (insbesondere pigmentierten Füllstoffen, z. B. 1% aktiven Ruß), Kautschuk, Wachsen, Harzen und Montanwachs diesen eine Depolymerisation darstellenden Abbau weitgehend einschränken. Oppanol C unterscheidet sich von Oppanol B 200 vor allem durch seine Löslichkeit in Estern und Ketonen. Es ist aber kein Polyisobutylen, sondern Polyvinylisobutyläther (British Plastics 1946, April, 168). Im Vergleich zu Kautschuk besitzt Oppanol B 200 geringere Festigkeitseigenschaften, Härte und Elastizität.

Als Füllstoffe kommen größtenteils die in der Gummiindustrie verwendeten in Betracht, vor allem Kreide, Kaolin, Talkum, Schiefermehl, Graphit, Ruß, Magnesia, Glimmer, Quarz, Zinkweiß, Titanweiß, verschiedene Farbpigmente. Sie können in ganz außergewöhnlich großen Mengen zugesetzt werden; so ist es möglich, Mischungen mit der zehnfachen Menge an Füllstoffen herzustellen. Manche dieser Füllstoffe haben eine spezifische Wirkung. So wirkt aktiver Ruß als verstrammendes Mittel wie bei Kautschuk; man erhält nach Angabe der I. G. Farbenindustrie A. G. durch Zusatz von aktivem Ruß folgende Änderungen der mechanischen Werte:

	Zerreiß-festigkeit kg/qcm	Zerreiß-dehnung in %	Bleibende Dehnung in %	Rückprall-energie	Härte °Shore
Oppanol B 200	60	1000	4	12	35
Oppanol B 200 + 5% Aktiver Ruß	70	950	5	11	35
Oppanol B 200 + 10% Aktiver Ruß	85	900	6	10	39

	Zerreiß-festigkeit k_g/qcm	Zerreiß-dehnung in %	Bleibende Dehnung in %	Rückprall-energie	Härte °Shore
Oppanol B 200 + 25% Aktiver Ruß	95	790	9	9	43
Oppanol B 200 + 50% Aktiver Ruß	105	730	14	8	45

Während Talkum, Kaolin und Schlämmkreide auch in großen Mengen den später beschriebenen mechanischen Abbau nicht vergrößern, bewirken Zusätze von Schwerspat und Kieselkreide eine Erhöhung des mechanischen Abbaues. Im Verhältnis zur Erhöhung des Füllstoffzusatzes kann die Verarbeitungstemperatur auf dem Mischwalzwerk herabgesetzt werden. Außer diesen feinverteilten Füllstoffen lassen sich auch faserige und grobkörnige Stoffe wie Zellstoff, Asbest, Korkschrot, Holzmehl, Lederabfälle mit Oppanol verarbeiten.

Als Weichmacher werden in erster Linie die niedrigmolekularen Isobutylenpolymerisate verwendet, Oppanol B 3 in Mengen von 1 bis 5%, Oppanol B 15 und B 50 in Mengen von 10 bis 20%. Höhere Zusatzmengen beeinflussen die Füllstoffaufnahmefähigkeit ungünstig. Nur dort, wo auf erhöhte Klebrigkeit Wert gelegt wird, z. B. zum Kaschieren, erhöht man die angegebenen Mengen.

Oppanol ist mit verschiedenen Substanzen mischbar, z. B. mit Kautschuk, Buna, Guttapercha, Asphalt, Bitumen, Wachsen, Faktis, Linoxyn, Montanharz, bis zu einem gewissen Grad auch mit Kolophonium, Polyvinylacetat, Polyvinylchlorid, Polystyrol und verschiedenen Kondensationsharzen.

Oppanol B kann in derselben Weise wie Kautschuk in Lösung verarbeitet werden. Die Herstellung der Lösungen erfolgt ähnlich wie bei Kautschuk, der Lösevorgang ist aber etwas langwieriger. Man muß das Oppanol B vor dem Auflösen in Benzin oder anderen Lösungsmitteln möglichst zerkleinern; der beste Erfolg wird erzielt, wenn es auf dem Mischwalzwerk bei 150° C zu dünnen Fellen oder Gardinen ausgezogen wird. Außer als Löung kann Oppanol auch als Dispersion verarbeitet werden.

Durch mechanische Einwirkung, z. B. durch das Mastizieren auf dem Mischwalzwerk tritt rasch Erniedrigung des Polymerisationsgrades ein. Dieses mechanische Zerreißen der Makromoleküle tritt besonders in der Kälte in Erscheinung. Durch Erwärmen wird das Oppanol plastisch, so daß kein wesentlicher Abbau mehr eintritt und die mechanischen Eigenschaften erhalten bleiben. Erst bei Temperaturen über 200⁰ C findet wieder eine gewisse Zersetzung durch Einwirkung von Sauerstoff statt. Nach Angaben der I. G. Farbenindustrie A. G. beträgt der Polymerisationsgrad eines Produktes mit dem Anfangsmolgewicht von 215.000 nach dem Walzen:

Walzentemperatur	Molgewicht nach 30 Minuten	Molgewicht nach 60 Minuten
20⁰ C	72.000	43.000
60⁰ C	123.000	108.000
100⁰ C	199.000	169.000
140⁰ C	215.000	202.000
210⁰ C	180.000	—

Das Mastizieren wird daher nicht auf kalten Walzen ausgeführt, sondern bei ca. 165⁰ C. Trotzdem tritt aber bei länger dauernder Mastizierung ein gewisser Abbau ein, da Oppanol auch bei höheren Temperaturen infolge eines noch vorhandenen Restes an Elastizität jeglicher Verformung einen hohen Widerstand entgegensetzt. Deshalb sind verhältnismäßig große Kräfte zur Mastizierung notwendig und ein Abbau läßt sich nicht ganz vermeiden. Durch Zusatz von Weichmachern oder Gleitmitteln kann man diese Schwierigkeiten beheben. Paraffin und sonstige hochpolymere Kohlenwasserstoffe (z. B. 1 bis 3% Lupolen N, ein synthetisches Polyäthylen), Mineralöl, Asphalt Montanharz, Wachs, Stearinsäure und Aluminiumstearat worden als Gleitmittel verwendet. Bei Zusatz von nicht allzu großen Mengen wird die Festigkeit verbessert, die Elastizität geht zurück, während die bleibende Dehnung zunimmt.

Kurzfristige Temperaturschwankungen sind ohne Bedeutung. Man kann in kontinuierlichen Betrieb bei 140⁰ C beginnen und steigert dann die Temperatur bis auf 165⁰ C. Kurze Spitzen bis 180⁰ C sind ohne schädigenden Einfluß. Die überdurchschnittlich hoch polymerisierten Anteile werden dabei abgebaut („gebrochen").

Das Mischwalzwerk (Abb. 5) wird mit einer solchen Menge Oppanol B 200 ohne Füllstoffzusatz beladen, daß die Charge innerhalb von 8 bis 10 Minuten homogenisiert ist. Man kann dies daran erkennen, daß das früher durch Lufteinschlüsse schaumig aussehende Oppanol glasig geworden ist und ein geschlossenes Fell bildet. Sobald man soweit ist, darf man mit der Zugabe der vorher zwecks Vermeidung von Nestern gut vorgetrockneten Füllstoffe beginnen. Es wird in kleinen Portionen zugesetzt, bis alles aufgenommen ist. Oppanol, welches noch Lufteinschlüsse enthält, nimmt die Füllstoffe nicht reibungslos auf, da das Fell bald seinen Zusammenhang verliert und in Form kleiner Brocken von der Walze fällt. Wenn aber das Oppanol ganz luftfrei ist, werden die Füllstoffe gleichmäßig aufgenommen und es bildet sich ein zusammenhängendes oder durchlöchertes Fell („Gardine"). In dieser Form wird der Lösungsprozeß infolge der Vergrößerung der Oberfläche begünstigt. Die Füllstoffe sollen mit Rücksicht auf die Gefahr des mechanischen Abbaues innerhalb von 8 bis 10 Minuten aufgenommen sein. Eine Charge dauert also ca. 20 Minuten vom Beginn der Mastizierung des Oppanols bis zur Beendigung der Füllstoffaufnahme. Dann wird die Mischung in Form eines dünnen Felles oder als Gardine von der Walze genommen und zum Abkühlen am besten in Form von kleinen Brocken ausgebreitet. Je mehr Füllstoffe zugesetzt sind, desto geringer ist die Klebrigkeit. Anderseits ist bei länger dauernder Mastizierung durch den Abbau eine gewisse Erhöhung der Klebrigkeit festzustellen. Eine zuverlässige Kontrolle stellt die Prüfung der Viskosität der Lösungen im Cochiusrohr dar.

Nach dem Abkühlen werden die Brocken in einer Lösungsmaschine (Rührwerk) in vorgelegtes Benzin gebracht. Man nimmt anfangs nur einen Teil des notwendigen Benzins, je nach der Füllstoffmenge 1 bis 3 Teile Benzin auf 1 Teil Mischung. Wenn unter Rühren gleichmäßige Quellung eingetreten ist, wird der Rest zugefügt. Die Lösungsmaschine darf nur möglichst wenig toten Raum enthalten, damit sich dort keine zusammengeballte Knollen von ungelöstem Oppanol ansetzen können. In gut wirkenden Lösungsmaschinen dauert die vollständige Auflösung nicht länger als 4 bis 8 Stunden. Sie kann aber auch in nicht richtig gebauten Lösungsmaschinen einige Tage beanspruchen. Jedenfalls soll ein unnötiges langes Durcharbeiten der Lösungen vermieden werden; abgesehen von der Verdampfung von großen Mengen des Lösungsmittels und dem allmählich eintretenden mechanischen Abbau besteht die Gefahr, daß sich die Mischung zu hoch erwärmt oder daß Reibungselektrizität auftritt und die Lösung in Brand gerät.

Bei der oben geschilderten Verarbeitungsmethode ist der mechanische Abbau auf das geringste Maß beschränkt, es wird die höchste Homogenität erreicht, man kommt mit den kürzesten Lösungszeiten aus. An Stelle des Mischwalzwerkes werden auch manchmal Kneter verwendet, diese sind aber weniger günstig, da leicht Knollen beim Einarbeiten der Füllstoffe gebildet werden. Noch ungünstiger ist das Resultat, wenn das vorher zerkleinerte Oppanol B 200 zuerst gelöst wird und dann die angeteigten Füllstoffe eingerührt werden. Auf diese Verarbeitungsmethode werden nur solche Betriebe eingestellt, die über keine Mischwalzwerke und Kneter verfügen.

Besonders bei trockener, warmer Witterung neigt Oppanol B stark zu elektrostatischer Aufladung. Es müssen daher die Maschinen mit einer Dampfeinblasleitung versehen, gut geerdet und verkapselt werden, eventuell mit einer senkbaren Haube mit Stickstoff- oder Kohlensäureanschluß.

Mit Rücksicht auf die hohe Feuergefährlichkeit und der für verschiedene Industrien etwas komplizierten Herstellungsweise der Oppanollösungen wäre die Verwendung von Dispersionen sehr zu begrüßen. Zu der Vermeidung der genannten Schwierigkeiten kommen als weitere Vorteile dieser Arbeitsweise die Ersparung der Kosten für die teueren Lösungsmittel, für eine Lösungsmittelrückgewinnungsanlage und für Anlagen, welche zum Schutze der Arbeiter vor der gesundheitsschädigenden Wirkung des Lösungsmittel vorhanden sein müssen. Die Oppanol-B-Dispersion I (I. G.) zeichnet sich durch gute Wasserfestigkeit, Kältefestigkeit und Geschmeidigkeit aus. Da der Film jedoch etwas zu weich ist, müssen entweder größere Mengen Füllstoff oder Dispersionen anderer Kunststoffe, am besten Polymethacrylsäureester-Dispersionen, zugemischt werden, Infolge ·des Krieges konnte diese Dispersion, welche besonders für das Streichen von Textilien von Bedeutung gewesen wäre, von dem Werk Ludwigshafen der I. G. Farbenindustrie A. G. nicht in ausreichenden Mengen herausgebracht werden. Es wurde daher von der Kötitzer Wachstuchfabrik ein Verfahren zur Herstellung von Dispersionen des Oppanols ausgearbeitet, welches von einigen Betrieben, die über keine gut wirkenden Lösungsmittelrückgewinnungsanlagen verfügen, mit mehr oder minder großen Abänderungen ausgeführt wird. Die meisten dieser Dispergierungsverfahren bestehen aus folgenden Arbeitsprozessen: Das Oppanol B 200 wird auf dem Walzwerk bei der üblichen Temperatur, also ca. 150 bis 160° C mastiziert. Es wird dann mehrere Tage in Benzin (Siedepunkt 140 bis 180° C) quellen gelassen. In das vorgequollene Oppanol werden auf dem kalten Walzwerk die Füllstoffe eingearbeitet. Dann läßt man in Benzin (Siedepunkt 100 bis 140° C) nachquellen, was wieder einige Tage dauert. Das Walzwerk muß mit Wasserkühlung, Dämpfvorrichtung, guter Erdung und Notausrückung ausgestattet sein, da die Gefahr der Entstehung eines Brandes durch Reibungswärme oder statische Elektrizität sehr groß ist. Hierauf erfolgt die eigentliche Dispergierung in einem kühlbaren und gut geerdeten Knetwerk, das mit langsameren und schnellerem Gang versehen sein soll. Zuerst wird mit langsamem Gang homogenisiert, dann wird eine ammoniokalische Lösung von Kasein als Emulgator eingeknetet, eventuell unter Zusatz von Netzmitteln. Der Rest des Benzins wird vor oder nach dem Emulgator zugefügt. Dann wird mit dem Zusatz des Wassers begonnen. Sobald der Umschlagspunkt der Emulsion „Wasser in Oppanol" in die Dispersion „Oppanol in Wasser" erreicht ist, wird der schnellere Gang eingeschaltet. Man braucht insgesamt 1 Teil Benzin (Siedepunkt 100 bis 140° C) und

$^1/_2$ Teil Benzin (Siedepunkt 140 bis 180⁰ C) auf 1 Teil Oppanol. Das entsprechende Verhältnis bei Lösungen ist 7 bis 10 Teile Benzin auf 1 Teil Oppanol. Man kann also mit mehr oder minder großen Ersparnissen .an Benzin überall rechnen, wo keine sehr guten Rückgewinnungsanlagen vorhanden sind, selbst wenn zusätzliche Verdampfungsverluste bei der Herstellung der Dispersion möglich sind. Die Herstellung der Dispersionen erfordert aber ungefähr die gleichen Einrichtungen wie die Herstellung der Lösungen, so daß von Fall zu Fall entschieden werden muß, ob die eine oder die andere Methode günstiger ist. Im allgemeinen waren die Resultate in bezug auf die Eigenschaften der Fabrikate, insbesondere von gestrichenen Stoffen nicht oder nicht wesentlich schlechter als bei Verwendung von Lösungen.

2. Die Herstellung von gestrichenen und imprägnierten Geweben mit Lösungen und Dispersionen von Oppanolen.

Oppanol B 200 kann für die Herstellung vieler bisher mit Kautschuk gestrichener oder imprägnierter Gewebe Verwendung finden. Durch seine hervorragende Geschmeidigkeit und Elastizität, seine bis — 50⁰ C gute Kältefestigkeit, seine hohe Wärmefestigkeit ist es dem natürlichen und dem synthetischen Kautschuk mindestens ebenbürtig, dazu kommt außer der hohen Wasserfestigkeit und Gasundurchlässigkeit eine Chemikalienbeständigkeit, welche die des Kautschuks noch übertrifft. Der Hauptvorteil im Vergleich mit dem natürlichen und auch synthetischen Kautschuk ist in der sehr guten Alterungsbeständigkeit gelegen. Unter dem Einfluß von Licht, Sauerstoff und Wärme tritt keine Versprödung ein. Nur bei gleichzeitiger Einwirkung von Licht und Sauerstoff wird Oppanol B 200 oberflächlich depolymerisiert, und auch dies läßt sich durch Einarbeiten von Füllstoffen, noch besser aber durch Schutzschichten aus ‑Oppanol C, Plastopalen, Kombinationen von Nitrocellulose- und Alkydal-Lacken, welche den Zutritt von Sauerstoff verhindern, oder durch Aufbringen einer lichtundurchlässigen Schichte vermeiden. Durch diese guten Alterungseigenschaften unterscheidet sich Oppanol B 200 vorteilhaft von Kautschuk, aber auch von Nitrocellulose. Nachteilig für die Einsatzfähigkeit des Oppanols B 200 auf dem Gebiete der Herstellung von Kunstleder ist aber die schon früher erwähnte plastische Verformbarkeit unter anhaltendem Zug oder Druck, der sogenannte „kalte Fluß". Es ist daher schwer, durch Prägen eine dauerhafte Narbung zu erzeugen. Durch Füllstoffe oder Verschneiden mit Kautschuk sowie durch zähe Schlußstriche läßt sich dieser Übelstand mehr oder minder vermeiden. Oppanol B 200 ist weiters nicht öl- und benzinfest, es verhält sich also in dieser Beziehung wie Kautschuk.

Oppanol B 200 wird daher für die Herstellung von Kunstleder nur in beschränktem Maße eingesetzt. Sein Hauptverwendungsgebiet liegt in der Fabrikation von wasser- und gasdichten und chemikalienfesten Stoffen, wie Regenmantelstoffen, Schutzbekleidungsstoffen für die Industrie, Autoverdeckstoffen, wasserdichten Plachen usw. Im letzten Kriege wurden Gasschutzkleidungsstoffe und Gasmaskenstoffe in großen Mengen durch Streichen von Geweben mit Oppanol B 200 hergestellt. Für diese Zwecke eignet sich Oppanol B 200 außer durch seine Chemikalienfestigkeit besonders deshalb, weil es im Gegensatz zu anderen Kunststoffen keine Weichmacher braucht. Weichmacher und Lösungmittel bewirken aber den Transport von Gasen und flüssigen Stoffen, die in ihnen löslich sind, durch an sich gasdichte Filme hindurch. Es ist daher auch ein Einsatz des Oppanols B 200 für den industriellen Gasschutz zu erwarten. Ferner werden Betteinlagen und andere hygienische Artikel aus mit Oppanol B 200 gestrichenen Stoffen hergestellt. Für die Schuhindustrie können mit Oppanol B 200 Deckbrandsohlenstoffe und Ersatzstoffe für Schuhoberleder fabriziert werden. Infolge seiner günstigen elektrischen Eigenschaften eignet sich Oppanol B 200 auch zur Fabrikation von Kabelbändern.

Für Imprägnierungen wird Oppanol B 200 wenig verwendet, da die Mischungen zu viskos sind.

Das Streichen findet in der gleichen Weise wie bei Verwendung von Kautschuk und Buna statt. Am besten geeignet sind Spreadingmaschinen (Abb. 3), welche mit einer Absaugvorrichtung für die Lösungsmitteldämpfe und der Lösungsmittelrückgewinnungsanlage in Verbindung stehen. Weniger günstig sind die Spiraltrockenmaschinen (Abb. 2), bei denen die gestrichene Ware über Leitwalzen in Form einer Spirale bis zu einer in der Mitte befindlichen Umkehrwalze und dann wieder zurückgeführt wird, so daß ebenso wie bei den nach dem gleichen Prinzip gebauten Mansarden der Druckmaschinen die noch nicht trockene Seite des Gewebes mit den Leitwalzen nicht in Berührung kommt. Der Ausfall der Ware ist zwar sehr gut, nach den Erfahrungen des Verfassers ist die Brandgefahr bei diesen Maschinen aus folgenden Gründen größer als sonst. Durch die große Anzahl von Leitwalzen, über die der Stoff in der einen Richtung mit der Gewebeseite, in der anderen mit der Oppanolseite läuft, wird eine bedeutend stärkere Aufladung mit statischer Elektrizität bewirkt als bei Maschinen bei denen das Gewebe nur über wenige Leitwalzen ohne Spannung läuft. Durch die spiralförmige Anordnung der Warenbahn wird das Absaugen der dazwischen befindlichen Lösungsmitteldämpfe sehr erschwert, wodurch die Brandgefahr ebenfalls erhöht wird und auch die Rückgewinnung beeinträchtigt wird. Ferner werden Maschinen mit Trockentrommeln verwendet. Diese sind zwar vom Standpunkt der Lösungsmittelrückgewinnung und der Vermeidung von Bränden günstig, durch das rasche Verdampfen des Lösungsmittels entstehen aber kleine Dampfbläschen im Film, so daß er leicht undicht wird. Man soll daher derartige Maschinen nur für die ersten Striche verwenden, aber nicht für die Schlußstriche. Hängen sind zwar gut geeignet, die Rückgewinnung des Lösungsmittels ist aber erschwert.

Es soll darauf hingewiesen werden, daß die Brandgefahr eine wesentlich größere ist als bei anderen Kunststoffen, da das Oppanol eine besondere Neigung zur Bildung von statischer Elektrizität aufweist. Leider konnte bisher trotz aller Bemühungen von Seiten der kunststoffverarbeitenden Industrien wie auch der Maschinen- und Elektroindustrie keine vollständige Sicherheit gegen das Entstehen von Bränden oder gar von Explosionen bei der Verarbeitung von Oppanol gefunden werden. Die Streichmaschinen müssen daher gut geerdet und mit Dampfeinblasevorrichtungen versehen sein, welche besonders bei trockener Witterung in Betrieb sein müssen. Am günstigsten ist es, beim Ein- und Austrittsschlitz der Verschalung perforierte Dampfrohre anzubringen. Daneben muß auch der Feuchtigkeitsgehalt der Luft im Arbeitsraum ständig kontrolliert werden und durch Einblasen von Dampf oder Begießen des Fußbodens mit Wasser auf einer gewissen Höhe gehalten werden. Die relative Feuchtigkeit soll mindestens 50 % betragen. Außer der Erdung der Maschinenteile und der Erhöhung der Luftfeuchtigkeit erwiesen sich noch auf der Ware schleifende Metallbürsten und Metallketten, durch welche die statische Elektrizität von den schlecht leitenden Geweben abgeleitet wird, von guter Wirksamkeit. Die AEG versuchte, durch Luftionisation die Aufladung mit statischer Elektrizität zu verhindern. Da auch eine elektrische Aufladung des Arbeiters, welcher die Streichmaschine bedient, nicht ausgeschlossen ist, muß dieser ebenfalls geerdet sein; es ist besonders darauf zu achten, daß er keine Gummisohlen oder Sohlen aus einem anderen isolierenden Kunststoff hat. Selbstverständlich müssen die sonst in Räumen mit feuergefährlichen Dämpfen notwendigen Vorsichtsmaßnahmen getroffen werden.

Man kann die in üblicher Weise vorbereitete Ware mit der Luftrakel oder mit der Gummiband- bzw. Walzenrakel (Abb. 1), streichen, Vor allem für den ersten Strich ist es empfehlenswert, mit der Luftrakel zu streichen, um ein Durchschlagen der Mischung zu vermeiden, besonders, da sie für den ersten Strich dünner sein soll als für die späteren, um eine gute Haftung zu erzielen. Aus demselben Grund wird die Streichmasse für den ersten Strich mit wenig Füllstoff hergestellt. Die darauffolgenden Striche werden mit mehr Füllstoff ausgeführt, die letzten enthalten am meisten, um möglichst wenig klebende Oberflächen zu erreichen. Es genügt, wenn gut deckende Farbpigmente nur den letzten Strichen zugesetzt werden. Die Geschwindigkeit der Maschine richtet sich nach dem Trocknen der Schichte; da beim ersten Strich am meisten Lösungsmittel verdampft werden muß, wird dabei am langsamsten gefahren. Beim letzten Strich verwendet man am besten ein dünnes Messer, um eine glatte Oberfläche zu bekommen. Wenn auf beiden Seiten gestrichen werden soll, muß die eine Seite mit Talkum gepudert werden, um ein Zusammenkleben zu vermeiden, besonders wenn die Ware einige Zeit vor der Weiterverarbeitung liegen bleibt. Auch durch hohen Füllstoffgehalt, besonders an Talkum, läßt sich das Kleben weitgehend einschränken. Ein anderes, das Kleben verhinderndes Mittel ist das Lackieren mit Schellack oder „Wacker-Schellack" (Acetaldehyd-Harz) oder auch mit Nitrocelluloselacken. Es ist auch darauf zu achten, daß Oppanol die letzten Reste an Benzin hartnäckig zurückhält. Am besten kann man diese durch Aufhängen in einer Hänge mit guter Luftzirkulation entfernen.

Bei Verwendung von Benzinlösungen ist kein starker Gewebeeinsprung zu befürchten; sollte trotzdem ein Spannen des Gewebes notwendig sein, so muß dieses nach dem ersten Strich erfolgen, um eine Beschädigung des fertigen Filmes zu vermeiden. Man kann den ersten Strich auch auf einem Spannrahmen machen, verliert aber dabei das Lösungsmittel, wenn der Spannrahmen nicht an die Rückgewinnungsanlage angeschlossen ist.

Bei Waren, die doubliert werden sollen, ist das Kleben erwünscht, es wird daher nicht gepudert.

In der Praxis haben sich folgende Ansätze für gasdichte Stoffe gut bewährt:

Vorstrich: 18 kg Oppanol B 200
4 kg Talkum

Nach erfolgter Mastizierung und Mischung auf dem Mischwalzwerk werden 4 Chargen in der 9 bis 10fachen Menge (bezogen auf das Oppanolgewicht) Benzin, Siedepunkt 100 bis 140⁰ C, aufgelöst.

Zwischenstrich: 13 kg Oppanol B 200
13 kg Talkum

Nach erfolgter Mastizierung und Mischung auf dem Mischwalzwerk werden 6 Chargen in der 7 bis 8fachen Menge (bezogen auf das Oppanolgewicht) Benzin, Siedepunkt 100 bis 140⁰ C, aufgelöst.

Weißer Nachstrich: 3,50 kg Oppanol B 200
10,— kg Talkum
6,— kg Titanweiß (mit blauem Farbstoff angeblaut)

Nach erfolgter Mastizierung und Mischung auf dem Mischwalzwerk werden 5 Chargen in der 14fachen Menge (bezogen auf das Oppanolgewicht) Benzin, Siedepunkt 100 bis 140⁰ C, aufgelöst.

Schwarzer Nachstrich: 4 kg Oppanol B 200
18 kg Talkum
3 kg Ruß

Nach erfolgter Mastizierung und Mischung auf dem Mischwalzwerk werden 4 Chargen in der 20fachen Menge (bezogen auf das Oppanolgewicht) Benzin, Siedepunkt 100 bis 140⁰ C, aufgelöst.

Hellbrauner Nachstrich: 5,— kg Oppanol B 200
16,50 kg Talkum
8,— kg Lithopon
angefärbt mit 10 g Ruß
45 g Vulkanechtgelb GR
80 g Vulkanechtorange G

Nach erfolgter Mastizierung und Mischung auf dem Mischwalzwerk werden 3 Chargen in der 17fachen Menge (bezogen auf das Oppanolgewicht) Benzin, Siedepunkt 100 bis 140⁰ C aufgelöst.

Bei einem Gesamtgewicht des Filmes von 160 g/qm werden mit 3 Vorstrichen 50 g, mit 6 Zwischenstrichen 90 g, mit 2 Nachstrichen 20 g Trockensubstanz auf das Gewebe gebracht. Man kann auch mit weniger Strichen die gleiche Menge auftragen, dies geht aber auf Kosten der Gleichmäßigkeit des Filmes.

Schließlich wird ein dünner Lackstrich aufgetragen.

Außer durch Streichen können Gewebe in derselben Weise, wie bei Kautschuk beschrieben wurde, auf dem Gummikalander mit Oppanolfilmen beschichtet werden.

Die Verwendung von Dispersionen ist zumindest dort, wo man sie fertig beziehen kann, wesentlich einfacher. Die Haftfestigkeit und Wasserbeständigkeit des Filmes sind im allgemeinen weniger gut, aber immer noch als vollkommen brauchbar zu bezeichnen.

3. Die Mischpolymerisate des Isobutylens.

Im Anschluß an die Polyisobutylene sollen noch einige Mischpolymerisate besprochen werden. Durch Mischpolymerisation von Isobutylen mit Butadien erhält man ein Produkt, welches in den USA unter der Bezeichnung „Butyl" (Butyl Rubber) in großen Mengen hergestellt wird. Da es nach der Polymerisation noch Doppelbindungen enthält, besitzt es noch eine Vulkanisationsfähigkeit, so daß die typischen Kautschukeigenschaften in starkem Maße ausgeprägt sind. Vor Naturkautschuk und auch vor Buna zeichnet sich dieses Produkt durch seine guten Alterungseigenschaften, seine hohe Lichtbeständigkeit und seine große Widerstandsfähigkeit gegen Chemikalieneinwirkung aus; diese günstigen Eigenschaften verdankt es der Isobutylen-Komponente. Infolge des Anteiles an Isobutylen ist aber die Vulkanisationsgeschwindigkeit sehr gering; als Spezialbeschleuniger wird das sonst nicht verwendete Chinondioxim benützt. Die Vulkanisationsgeschwindigkeit ist im Verhältnis zu der von Naturkautschuk so gering, daß Butyl Rubber mit Naturkautschuk nicht gemischt werden kann. Durch Mischen mit Naturkautschuk wird die Vulkanisationsfähigkeit des Butyl Rubber vernichtet, da man nur eine weiche Masse mit harten Klumpen erhält. Ein analoges Produkt war das Oppanol U der I. G. Farbenindustrie A. G., welches aber vor Kriegsende nicht mehr über das Entwicklungsstadium hinausgelangte (India Rubber Journal 1948, 5, 151).

Mischpolymerisate von Styrol und Isobutylen wurden von der Standard Oil Co. unter den Bezeichnungen „S-Polymer“ und „Stylene“ herausgebracht. Sie besitzen neben plastischen Eigenschaften auch kautschukartige, insbesondere Dehnbarkeit und Elastizität. Die Wasser- und Gasdurchlässigkeit sind gering. Auch die Wasserabsorption ist gering. Sie sind außerordentlich beständig gegen Sonnenlicht und ultraviolette Strahlen; überhaupt ist die Widerstandsfähigkeit gegen Witterungseinflüsse eine sehr hohe. Sie sind in hohem Maße hitzebeständig. Sie sind ebenso wie die Polymerisate des reinen Isobutylens infolge des Mangels an Doppelbindungen nicht vulkanisierbar. Sie können mit starker Salpetersäure nitriert, mit starker Schwefelsäure sulfuriert, mit Chlorgas chloriert und mit Kohlenwasserstoffen alkyliert werden. Sie sind in aliphatischen, aromatischen und chlorierten Kohlenwasserstoffen sowie in Fettsäuren (z. B. in Öl- oder Stearinsäure) löslich (Rubber Age 1947, Nov., 187).

Andere Mischpolymerisate aus Styrol und Isobutylen sind die Oppanole O, OGR, OK, OG).

C. Die Verwendung des Polyvinylchlorids (Igelit) und des Polyvinylidenchlorids.

Lit.: Scheiber, Chemie und Technologie der künstlichen Harze, Stuttgart 1943. — R. Houwink, Chemie und Technologie der Kunststoffe, Leipzig 1942. — Kluckow, Verarbeitung von Kautschuk, Kunstkautschuk und weichgummiähnlichen Kunststoffen, Berlin 1941. — I. G. Farbenindustrie A. G., Igelit PCU Pasten, 1942. — I. G. Farbenindustrie A. G., Kunststoffe, Taschenbuch für die verarbeitende Industrie, 1942. — Simonds-Ellis, Handbook of Plastics, 7. Aufl., New York 1946. — F. Weiß, Textilrundschau, 1948, 3, S. 69—76.

Weitere Kunststoffe, bei denen besonders gummiartige Eigenschaften ausgeprägt erscheinen, sind Polyvinylchlorid, seine höher chlorierten Derivate und Mischpolymerisate aus Vinylchlorid und

Vinylacetat. Die Darstellung des Polyvinylchlorids wird vorwiegend in Emulsion ausgeführt, indem Vinylchlorid in Wasser emulgiert unter Zusatz von Peroxydbeschleunigern der Einwirkung von Wärme ausgesetzt wird. Die I. G. Farbenindustrie A. G. hat das Polyvinylchlorid unter dem Namen „Igelit" in drei verschiedenen Typen herausgebracht: 1. Igelit PCU, ein unverändertes Polymerisat des Vinylchlorids mit einem Chlorgehalt von 53 bis 55%; 2. Igelit PC, ein durch nachträgliche Chlorierung höher chloriertes Produkt mit einem Chlorgehalt von 64 bis 66%; 3. Igelit MP, ein Mischpolymerisat aus 80% Vinylchlorid, entsprechend einem Chlorgehalt von 44 bis 46,5%, und 20% Vinylacetat. Die entsprechenden Produkte heißen in den angelsächsischen Ländern „Koroseal", „Geon" (B. F. Goodrich, Chemical Company) und „Vinnylite". Handelsbezeichnungen für Fabrikate und Halbfabrikate aus Polyvinylchlorid sind: Luvitherm-Folien und Vinifol, Vinidur (Halbfabrikate, die mit spanabhebenden Werkzeugen oder durch Verformung in der Wärme behandelt werden können, wie Stangen, Röhren, Platten und Profile); Astralon sind Folien und Mipolam sind Halbfabrikate aus Mischpolymerisaten.

An die Polymerisate des Vinylchlorids schließen sich die von den Amerikanern entwickelten des Vinylidenchlorids an, welche unter der Bezeichnung „Saran" im Handel sind. Das Vinylidenchlorid ($Cl_2C = CH_2$) enthält die doppelte Chlormenge wie Vinylchlorid. Außerdem stehen Mischpolymerisate von Vinyl- und Vinylidenchlorid in Verwendung.

Diese Polymerisate haben sich einen wichtigen Platz in der Erzeugung von Lederaustauschstoffen und anderen gestrichenen Geweben erobert, sie sind ferner das Ausgangsmaterial für eine Reihe synthetische Fasern geworden („PC-Faser", „Vinyon", „Saran", „Velon", „Sapphire" usw.).

Ihre sonstigen Verwendungsgebiete sind äußerst vielseitig. Infolge ihrer guten elektrischen Isoliereigenschaften werden Rohre, Stangen, Platten und Folien in der Elektroindustrie viel verwendet. Ihre außergewöhnlich hohe Beständigkeit gegen Chemikalieneinwirkung ist die Veranlassung für ihre weitgehende Verwendung im Apparatebau für die chemisch-technische Industrie. Ein weiteres Einsatzgebiet ist die Fabrikation von Automobilen und anderen Fahrzeugen. Ihre hervorragende Alterungsbeständigkeit, die große Beständigkeit gegen Chemikalien, die absolute Wasserfestigkeit, die leichte Verarbeitungsmöglichkeit, indem man Formstücke aus Polyvinylchlorid unter Ausnützung der thermoplastischen Eigenschaften wie Metalle schweißen kann, machen sie für diese Verwendung besonders geeignet. Außerdem werden unzählige Gegenstände, welche früher von der Kautschukindustrie nur aus Weichgummi hergestellt wurden, erzeugt, wie Schuh-

sohlen, Handschuhe, Stiefel, Schürzen, Badeschwämme, Fußboden-
belag, Schläuche, Folien usw.

1. Allgemeines über Polyvinylchloride.

Die Vinylchloridpolymerisate haben eine hohe Beständigkeit gegen
schwache und starke Alkalien, anorganische Säuren und Öle; die Mischpolymerisate sind weniger beständig. Polyvinylchlorid ist vollständig
fäulnis- und verrottungsfest. Die Naßfestigkeit ist größer als die
Trockenfestigkeit. Besonders die nachchlorierten Produkte zeichnen
sich durch diese Eigenschaften aus. (Aus diesen werden die PC-Fa-
sern hergestellt.) In Estern, Ketonen, aromatischen Kohlenwasserstoffen, Halogenkohlenwasserstoffen, Schwefelkohlenstoff, Pyridin
und verschiedenen organischen Säuren wie Eisessig sind die Polyvinylchloride löslich oder quellbar, jedoch nicht in Alkoholen und
aliphatischen Kohlenwasserstoffen. Die Mischpolymerisate sind weniger beständig gegen die Einwirkung von Chemikalien. Ihr Vorteil
liegt in der Verarbeitbarkeit bei niedrigeren Temperaturen. Die nachchlorierten Produkte haben eine größere Löslichkeit (Igelit PC).

Das reine Polyvinylchlorid (Igelit PCU) ist ein weißes, geruch- und
geschmackloses, in Wasser vollkommen unlösliches Pulver, das infolge seines hohen Gehaltes an Chlor flammenwidrig ist, d. h. es
brennt nicht mehr, sobald die Flamme entfernt wird. Es hat typisch
thermoplastische Eigenschaften; es beginnt oberhalb von 80⁰ C zu erweichen und wird unter Druck oberhalb von 145⁰ C zähflüssig.

Die Verwendung von Polyvinylchloridlösungen ist von untergeordneter Bedeutung; als PC-Klebelösungen werden sie zum Verkleben von Folien, Rohren und anderen Formkörpern aus Polyvinylchloriden und anderen Kunststoffen verwendet. Außerdem finden
sie als Lacke eine gewisse Verwendung, besonders auf aus Polyvinylchloriden hergestellten Gegenständen. Auch die Verwendung der
wässerigen Dispersionen von Polyvinylchloriden ist eine beschränkte
und hat bisher bei weitem nicht die Bedeutung erlangt wie bei den
Polyacryl- und Polymethacrylsäureestern, den Polyvinylacetaten und
den Polybutadienen.

Die wichtigste Verarbeitungsmethode ist die Verformung mit
weichmachenden Substanzen bei höherer Temperatur, gegebenenfalls
unter Druckerhöhung.

2. Allgemeines über die Verarbeitung der Polyvinylchloridpasten.

Polyvinylchlorid und seine Mischpolymerisate lassen sich mit
Weichmachern zu weichgummiartigen Massen verarbeiten. Die Polyvinylchloride werden in den Weichmachern dispergiert, wobei je nach
der Verarbeitungsweise entweder bröckelige Massen oder Pasten ent-

stehen. Erst bei entsprechend hohen Temperaturen tritt eine Gelatinierung ein, wobei der Kunststoff seine wertvollen mechanischen Eigenschaften erhält. Man unterscheidet folgende zwei Verarbeitungsmethoden: 1. Das mit einem Weichmacher vermischte Polyvinylchlorid wird unter Druck bei Temperaturen zwischen 160 und 180⁰ C auf Walzwerken, Kalandern und Schneckenpressen homogenisiert und gelatiniert. Dann wird unter Druck bei 160⁰ C auf Kalandern, Walzwerken, Pressen, Schlauchspritzmaschinen usw. verformt. 2. Das mit einem Weichmacher vermischte Polyvinylchlorid wird bei Temperaturen um 20⁰ C ohne Druck auf Walzwerken, Farbreibmaschinen, Knetwerken und anderen hochwirksamen Maschinen homogenisiert und bei 160⁰ C ohne Druck in Heizkanälen, Heizschränken und Heizkesseln, bei Tauchartikeln auch in heißem Öl gelatiniert. Für die Textilindustrie ist das zweite Verfahren von größerer Bedeutung.

Durch Dispergierung des Igelit PCU in Weichmachern erhält man Pasten, welche sich in einfacher Weise weiterverarbeiten lassen. Ihre hauptsächliche Verwendung finden sie bei der Herstellung von gestrichenen Stoffen und Papier, von Formartikeln durch Gießen und von Tauchartikeln. Bei der Herstellung von Formartikeln wird die Igelit-Paste in die entsprechende Form gegossen und dann der später beschriebenen Wärmebehandlung unterzogen, wobei ohne Druck gearbeitet wird. Durch Zufügen von Treibmitteln werden schwammartige, poröse Fabrikate erzeugt. In ähnlicher Weise werden durch Eintauchen von Formen in die Pasten mit anschließender Wärmebehandlung Tauchartikel wie Handschuhe hergestellt.

Derartige Pasten werden von den Herstellerfirmen fertig geliefert. Die Selbstherstellung bereitet keine wesentlichen Schwierigkeiten. Die Pasten aus Igelit PCU werden folgendermaßen hergestellt: Igelit PCU, die Weichmacher, gegebenenfalls auch die Füllstoffe und die Farbstoffe, werden auf einer Mischmaschine, z. B. einem Knetwerk, miteinander vermischt. Nach erfolgter Mischung wird auf einem Dreiwalzenstuhl mit kühlbaren Walzen oder auf einer nicht zu eng gestellten Farbmühle homogenisiert. Es ist dabei sorgfältig darauf zu achten, daß eine Erhitzung der Paste durch Reibungswärme vermieden wird, da die Paste sonst aus Ursachen, die später näher beschrieben werden, in einen nicht mehr weiter verarbeitbaren Zustand übergeht. Eine Erwärmung auf 40⁰ C ist manchmal von Vorteil, da dadurch die Bindung der Weichmacher an das Igelit verbessert wird und auch die zum Streichen notwendige Viskosität erreicht wird.

Die Pasten zeigen die bemerkenswerte Eigenschaft, bei Temperaturen von 160⁰ C in einen weichgummiartigen oder lederartigen Zustand überzugehen. Diese Umwandlung ist eine Gelatinierung, die nicht mehr umkehrbar ist. Die einmal gelatinierte Masse kann nicht mehr in die Paste zurückverwandelt werden. Ohne diese Wärmebehandlung fehlen dem Igelit die hohen Festigkeitseigenschaften; man erhält ohne Wärmebehandlung nur eine bröckelige Masse ohne jede innere Bindung. Erst durch Erwärmen auf mindestens 160° C erreicht man den hochelastischen Zustand. Dabei nimmt das Polyvinylchlorid den Weichmacher unter Bildung eines Stoffsystems mit physikalisch-chemisch charakteristischen Eigenschaften auf. Die thermoplastischen Eigenschaften der Kombination Polyvinylchlorid-Weichmacher bleiben auch nach der Gelatinierung bestehen. Es ist daher eine nachträgliche Verformung unter Druck und Wärme möglich. Bei dieser Wärmebehandlung bleiben die Weichmacher fast zur Gänze in der Mischung, nur ein geringer Teil verdampft. Die Gelatinierung beginnt schon bei niedrigerer Temperatur. Dies ist bei der Herstellung der Pasten und der Mischungen mit Füllstoffen zu beachten, ebenso bei der Lagerung. In kühlen Räumen ist aber die Haltbarkeit der Pasten eine sehr gute. Bei Temperaturen unter Zimmertemperatur werden die Pasten zähflüssiger, durch Erwärmen auf Zimmertemperatur können sie wieder dünnflüssiger gemacht werden. Zu hohes Erwärmen muß dabei wegen der Gefahr der Gelatinierung begreiflicherweise vermieden werden. Pasten können auch durch geringe Zusätze von Igelit MP (Mischpolymerisat), das an sich zur Herstellung von Pasten nicht geeignet ist, da diese zu zähflüssig werden, verbessert werden. Ein Zusatz von Lösungsmitteln bei der Pastenherstellung ist im allgemeinen nicht notwendig, nur dort, wo man mit sehr wenig Weichmacher arbeitet, wird der Zusatz von Lösungsmitteln notwendig. Es muß noch darauf hingewiesen werden, daß die Gelatinierfähigkeit der Weichmacher verschieden ist; manche wie das Palatinol C gelatinieren das Igelit sehr leicht; deshalb sind derartige Pasten mit besonderer Vorsicht zu behandeln und möglichst bald zu verarbeiten.

Bei längerem Stehen werden die Pasten oft von selbst zähflüssiger. Durch Rühren lassen sie sich wieder in einen dünnflüssigen Zustand bringen. Diese als Thixotropie bezeichnete Erscheinung, welche auch an anderen viskosen Massen beobachtet wurde, darf mit der Gelatinierung nicht verwechselt werden.

Sowohl bei der Abkühlung als auch beim Erwärmen tritt eine Steigerung der Viskosität ein. Während erstere durch Erwärmen auf Raumtemperatur wieder zurückgeht, ist letztere irreversibel und stellt den Beginn der Gelatinierung dar.

Im folgenden sind die wichtigsten Weichmacher, welche sich durch gute Verträglichkeit und gutes Gelatiniervermögen mit Polyvinylchlorid auszeichnen, sowie die Eigenschaften der Filme angeführt:

Elaol 1 (höherer Ester). Filme besitzen gute mechanische Eigenschaften, sehr gute Kältefestigkeit und gute Wärmebeständigkeit.

Mesamoll (Phenol- und Kresolester der Pentadecylsulfosäure). Filme besitzen gute mechanische Eigenschaften, gute Kältefestigkeit und sehr gute Wärmebeständigkeit. Mesamoll entspricht in seinen Eigenschaften Trikresylphospat.

Palatinol AH (Phtalsäureester). Filme besitzen hochwertige mechanische Eigenschaften, ausgezeichnete Kältefestigkeit und sehr gute Wärmefestigkeit. Die Filme stehen in der Mitte zwischen den mit Palatinol K und Palatinol F erhaltenen.

Palatinol C (Dibutylphtalat). Filme besitzen gute mechanische Eigenschaften, gute Lichtbeständigkeit, gute Kältefestigkeit, aber nur unvollkommene Wärmebeständigkeit, da der Weichmacher bei höherer Temperatur etwas flüchtig ist; er soll daher nicht allein verwendet werden.

Palatinol F (Phtalsäureester). Filme besitzen gute mechanische Eigenschaften, ausgezeichnete Kältefestigkeit und sehr gute Wärmebeständigkeit. Man erhält mit verhältnismäßig kleinen Weichmachermengen kältefeste Filme mit sehr guten Festigkeitseigenschaften.

Palatinol HS (Pthalsäureester). Filme besitzen gute mechanische Eigenschaften, sehr gute Kältefestigkeit, jedoch geringere Wärmebeständigkeit als Palatinol AH, Palatinol F und Trikresylphosphat. Bei Temperaturen von 70⁰ C wird es merklich flüchtig und eignet sich daher nicht für Gegenstände, die dieser Temperatur längere Zeit ausgesetzt werden.

Palatinol K (Phtalsäureester). Filme besitzen gute mechanische Werte und gute Kältefestigkeit, jedoch keine vollkommene Wärmebeständigkeit. Die Lichtbeständigkeit ist gut.

Palatinol O (Dimethylglykolphtalat). Filme besitzen gute mechanische Eigenschaften, gute Lichtechtheit, gute Kältefestigkeit, bei höherer Temperatur ist aber der Weichmacher etwas flüchtig.

Plastomol KF. Filme besitzen gute mechanische Eigenschaften, ausgezeichnete Kältefestigkeit, nicht ganz befriedigende Wärmebeständigkeit. Der Weichmacher soll nur in Mischung mit anderen Weichmachern verwendet werden.

Trikresylphosphat. Filme besitzen sehr gute mechanische Eigenschaften, ziemlich gute Kältefestigkeit, sehr gute Wärmebeständigkeit, Unbrennbarkeit und geringe Lichtechtheit.

Außerdem werden noch Plastomoll TV, ein Ester der Thiodibuttersäure $(C_7H_{15}O.CO.CH_2.CH_2.CH_2)_2S$, Plastomoll TB, der entsprechende Ester der Thiodibuttersäure mit Buthylenglykol und Vulkanol B (Benzylnaphtalin) als Weichmacher verwendet.

Nach Dr. Kling, Ludwigshafen (Brit. Plastics, 1947, 147), sind Größe und Form der Weichmachermoleküle und die polare Konzentration von Einfluß auf die Eignung als Weichmacher. Ohne polare Gruppe im Weichmachermolekül ist keine genügende Affinität zwischen Polyvinylchlorid und Weichmacher vorhanden.

Je viskoser ein Weichmacher ist, desto geringer ist seine Eignung zur Herstellung von kältefesten Mischungen. Eine Ausnahme bilden nur Triphenyl- und Trikresylphospat. Ester mit geraden aliphatischen Ketten ergeben besser kältefeste Mischungen als solche mit verzweigten Ketten. Bei diesen sind die elektrischen Eigenschaften besser.

Durch Zusammenstellen von verschiedenen Weichmachern lassen sich oft bessere Eigenschaften erzielen, als dies mit den einzelnen Weichmachern möglich ist. In Weichmachergemischen ergänzen sich einzelne Weichmacher sehr vorteilhaft. Es treten eutektische Erhöhungen der Eigenschaften ein. Besonders die mangelnde Wärmebeständigkeit mancher Weichmacher kann durch Mischen mit wärmebeständigen Weichmachern aufgehoben werden. Da die Zerreißfestigkeit mit steigender Kältefestigkeit zurückgeht, soll nur auf eine den Erfordernissen entsprechende Kältefestigkeit hingearbeitet werden. Eine Kälteschlagfestigkeit von — 10 bis — 15⁰ C kann bei Folien von 0,5 mm Dicke in folgenden Mischungsverhältnissen mit Igelit PCU nach Angabe der I. G. Farbenindustrie A. G. erreicht werden:

60 Teile Igelit PCU	40 Teile	Trikresylphosphat
60 „ „ „	40 „	Mesamoll
65 „ „ „	35 „	Plastomoll KF
65 „ „ „	35 „	Plastol DG
70 „ „ „	30 „	Palatinol C
70 „ „ „	30 „	Palatinol K
72 „ „ „	28 „	Palatinol AH
75 „ „ „	25 „	Palatinol F

Falls eine Verringerung der Viskosität der Pasten notwendig ist, kann dies durch Zusatz von Lösungsmitteln geschehen, die mit den Weichmachern mischbar sind. Nach Angaben der I. G. Farbenindustrie A. G. darf in diesen Igelit PCU nicht löslich oder quellbar sein; es werden besonders Benzin und Tetrachlorkohlenstoff empfohlen.

Die Lösungsmittel müssen vor der Gelatinierung durch Erhitzen auf Temperaturen unter 100⁰ C entfernt werden, damit keine Blasenbildung eintreten kann. Im allgemeinen wird man ohne Lösungsmittel auszukommen trachten, besonders da ein Hauptvorteil in der Verarbeitung des Polyvinylchlorides darin besteht, daß man sich die teuren Lösungsmittel und ihre Rückgewinnung in komplizierten Rückgewinnungsanlagen ersparen kann.

Füllstoffe sollen nur in·Mengen von höchstens 30 Teilen auf 100 Teile Paste verwendet werden, da sonst die Pasten ihre Streich- und Gießfähigkeit verlieren. Die Festigkeitseigenschaften können nicht wie bei Kautschuk und Buna durch aktive Füllstoffe erhöht werden.

Durch den Zusatz von verschiedenen Weichmachern und durch Abänderung des Mischungsverhältnisses lassen sich die Eigenschaften des Fertigproduktes in weiten Grenzen variieren. Man hat es so in der Hand, die Eigenschaften des Fertigproduktes den Verwendungszwecken anzupassen. Im allgemeinen gilt die Regel, daß der Weichheitsgrad im umgekehrten Verhältnis zu den Festigkeitseigenschaften steht, oder mit anderen Worten, je mehr Weichmacher zugesetzt werden, desto mehr geht die Festigkeit zurück.

Igelitfabrikate haben die Eigenschaft, bei niedrigeren Temperaturen hart und weniger elastisch zu sein. Durch Zusatz geeigneter Weichmacher läßt sich dieser Übelstand in mehr oder minder hohem Maße vermeiden. Fertigprodukte, welche auch bei niedrigeren Temperaturen weich und elastisch bleiben, werden als kältefest bezeichnet. Die Kältefestigkeit ist in weitem Maße von den verwendeten ˙Weichmachern abhängig. Die Kältefestigkeit steht im Zusammenhang mit der Weichheit, einer Erhöhung der Kältefestigkeit entspricht daher eine Verminderung der Zerreißfestigkeit. Für einige der bekannteren Weichmacher ergibt sich folgende Reihenfolge, bei der die Kältefestigkeit steigt und die Zerreißfestigkeit sinkt:

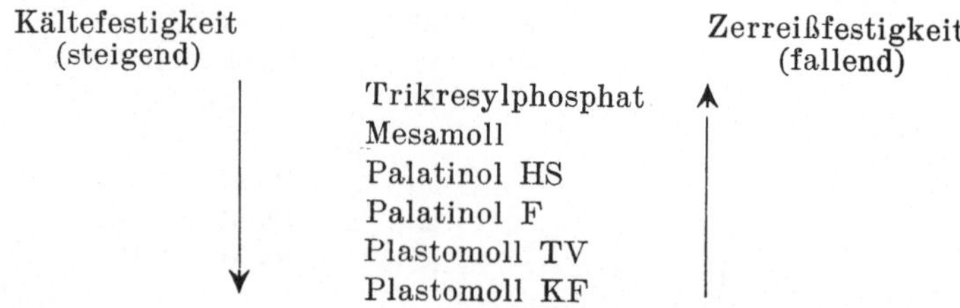

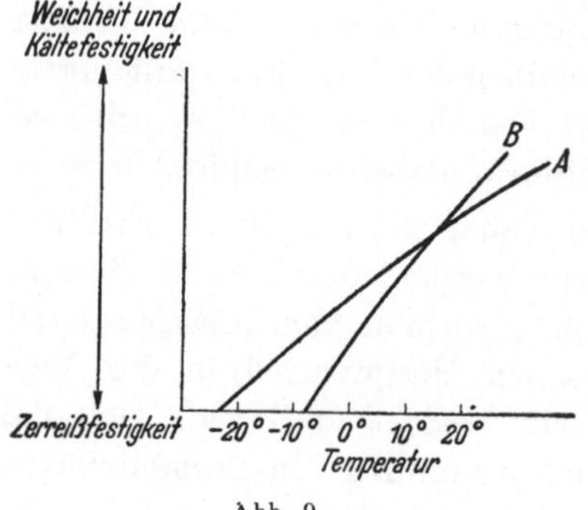

Abb. 9.

Man kann das Verhalten von zwei verschiedenen Weichmachern, die mit A und B bezeichnet sind, durch nebenstehendes Schema veranschaulichen.

Daraus folgt:

1. Je größer die Weichheit ist, desto geringer ist die Zerreißfestigkeit.

2. Aus dem Verhalten eines Weichmachers oder einer Kombina-

tion von Weichmachern bei höheren Temperaturen lassen sich nicht unbedingt Schlüsse auf ihr Verhalten bei niedrigeren Temperaturen ziehen. Es kann der Fall eintreten, daß die eine Kurve die andere schneidet. In diesem Falle existiert eine Temperatur, bei der beide Kombinationen gleiche Eigenschaften zeigen. Durch Veränderung der Mengen lassen sich die Kurven verschieben.

Die Reißfestigkeit und Dehnung sowie die Kältefestigkeit werden durch Zusatz von Füllstoffen eher verschlechtert; . Ruß kann aber durch Adsorption von Weichmachern die Festigkeitseigenschaften scheinbar erhöhen.

Als Farbstoffe werden verschiedene anorganische wie Ultramarin, Eisenoxyd, Titanweiß usw., ferner organische Pigmentfarbstoffe verwendet. Die I. G. Farbenindustrie A. G. hat unter der Bezeichnung PV-Farbstoffe eine Reihe von Farbstoffen herausgegeben, welche die erforderliche Beständigkeit gegen die zum Gelatinieren notwendige Hitzeeinwirkung besitzen.

Die Füllstoffe und Farbstoffe werden am besten mit möglichst wenig Weichmacher zu einer Paste angerührt, dann abgerieben und der Paste beigemischt. Sie können aber auch direkt in die Paste gemischt werden.

Vor der Verwendung sollen die Pasten einige Zeit stehen, damit Entlüftung eintreten kann. Man kann sehr gut entlüften, indem man die Pasten durch ein zugespitztes Rohr in ein evakuiertes Gefäß laufen läßt.

Die Gelatinierung kann durch heiße Luft oder Wärmestrahlung erfolgen, bei Form- und Tauchkörpern auch durch heißes Öl. Die Dauer der Gelatinierung hängt von der Wärmekapazität der Formen und Unterlagen ab und von der Dicke der Schichte. Grundsätzlich muß die Temperatur von 160° C in allen Teilen erreicht werden, um die optimalen Eigenschaften zu erhalten. Man wird daher die Heizkanäle und Heizschränke auf höhere Temperaturen, wenn möglich auf 180 bis 200° C anheizen. Die Erreichung dieser hohen Temperaturen ist mit gewissen Schwierigkeiten verbunden, wenn man nicht über eine Kesselanlage mit entsprechend hohem Druck verfügt. Immerhin läßt sich durch Einbau von elektrischen Heizkörpern oder Gasheizung diese Temperatur erreichen, wenn man nicht ohnehin vom Dampfkessel entsprechend hochgespannten Dampf erhält. Geringe Überhitzungen schaden nicht und sind in Kauf zu nehmen, um auch in allen Teilen vollständig gelatinierte Fabrikate zu erzielen. Langandauernde, geringe oder kurze, starke Überhitzungen müssen aber vermieden werden, da sonst die Gefahr einer Zersetzung des Polyvinylchlorids besteht. Gut durchgelatinierte farb- und füllstofffreie

Filme weisen ein transparentes Aussehen auf und sind schwach bräunlich gefärbt, zu wenig gelatinierte sind milchig trüb und hellfarbig, zu lang oder zu hoch erhitzte sind dunkel gefärbt oder gar schwarz.

Bis zu einem gewissen Grad kann durch Erhöhung der Temperatur die Zeitdauer abgekürzt werden, es ist aber zu beachten, daß bei der kürzeren Einwirkung von höheren Temperaturen die Gefahr, nicht die genau richtige Behandlungszeit einzuhalten, vergrößert wird. Nach der Gelatinierung haben die Fabrikate bei normalen Temperaturen eine weichgummi- oder lederartige Beschaffenheit, je nach der Art des Weichmacherzusatzes. Diese äußerlich erkennbare Beschaffenheit und die mechanischen Prüfungen sind das Kriterium für eine gut durchgeführte Gelatinierung. Bei einer Schichtdicke von 0,5 mm muß man in einem Heizkanal mit einer Temperatur von 180⁰ C mit einer Dauer von 4 bis 6 Minuten rechnen.

3. Die Herstellung von gestrichenen Geweben mit Polyvinylchloridpasten.

Unter allen derzeit verwendeten Kunststoffen eignet sich Igelit infolge seiner guten mechanischen Eigenschaften und seines leder- oder weichgummiartigen Charakters am besten zur Herstellung von gestrichenen Stoffen der verschiedensten Art. Außer Textilien kann auch Papier in der gleichen Weise verarbeitet werden. Die wichtigsten Einsatzgebiete des Igelit im Streichverfahren auf Textilien sind Lederaustauschmaterialien, wasserdichte und chemikalienbeständige Bekleidungsstoffe, Verpackungsstoffe, Stoffe für Schuhoberteile, Verdeckstoffe, Tischbelagstoffe, Faltbootstoffe, Treibriemen usw. Es handelt sich also sowohl um Stoffe, die nur gestrichen werden, als auch um solche, welche gestrichen und doubliert werden. Neben dem wesentlich wichtigeren Streichverfahren wird ein Gießverfahren und ein Walzenlackierverfahren ausgeübt. Das Streichverfahren wird in der allgemein bekannten Weise ausgeführt, bei dem Gießverfahren wird die Paste durch einen Schlitz auf die darunter über eine Walze laufende Ware aufgetragen (Abb. 10, 11). Mit Igelit beschichtete Gewebe können auch auf dem Gummikalander ohne Anwendung von Pasten hergestellt werden; dieses Verfahren, das an einer späteren Stelle beschrieben wird, eignet sich für Textilbetriebe im allgemeinen nicht und entspricht den in der Gummiindustrie gebräuchlichen Arbeitsmethoden (Abb. 8).

Das Arbeiten mit Igelit-Pasten erfordert zwar auch gewisse Erfahrungen, entspricht aber den in der Textilveredlung üblichen Arbeitsmethoden. Auch in maschineller Hinsicht sind die Schwierigkeiten nicht unüberwindlich. Die zur Herstellung der Pasten notwen-

digen Einrichtungen wurden früher beschrieben. Die Streichanlagen
können sowohl als Gummiband- (oder Gummiwalzenrakel), als auch
als Luftrakel ausgebildet werden (Abb. 1). Es kann mit einer oder
zwei hintereinander stehenden Rakeln gearbeitet werden.

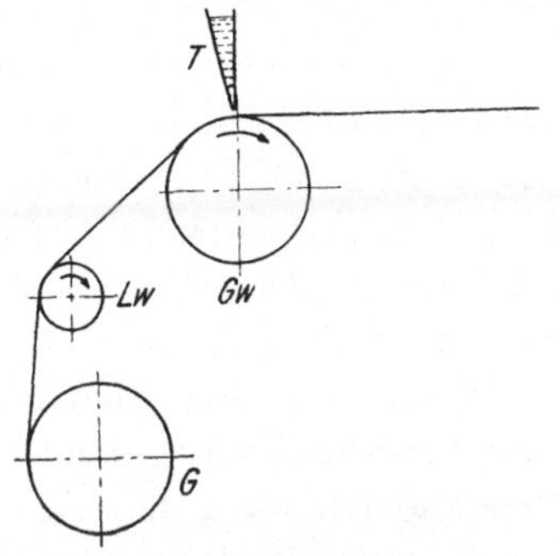

Abb. 10. Schema des Walzengieß-
verfahrens.
T Trichter mit Streichmasse; *Gw* Gummiwalze; *Lw* Leitwalze; *G* Gewebe.

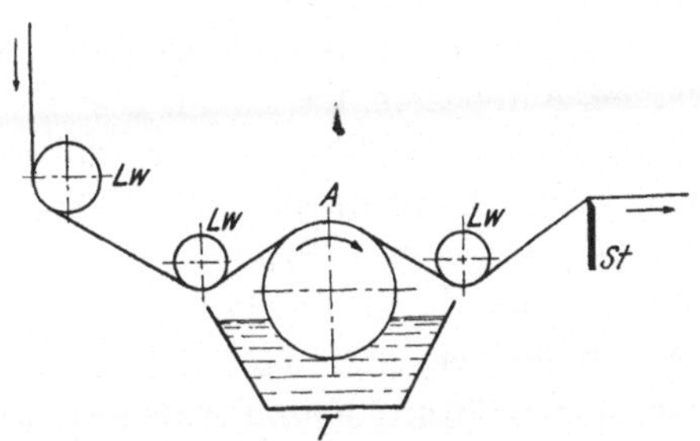

Abb. 11. Schema des Walzenlackierverfahrens.
T Trog mit Streichmasse; *A* Auftragwalze; *St* Streichmesser; *L* Leitwalzen.

An die Streichanlage ist eine Heizanlage angebaut. In dieser wird
die Paste, so weit verfestigt, daß eine Weiterverarbeitung möglich ist.
Dazu ist noch nicht die volle Gelatinierungstemperatur notwendig.
Es genügen 130° C vollkommen, notfalls sogar weniger. Nur muß man
dann sehr langsam fahren. Auf jeden Fall muß aber die Schichte
so weit verfestigt sein, daß sie nicht mehr verletzt werden kann und
beim Aufrollen nicht mit der Rückseite zusammenklebt. Erst beim
letzten Strich wird der Heizkanal auf die volle Temperatur erhitzt.
Die Heiztemperatur soll 180° C und darüber betragen, notfalls kommt
man aber auch mit etwas niedrigeren Temperaturen bei entsprechend
langer Einwirkungsdauer aus. Oft wird man ein Kompromiß treffen
müssen und die Arbeitsgeschwindigkeit auf Kosten der nicht vollständig zu erreichenden Temperatur verringern müssen. Der Heizkanal ist nach Art der Kanaltrockner gebaut, die Heizung wird durch
Heizschlangen, Kalorifere oder auf elektrischem Wege bewerkstelligt.
Die Maschinenfabrik Köbig in Radebeul bei Dresden baut derartige
Heizkanäle speziell für den vorliegenden Zweck. Die Ware läuft über
Transportwalzen mit der Rückseite, so daß eine Beschädigung der
Schichte nicht zu befürchten ist. Durch eine sinnreiche Vorrichtung
wird es ermöglicht, die Ware nur einmal oder durch Einschalten einer
Umleitrolle dreimal den Kanal passieren zu lassen. Nach dem Aus-
tritt aus dem Kanal sind Kühlwalzen angebracht, damit beim Auf-
rollen die in der Wärme plastische Schicht nicht mit der Rückseite
zusammenklebt. An Stelle eines Heizkanals kann auch eine Heiz-

trommel, welche entsprechend verschalt wird, Verwendung finden. Es muß eine Abzugvorrichtung für die entweichenden Weichmacherdämpfe vorgesehen werden (Abb. 4).

Die Narbung und Glättung der gestrichenen Ware findet am besten gleich nach der Gelatinierung statt, solange die Igelitschichte noch heiß genug ist, um die nötige Plastizität zu besitzen. Wenn möglich, soll die Temperatur der Igelitschichte 150 bis 160⁰ C betragen. Die Glättungswalzen sollen 80 bis 100⁰ C heiß sein, während die Narbungswalzen am besten kalt sind. Es ist auf jeden Fall wichtig, daß die Igelitschichte die Temperatur, die zum Plastifizieren notwendig ist, besitzt, was nicht durch heiße Walzen erreichbar ist. Durch zu heiße Walzen, besonders Prägewalzen, tritt nur ein Ankleben der oberflächlich weich werdenden Igelitmasse an die Walzen ein, wodurch die Schichte verletzt wird. Es ist am zweckmäßigsten, den Kalander, bzw. das Glättungs- und Narbungswalzenpaar gleich nach dem Austritt aus dem Heizkanal noch vor den Kühlwalzen anzubringen. Sonst ist eine Heizvorrichtung vor dem Kalander zu bauen, um die Erwärmung der Igelitschichte auf die notwendige hohe Temperatur zu erreichen. Mattierung wird durch leicht angerauhte Walzen erzielt.

Für Stoffdoublierungen wird die zweite Gewebebahn mit der ersten, welche eine vorgelatinierte Igelitschichte trägt, in der Hitze in der bekannten Weise zusammengebracht.

Für Imprägnierungszwecke, z. B. Öltuch und Ölseide, müssen die Pasten mit hochsiedenden Lösungsmitteln verdünnt werden. Diese müssen mit den Weichmachern verträglich sein und sollen Igelit nicht lösen. Infolge ihres hohen Siedepunktes verdampfen sie erst bei der Gelatinierungstemperatur ohne Blasenbildung. Öltuche werden imprägniert und anschließend gestrichen.

Die Rohgewebe werden vor der Beschichtung mit Igelit-Pasten in der üblichen Weise gesengt, entschlichtet, gebleicht, gefärbt, getrocknet, geschoren, gebürstet, gespannt und kalandert. Da die Filme, welche aus den Igelit-Weichmacher-Pasten direkt auf das Gewebe aufgetragen werden, schlecht haften, wird zuerst eine wässerige Kunststoffdispersion auf das Gewebe gestrichen. Als solche eignen sich einerseits Polyacrylsäureester-Dispersionen (Plextol D 114 der Firma Röhm & Haas, Darmstadt, und Acronal 500 D der I. G. Farbenindustrie A. G., bzw. analoge Produkte der amerikanischen, englischen und französischen Fabriken), andererseits Dispersionen des Polyvinylchlorids selbst (Igelit-Dispersion D 10, 55%ig). In beiden Fällen wird die Haftfestigkeit bedeutend erhöht. Die Kältefestigkeit ist bei den aus Polyacrylsäureestern erhaltenen Filmen besser, dagegen ist die Verbindung des Filmes aus der Polyvinylchlorid-Dispersion mit der Polyvinylchlorid-Weichmacher-Paste besser. Die Polyacrylsäureester-Dispersionen werden durch Zusatz von Ammoniak bis zur Streichfähigkeit verdickt; sie können auch durch Verdickungsmittel, wie Celluloseäther (Tylose), polyacrylsaures Ammon (Plexileim von Röhm & Haas, Latecoll der I. G.) und andere viskose Massen verdickt werden. Um das Durchschlagen der Streichmassen durch das Gewebe zu verhindern, soll beim ersten Strich unbedingt mit einer Luftrakel mit wenig Spannung und dünnem Messer unter Verwendung einer sehr viskosen Streichmischung gearbeitet werden. Weniger günstig ist das Vorimprägnieren mit wasserabweisenden Mitteln wie Emulsionen von Aluminiumseifen in Gemeinschaft mit Paraffin (Ramasit) oder Zirkonverbindungen (Persistol). Das Durchschlagen wird dadurch zwar vermieden, gleichzeitig wird aber die Haftfestigkeit schlechter. Hingegen ist manchmal bei Geweben aus Regeneratcellulose eine Quellfestausrüstung durch Formalisieren (eventuell auch eine Harzeinlagerung, z. B. Kaurit KF) empfehlenswert, da durch die Verbesserung der Schrumpfechtheit gleichzeitig die Haftfestigkeit des Filmes verbessert wird. Der erste Strich wird zweckmäßig auf einer einem Spannrahmen vorgebauten Streichanlage durchgeführt, es kann aber auch auf der vorher erwähnten Anlage der Maschinenfabrik Köbig gearbeitet werden. Nach dem ersten Strich muß auf jeden Fall auf einem Spann- oder Egalisierrahmen auf die vorgeschriebene Breite gespannt und egalisiert werden. Da die Dispersionen von der Fabrikation hydrophile Substanzen (Netzmittel, Emulgatoren usw.) enthalten, sollen höchstens zwei dünne Striche aus Dispersionen ausgeführt werden.

Auf die vollkommen getrockneten Dispersionsstriche folgen mehrere Striche mit den Polyvinylchlorid-Weichmacher-Pasten. Vom Streichtisch läuft die Ware direkt in die Heizanlage, welche zumindest die zum Vorgelatinieren notwendige Temperatur haben muß. Am besten ist der Heizkanal der Fa. Köbig geeignet, es können aber mit gleich gutem Erfolg auch Spannrahmen und andere Maschinen benützt werden, wenn sich die notwendige Temperatur erreichen läßt. Beim letzten Strich wird auf die volle Gelatinierungstemperatur erhitzt. Am günstigsten ist es, für den ersten Strich die Luftrakel, für die nachfolgenden eine Gummibandrakel zu verwenden.

Nach dem letzten Strich, bei dem zur Erreichung eines ausreichenden Gelatinierungseffektes auf die volle Temperatur von ca. 160° C in der Polyvinylchloridschichte erhitzt werden muß, kann sofort die noch heiße Ware geglättet oder genarbt werden. Dabei werden auch die manchmal während des Streichens entstehenden scheinbar helleren Längsstreifen im Film entfernt. Diese sind auf Lufteinschlüsse (Schaumbildung) zurückzuführen, welche ihre Ursache in zu leicht gelagerten und vibrierenden Streichmessern haben können. Auch eine

Entmischung der Paste vor dem Streichmesser, welche bei zu dünnen Pasten eintreten kann, ist manchmal die Ursache für hellere Stellen.

Die Verwendungsweise der Igelit-PCU-Pasten soll durch einige Beispiele aus der Praxis veranschaulicht werden:

Kunstleder für Damenschuhoberleder.

Grundstrichmischung: 100 kg Igelit Dispersion D 10 55%ig
     5 kg Latecoll A oder Plexileim

Mit dieser Mischung wurde zweimal auf der Maschine von Köbig mit einfachem Durchlauf gestrichen (Auflage 140 g/qm). Dann wurde egalisiert.

Farbstrichmischung: 100 kg Igelit PCU-Paste 2GS neu
     3 kg PV.-Farbstoffe oder andere hitzebeständige
      Farbpigmente
     2 kg Trikresylphosphat/Mesamoll 1 : 1

Mit dieser Mischung wurde 4mal auf der Maschine von Köbig gestrichen; bei den ersten Strichen war die Temperatur im Heizkanal 120⁰ C und die Dauer des Warendurchlaufes je 4 Minuten, beim letzten 170⁰ C und die Dauer des dreifachen Durchlaufes 8 Minuten. Die Auflage betrug 240 g/qm, insgesamt demnach 350 g.

Tischbelagstoff.

Grundstrichmischung: wie oben.
Farbstrichmischung: 60 kg Igelit-PCU-Pulver
     20 kg Mesamoll I
     10 kg Palatinol HS
     10 kg Trikresylphosphat
     3 kg Titanweiß

Die Arbeitsweise war dieselbe wie im ersten Beispiel.

Auf dem Gebiete der Lederaustauschstoffe und der Regenschutzstoffe ist die Alterungsbeständigkeit und Beständigkeit gegen die Einwirkungen des Wetters und des Lichtes, welche das Polyvinylchlorid aufweist, von höchstem Wert. Im Gegensatz zu Kautschuk, Nitrocellulose und Leinöl-Polymerisaten wird es bei Licht- und Wärmeeinwirkung nicht klebrig und brüchig. Es ist gegen Chemikalien einschließlich Benzin, Mineralöl und Öle beständig und praktisch unbrennbar; es eignet sich daher vortrefflich für Arbeitsschutzbekleidung.

Auch hinsichtlich des äußeren Aussehens und des Griffes übertrifft es die genannten Stoffe. Das gleiche gilt in mehr oder minder hohem Maße von den mechanischen Eigenschaften (Festigkeiten). Es ist daher zu erwarten, daß dieser Kunststoff ein immer größeres Verwendungsgebiet auf dem Gebiete der Veredlung von Textilien erobern wird.

4. Die Verarbeitung von Polyvinylchlorid durch Verformung unter Druck in der Wärme.

Für die Textilindustrie ist die ältere Verarbeitungsmethode durch Verformung unter Druck in der Wärme kaum von Bedeutung, da sie ganz andere Einrichtungen erfordert und auch nicht den in der Textilindustrie üblichen Arbeitsmethoden entspricht. Es können aber auch auf diesem Wege mit Igelit beschichtete Gewebe auf dem Gummikalander hergestellt werden, welche in ihren Eigenschaften den gestrichenen Geweben vollständig gleich sind (Abb. 8).

Die Verarbeitung wird auf folgendem Weg durchgeführt. Das Igelit-PCU-Pulver wird mit den Weichmachern gemischt und auf einem Mischwalzwerk bei 160 bis 180° C homogenisiert. Füllstoffe und Farbstoffe können ebenfalls zugesetzt werden. Dann wird die Mischung als Fell abgezogen und auf Kalandern unter Druck bei Temperaturen von 160 bis 180° C weiterverarbeitet. Man kann so auf dem Gummikalander Folien, welche für Regenschutzbekleidung und Betteinlagen Verwendung finden, herstellen. Wenn man gleichzeitig zwischen dem untersten Walzenpaar ein Gewebe durchlaufen läßt, wird die zwischen den Walzen hergestellte Folie auf das Gewebe kaschiert. Die Mischung wird in möglichst warmem Zustand zwischen das oberste Walzenpaar des Gummikalanders gegeben. Diese Walzen sind auf 165 bis 170° C, die unteren nur auf 160 bis 165° C erhitzt. Durch die Walzen wird die Mischung mitgenommen und läßt sich aus dem untersten Walzenpaar je nach der Weite der Spalte als mehr oder minder dicke Folie oder auch auf ein Gewebe kaschiert abziehen. Nach dem Verlassen des Gummikalanders läuft die Folie über eine Kühltrommel und wird zur Verhinderung des Klebens vor dem Aufrollen talkumiert. Man kann in Ermangelung eines Gummikalanders auch vom Walzwerk Folien ziehen. Nur muß die Mischung schon 160° C warm auf das Walzwerk kommen. Dies läßt sich am besten durch Homogenisieren auf einem anderen Mischwalzwerk, dessen Temperatur höher ist, erreichen. Bei entsprechend weiter Walzenstellung können mit den gleichen Einrichtungen Platten, z. B. Sohlen gezogen werden. Der Anschaffungspreis von Gummikalandern, die meistens 3 Walzen besitzen, ist wesentlich höher als der von gewöhnlichen Textilkalandern. Andere Gegenstände werden auf Spritzmaschinen (z. B. Schläuche) oder in Pressen in der Wärme unter Druck verformt.

Die Verformung ohne Weichmacher erfolgt derart, daß die zur Füllung der Form notwendige Menge Igelit-Pulver in die 150° C warme Form gebracht wird; nach dem Zufahren der Form wird auf etwa 50° C abgekühlt. Bei dieser Temperatur kann der Preßteil der

Form entnommen werden. Um ein Kleben des Preßteiles zu vermeiden, wird die Form mit einer Seifenlösung ausgepinselt.

5. Die Verwendung des Polyvinylidenchlorids und der Mischpolymerisate des Vinyl- und Vinylidenchlorids sowie des Vinylchlorids und Vinylacetates.

Die Polymerisate des Vinylidenchlorids sowie die Mischpolymerisate des Vinylidenchlorids und des Vinylchlorids, welche von den Amerikanern unter der Bezeichnung „Saran" in den Handel gebracht werden, zeichnen sich durch ihre große Beständigkeit gegen die Einwirkung von Chemikalien aus, insbesondere gegen Wasser, anorganische Salze, Säuren und· Alkalien aller Konzentrationen. Die Beständigkeit der Mischpolymerisate gegen die Chemikalieneinwirkung ist um so größer, je höher der Erweichungspunkt des betreffenden Mischpolymerisates ist. Sie sind löslich in höher chlorierten aromatischen Kohlenwasserstoffen und in Sauerstoff enthaltenden Lösungsmitteln wie Cyclohexanon, Dioxan, Dichlordiäthyläther. Durch Orientierung wird ihre Chemikalienbeständigkeit weiter erhöht. Sie sind geruchlos, geschmacklos, ungiftig, nicht brennbar. Es werden daraus Fäden hergestellt, welche zu Schnüren und Stricken, Möbelstoffen, die im Freien oder in Automobilen und Eisenbahnwagen Verwendung finden, Werkzeugumkleidungen, Tennisracketbespannungen, Fischnetzen usw. verarbeitet werden. Ähnlich ist die „Velon"-Faser.

Das Polyvinylidenchlorid enthält die doppelte Menge an Chlor wie das nicht nachchlorierte Polyvinylchlorid (Igelit PCU); wie schon erwähnt wurde, kann der Chlorgehalt des Polyvinylchlorids auch durch nachträgliche Chlorierung erhöht werden (Igelit PC). Die aus dem nachträglich chlorierten Polyvinylchlorid erzeugte PC-Faser hat ähnliche Beständigkeit gegen Einwirkung von Chemikalien und Bakterien und wird vor allem außer für chemische Zwecke (Filtertücher) für Fischnetze, Angelschnüre, Segel und Schiffstaue verwendet. Nachteilig ist die geringe Wärmebeständigkeit; die Faser ist thermoplastisch; bei 70° C tritt schon erhebliche Schrumpfung ein. Bei Berührung mit offener Flamme schmilzt das Material unter Zersetzung; die Verbrennung hört bei Entfernung der Flamme auf. Das Färben dieser Faser ist äußerst schwierig, da nur einige Acetatseidenfarbstoffe geeignet sind.

Ein Mischpolymerisat mit 80% Vinylchlorid und 20% Vinylacetat ist das Igelit MP. Es gestattet eine um ungefähr 20° C niedrigere Verarbeitungstemperatur als das Igelit PCU, da der Erweichungspunkt entsprechend niedriger ist. Die Beständigkeit gegen Chemikalien ist etwas geringer, ebenso die Wärmebeständigkeit und Biegefestigkeit, dagegen ist die Schlagbiegefestigkeit, die Elastizität und Weichheit größer als bei Igelit PCU. Verwendung findet es für Preßmassen und wetterbeständige Folien („Astralon").

Die von der Carbide & Carbon Chemicals Corp. entwickelte „Vinyon"-Faser besteht aus einem Mischpolymerisat mit 90% Vinylchlorid- und 10% Vinylacetat-Gehalt. Auch bei dieser Faser werden die Eigenschaften durch Recken verbessert. Die Eigenschaften und auch die Verwendungszwecke sind ähnlich wie bei den vorher beschriebenen Fasern.

„Vinyon N" wird aus der Acetonlösung eines Mischpolymerisates von ca. 60% Vinylchlorid und 40% Acrylnitril gesponnen. Infolge des Gehaltes an Acrylnitril läßt sich diese Faser in einer hitzebeständigen Form herstellen. Durch Strecken kann die Festigkeit erhöht werden, durch Hitzebehandlung kann das Garn fixiert werden.

Das Färben dieser Fasern bereitet ganz enorme Schwierigkeiten; einige Acetatseidenfarbstoffe sind geeignet.

6. Das Bedrucken von Folien aus Polymerisaten des Vinylchlorids und anderer Vinylverbindungen.

In England und in Amerika wird eine beträchtliche Menge Folien aus Polymerisaten des Vinylchlorids, des Vinylidenchlorids und anderer Vinylverbindungen, vor allem auch aus Mischpolymerisaten der genannten Verbindungen und Vinylacetat, bedruckt. Dadurch, daß nach dem Kriege zu wenig Gewebe im Verhältnis zur Nachfrage vorhanden waren und gleichzeitig beträchtliche Mengen dieser Kunststoffe, welche bis dahin für kriegswichtige Zwecke beschlagnahmt waren, nach der Beendigung des Krieges für den Zivilbedarf freigegeben worden waren, konnte dieser Fabrikationszweig rasch Verbreitung finden. Bedruckte Folien finden Verwendung für Vorhänge, Gartenschirme, Möbelstoffe, Tischbelag, Schürzen, Kunstleder usw. Infolge der eigenartigen Effekte werden sie auch dann, wenn genügend Textilien vorhanden sind, verlangt werden.

Für den Textilveredler ist dieser Artikel von großem Interesse, da er größtenteils auf Zeugdruckmaschinen, daneben auch im Filmdruck hergestellt wird. Man verwendet die gewöhnlichen Kupferwalzen, eventuell auch verchromte Walzen, mit seichten Gravuren. Als Mitläufer werden bisweilen an Stelle von Geweben Papiere genommen, um ein Markieren des Gewebes beim Drucken von weichen und dünnen Folien zu vermeiden. Infolge der Dehnbarkeit und der Elastizität der Folien is es schwieriger als im Zeugdruck, den Rapport einzuhalten, so daß meistens nur solche mehrfarbige Muster gedruckt werden, bei denen kein sehr genauer Rapport verlangt wird.

Die Druckfarben enthalten ein Vinylpolymerisat, ein Lösungsmittel, welches leicht verdampfen muß (meistens Ketone), anorganische oder organische Farbstoffe und meistens auch Weichmacher. An die Druckfarben werden Anforderungen gestellt, die nicht in allen Fällen leicht erfüllbar sind: Die Farbstoffe müssen licht-, reib-, wasch- und alkaliecht sein; die Farben müssen so rasch trocknen, daß eine Übertragung auf die folgende Walze oder ein Abflecken vermieden wird; sie dürfen aber nicht in den Gravuren eintrocknen; wenn die Farbe trocken ist, muß sie fest mit der Oberfläche der Folie verbunden sein, so daß sie ein Teil der Folie geworden ist; das Lösungsmittel der Druckfarbe soll daher die Folie oberflächlich anlösen, jedoch so rasch verdampfen, daß die Folie nicht beschädigt wird, insbesondere nicht klebrig wird. Die verwendeten Druckfarben sind ziemlich dünnflüssig. Durch Zusatz von Verdünnungsmittel kann die Viskosität, die Trocknungsgeschwindigkeit und die Haftfestigkeit beeinflußt werden. Das Eindringen der Druckfarben in die Oberfläche der Folien wurde früher durch wachsartige Substanzen erschwert, welche bei der Herstellung der Folien verwendet wurden, um ihre Trennung von den Kalanderwalzen zu erleichtern. Es war dann notwendig, die gebildete Wachsschichte vor dem Bedrucken der Folien durch Butanol oder andere Lösungsmittel zu erweichen oder wegzulösen. Jetzt werden wachsartige Substanzen bei der Herstellung der Folien meist nicht verwendet.

Es entstehen auch dadurch Schwierigke'ten, daß viele Folien zum Kleben neigen. Insbesondere auf den bedruckten Stellen tritt leicht Klebrigkeit ein. Man kann durch Einstauben mit Talkum oder Glimmerpulver diesen Übelstand beheben.

Um ein zu starkes Erweichen der Folien zu vermeiden, darf man beim Trocknen Temperaturen von 80 bis 90° C nicht überschreiten.

Außer dem Rouleau der Zeugdruckindustrie wird bisweilen auch die Rotogravur-Maschine (Unit-Type-Maschine) benützt. Diese ist jedoch wesentlich teurer; auch der Druckprozeß ist komplizierter, da hinter jeder Druckwalze eine Trockenvorrichtung vorhanden ist; dadurch wird der Längszug größer und es ist noch schwieriger, den Rapport einzuhalten.

Eine andere Methode, Musterungen auf Folien herzustellen, beruht auf indirekter Übertragung. Ein Spezialpapier, welches mit einem härtbaren Harz, meistens mit einem Harnstoff-Formaldehyd-Kondensat, beschichtet ist, wird mit einem ein- oder mehrfärbigen Muster bedruckt. Auf die bedruckte Fläche wird dann eine Lösung oder eine Dispersion des Vinylpolymerisates gegossen. Wenn der Film getrocknet ist, bildet der Druck einen Teil des Filmes und kann mit diesem zusammen von dem beschichteten Papier abgezogen werden, welches wieder verwendet wird. Obwohl diese indirekte Methode komplizierter ist, kann man rascher drucken, als wenn direkt auf das Vinylpolymerisat gedruckt wird, da man bei höherer Temperatur trocknen kann.

Der Filmdruck wird mit denselben Druckfarben wie der Rouleaudruck ausgeführt und verursacht keine besonderen Schwierigkeiten.

D. Die Verwendung des Polyvinylacetates (Mowilith).

Lit.: R. Houwink, Chemie und Technologie der Kunststoffe, Leipzig 1942. — Scheiber, Chemie und Technologie der künstlichen Harze, Stuttgart 1943. — I. G. Farbenindustrie A. G., I. G. Kunststoffe, Taschenbuch für die verarbeitende Industrie, Frankfurt 1942. — I. G. Farbenindustrie A. G., Mowilith, Dispersionen, Festprodukte, Lösungen, II. Auflage, 1942. — Dr. Karl Craemer, Kunststoffdispersionen, ihre Eigenschaften und Einsatzmöglichkeiten für die Herstellung von Lederaustauschprodukten, Kunststofftechnik, XI., 1941, 44—50. — Simonds-Ellis, Handbook of Plastics, 7. Aufl., New York 1946.

Bei diesem Kunststoff treten die weichgummiartigen Eigenschaften weniger in Erscheinung als bei den bisher besprochenen Produkten. Dieser Kunststoff wird von der I. G. Farbenindustrie A. G. unter dem Namen „Mowilith", vom Consortium für elektrochemische Industrie A. Wacker unter dem Namen „Vinnapas", von den Amerikanern unter dem Namen „Gelva" und „Vinnylite", von der Firma Rhône-Poulene unter dem Namen „Rhodopas" hergestellt.

1. Allgemeines.

Die Polyvinylacetetate sind je nach ihrem Polymerisationsgrad mehr oder minder harte Substanzen. Die niedrigmolekularen Glieder sind schmelzbar, bei niedriger Temperatur werden sie spröde, die höhermolekularen sind unschmelzbar und werden zwischen 50 und 100° C weichgummiartig, bei tiefen Temperaturen werden sie hart und zähe. Über 200° C tritt eine Zersetzung und Abspaltung von Essigsäure ein, es wird also das monomere Produkt nicht zurückgebildet. Sie sind durch diese Eigenschaften für die Herstellung von Formkörpern wenig geeignet, da schon bei 30 bis 40° C die Deformierung durch mechanische Beanspruchung beginnt. Auf ihr stark thermoplastischen Eigenschaften ist bei der Lagerung Rücksicht zu nehmen, um ein Zusammenkleben zu vermeiden. Sie sind nicht so wasserfest wie die bisher besprochenen Polymerisate. Sie sind wasserklar und gegen die Einwirkung von Licht hervorragend beständig, ebenso gegen Schimmel und Bakterien. Ihre Alterungsbeständigkeit ist sehr gut. Soweit ölfeste Weichmacher verwendet werden, sind sie selbst ölfest.

Die verschiedenen hochpolymerisierten I. G.-Produkte wurden mit Zahlen bezeichnet. Diese entsprechen den durchschnittlichen K-Werten, das sind die aus den Viskositätsmessungen abgeleiteten, den durchschnittlichen Molekulargewichten annähernd proportionalen Kennziffern. Das durchschnittliche Molekulargewicht liegt zwischen 6000 und 100.000.

Nach Angaben der I. G. Farbenindustrie A. G. kann man Lösungen gleichenViskositätsgrades (10 Poisen) mit Essigester als Lösungsmittel herstellen aus

$$
\begin{array}{rcr}
10\% & \text{Mowilith} & 90 \\
\text{bzw. } 15\% & \text{,,} & 70 \\
\text{,, } 23\% & \text{,,} & 50 \\
\text{,, } 43\% & \text{,,} & 30 \\
\text{,, } 57\% & \text{,,} & 20.
\end{array}
$$

Da sie an sich zu hart sind, werden sie meistens mit Weichmachern kombiniert. Im allgemeinen werden dieselben Weichmacher verwendet, welche bei den Polyvinylchloriden eingesetzt werden, vor allem Phtalsäureester und Trikresylphosphat. Man soll aber nicht über 25% Weichmacher hinausgehen.

Die Polyvinylacetate werden sowohl als Lösungen als auch als Dispersionen verwendet. Die Verwendung in Form von wässerigen Dispersionen hat eine ·wesentlich größere Bedeutung gewonnen als bei den bisher beschriebenen Kunststoffen, insbesondere werden zum Streichen und Imprägnieren von Geweben hauptsächlich Dispersionen verwendet.

2. Die Verwendung von Lösungen.

Die Polyvinylacetate sind in Methyl- und Äthylalkohol, Butylglykol, Benzol und Toluol, chlorierten Kohlenwasserstoffen, Aceton-Anon und anderen Ketonen, Äthylacetat, Butylacetat, Äthylenglykolacetat und anderen Estern löslich; nicht lösend, aber als Verschnittmittel brauchbar sind Butylalkohol, Isobutylalkohol, Isopropylalkohol, Xylol, Äther, Benzin und Terpentinöl lösen ebenfalls nicht.

Bei der Herstellung der Lösungen läßt man die feste Substanz über Nacht im Lösungsmittel, am zweckmäßigsten in einem gut verschließbaren Knetwerk, quellen; es tritt dabei starke Quellung ein und man kann dann ohne wesentlichen Kraftaufwand die Lösung homogenisieren. Man kann auch Rührwerke verwenden; sehr gut hat sich der Kreiselmischer von Petzold bewährt, wenn man dünne Lösungen braucht.

Die Lösungen von Polyvinylacetaten lassen sich mit solchen von Nitrocellulose, Chlorkautschuk usw. kombinieren. Besonders die Mischung mit Nitrocellulose bringt Vorteile mit sich. Der Nitrocellulosezusatz erhöht die Wasserfestigkeit der Polyvinylacetate; durch die Polyvinylacetate wird die Lichtbeständigkeit der Nitrocellulose verbessert; auch ihre Haftfestigkeit wird erhöht. Mit Harzen, mit Ausnahme von Phenol-Formaldehydharzen, vertragen sie sich schlecht. In Verbindung mit Nitrocellulose ist ihre Verträglichkeit mit Harzen wesentlich verbessert. Auch mit fetten Ölen sind sie nicht kombinierbar. Eigentümlicherweise läßt sich jedoch das Vinylacetat mit fetten trocknenden Ölen wie Leinöl gemeinsam zu einem Mischpolymerisat polymerisieren („Olovine"). Untereinander sind die verschieden hoch polymerisierten Polyvinylacetate in jedem Verhältnis mischbar, ebenso auch mit den Polyacrylestern (Acronal), falls geeignete Lösungsmittel wie Essigester verwendet werden.

Es können alle Füllstoffe und Farbpigmente ohne Schwierigkeiten verwendet werden.

Wie schon erwähnt wurde, ist die Anwendungsmöglichkeit der Lösungen in der Textilindustrie nur eine beschränkte. In erster Linie werden sie als Klebstoff verwendet. Außer zum Kaschieren von Textilien auf anderen Textilien und anderen Materialien, wie Papier, Leder, Holz, eignen sie sich zum Kleben der verschiedensten Materialien.

3. Die Verwendung von Dispersionen.

Durch Polymerisation des reinen Vinylacetates in wässeriger Emulsion bei Gegenwart eines Schutzkolloids erhält man wässerige Dispersionen des Polyvinylacetates. Dieses ist in Gestalt von kugelförmigen Teilchen mit einem Radius von 0,2 bis 2,0 μ vorhanden. Man kann auch Mischpolymerisate erhalten, indem man nicht vom reinen Vinylacetat, sondern einer Mischung mit anderen polymerisierbaren Substanzen bei der Polymerisation ausgeht.

Das reine Polyvinylacetat in Form einer wässerigen Dispersion wurde von der I. G. Farbenindsutrie A. G. unter der Bezeichnung „Emulsion MV 1", später als „Mowilith D" herausgebracht. Mowilith D enthält 50% Polyvinylacetat. Die Marken Mowilith D 32 und Mowilith D 41 sind Kombinationen mit Weichmachern, Mowilith D 300 und Mowilith D 420 sind Mischpolymerisate, die ebenfalls Weichmacher enthalten. Nach den in British Plastics, 1946, April, 167, veröffentlichten Angaben besteht Mowilith D 32 58%ig aus

$$38,70\%\ \text{Polyvinylacetat}$$
$$1,90\%\ \text{Polyvinylalkohol}$$
$$11,60\%\ \text{Trikresylphosphat}$$
$$7,70\%\ \text{Dibutylphosphat}$$
$$3,30\%\ \text{Alkohol}$$
$$36,80\%\ \text{Wasser}$$

und Mowilith D 32 66%ig aus

$$44,00\%\ \text{Polyvinylacetat}$$
$$1,20\%\ \text{Polyvinylalkohol}$$
$$0,40\%\ \text{Oktylphenylglykoläther}$$
$$13,30\%\ \text{Trikresylphosphat}$$
$$8,90\%\ \text{Butylphtalat}$$
$$3,90\%\ \text{Alkohol}$$
$$28,30\%\ \text{Wasser.}$$

Hierher gehören noch Appretan EMI 50%ig, welches Polyvinylacetat und Polyvinylalkohol im Verhältnis 94,8 : 5,2 enthält, und
Appretan EMW 48%ig, welches ein Mischpolymerisat aus 70 Teilen
Vinylacetat und 30 Teilen Vinylchlorid ist. Diese beiden Appretane
werden für waschechte Appreturen nach dem Imprägnierverfahren
verwendet; andere Appretane leiten sich von anderen Vinylverbindungen ab.

Das weichmacherfreie Produkt gibt zu harte und zu wenig elastische Filme, wie überhaupt die Elastizität der aus Polyvinylacetaten
hergestellten Gegenstände nicht allen Anforderungen entspricht. Aus
diesem Grunde finden vor allem die Weichmacher enthaltenden Dispersionen Verwendung. Man kann durch Mischen des Mowilith D
mit den weichmacherhaltigen Dispersionen die verschiedenen Härte-
grade einstellen.

Das Einarbeiten von Weichmachern ist nicht ganz einfach, da sie
in der wässerigen Dispersion nicht löslich sind. Man muß daher
darauf hinarbeiten, den Weichmacher selbst in möglichst feine Verteilung im wässerigen Medium zu bringen; es ist weiter notwendig,
daß jedes einzelne Teilchen des Polyvinylacetates homogen mit dem
Weichmacher vermischt und durchgeliert wird. Wenn der Weichmacher ungenügend verteilt ist, kann er nach dem Verdampfen des
Wassers leicht ausschwitzen oder beim Überlackieren mit Nitrocellulose in diese wandern und sie klebrig machen. Die an und für sich
im Vergleich zu anderen Kunststoffdispersionen ziemlich viskosen
Polyvinylacetatdispersionen können sich bei der Einarbeitung von
Weichmachern derart verdicken, daß manche Rührwerke nicht mehr
verwendet werden können. Bei stark wirkenden Schnellrührern kann
eine zu starke Viskositätserniedrigung eintreten. Man verdünnt daher
die Dispersion mit 5 bis 15% Wasser, bevor man den Weichmacher
einarbeitet. Man kann auch die Weichmacher mit 10 bis 15% niedrig-

siedenden Alkoholen verdünnen; die verdünnten Weichmacher lassen sich in der Dispersion zu kleineren Tropfen verteilen und gleichzeitig dient der in Wasser lösliche Alkohol als Lösevermittler für den wasserunlöslichen Weichmacher, so daß der Weichmacher leichter von den Polyvinylacetatteilchen aufgenommen werden kann. Das Einarbeiten des Weichmachers wird unter Zuhilfenahme eines Schnellrührers am leichtesten durchgeführt. Der Weichmacher muß vorsichtig durch Eingießen oder Einspritzen oder noch besser durch Eindüsen in die Dispersion gebracht werden, besonders dort, wo man den Schnellrührer nicht verwenden will, um die Viskosität nicht herabzusetzen. Damit der Weichmacher vollständig aufgenommen werden kann, muß man die Dispersion vor der Weiterverarbeitung 1 bis 2 Tage stehen lassen. Außer den Palatinolen C, O, L, HS (Phtalsäureestern) empfiehlt die I. G. Farbenindustrie A. G. Trikresylphosphat, Cetamoll Q und Albanol (esterartiges Kondensationsprodukt). Die zuletzt genannten Weichmacher sowie Trikresylphosphat sind ölfest. Manchmal empfiehlt es sich, verschiedene Weichmacher zu kombinieren, da dadurch die guten Eigenschaften der verschiedenen Weichmacher ausgenützt werden können. Nach vom Verfasser durchgeführten Versuchen kann der Weichmacher Mesamoll (Pentadecylsulfosäurephenylester), in Mengen bis zu 33%, auf die 50%ige Dispersion gerechnet, also in außergewöhnlich hoher Konzentration, innerhalb von zwei Tagen einwandfrei in die Dispersion eingearbeitet werden. Normalerweise verwendet man nicht mehr als 25% auf das Gewicht der Trockensubstanz des Polyvinylacetates, um die Festigkeit nicht zu sehr herabzusetzen.

Die Polyvinylacetatdispersionen sind sauer eingestellt, ihr pH-Wert liegt zwischen 2,5 und 5,0. Dies ist zu beachten, wenn sie mit anderen Dispersionen, z. B. Buna-Latex oder Polyacrylsäureester-Dispersionen gemischt werden sollen, da sie vorher mit Ammoniak alkalisch eingestellt werden müssen. Außer mit anderen Kunststoffdispersionen können die Polyvinylacetatdispersionen noch mit Harzleim, Stärkekleister, Bitumenemulsionen und Lösungen von festen Polyvinylacetaten in wasserlöslichen Lösungsmitteln wie Alkohol kombiniert werden. Die Haltbarkeit derartiger Mischungen ist aber nicht unbeschränkt. Mit Wasser sind die an sich sehr viskosen Polyvinylacetatdispersionen verdünnbar, nur bei sehr hartem Wasser können eventuell Schwierigkeiten auftreten. Man muß stets die Dispersion vorlegen und das Wasser einrühren. Dementsprechend wird auch beim Vermischen von zwei Dispersionen stets die höher viskose vorgelegt.

Im allgemeinen ist die Beständigkeit der Polyvinylacetatdispersionen eine sehr hohe. Bei längerem Stehen kann zwar eine Abscheidung einer wässerigen Schichte (oben) oder die Bildung eines dickeren Bodensatzes auftreten. Durch starkes Rühren läßt sich beides beheben. Infolge dieser hohen Beständigkeit der Dispersionen ist auch der Zusatz von Füllstoffen und Farbpigmenten ohne große Schwierigkeiten möglich. Sie werden am zweckmäßigsten mit Wasser oder der verdünnten Dispersion selbst angerührt und dann nach 24 stündigem Stehen der Dispersion zugemischt. Günstiger ist es noch, sie vorher auf einem Walzenstuhl oder in einer Trichtermühle zu homogenisieren. Koagulation ist weniger als bei anderen Kunststoffdispersionen zu befürchten. Es eignen sich die üblichen Füllstoffe wie Talkum, Kaolin, Kreide, Blanc fixe, Lithopone, Zinkweiß, Titanweiß, Rebschwarz, Lampenruß, Schiefermehl und verschiedene anorganische sowie organische Farbpigmente. Besonders die leicht dispergierbaren Vulkanosol-Farbstoffe der I. G. haben sich gut bewährt. Manche der Füllstoffe, besonders Lampenruß, erhöhen die an sich nicht vollkommene Wasserfestigkeit der Filme in hohem Maße. Ein Zusatz von Stabilisatoren wie Vultamol ist meist unnötig.

Die Polyvinylacetatdispersionen werden in großem Umfange zur Herstellung von Kunstleder, insbesondere von Deckbrandsohlenstoffen, und anderen Werkstoffen für die Schuhindustrie, Bucheinbandstoffen, Rollvorhangstoffen usw. durch Streichen auf Geweben oder auch Papier verwendet. Die Vorteile der Verwendung dieser Dispersionen sind teils dieselben wie bei den übrigen Kunststoffen, nämlich Ersparung der Lösungsmittel und der Lösungsmittelrückgewinnungsanlage, die Vermeidung von Brandgefahr und gesundheitlichen Schäden durch Lösungsmittel, teils aber in der besonders im Vergleich zu anderen Kunststoffdispersionen leichten und sicheren Verarbeitungsweise der Polyvinylacetatdispersionen, in der ausgezeichneten Alterungs- und Lichtbeständigkeit der Filme und in der guten Haltbarkeit der Streichmassen gelegen.

Selbst bei —20° C tritt noch keine Koagulation der Polyvinylacetatdispersionen ein, durch Auftauen erhält man sie wieder unverändert zurück. Dagegen sind die Dispersionen der Mischpolymerisate nicht frostbeständig.

Ein Verdicken der Dispersionen wie bei den bisher beschriebenen Kunststoffdispersionen ist nicht notwendig, da die Polyvinylacetatdispersionen an sich schon sehr viskos sind. Man muß sogar manchmal verdünnen. Durch den hohen Gehalt an fester Substanz kommt man mit einer geringen Strichzahl aus; meistens genügen zwei Striche, um eine vollständige Deckung zu erreichen.

Man arbeitet auch vielfach so, daß nur der Grundierungsstrich mit Polyvinylacetat ausgeführt wird; darüber kommt ein Nitrocellulosestrich, um die Wasserfestigkeit, die Widerstandsfähigkeit gegen

Abnützung und den Glanz zu verbessern. Es ist dabei nur darauf zu achten, daß der Weichmacher nicht aus der Polyvinylacetatschichte in die Nitrocelluloseschichte wandert und Klebrigkeit verursacht. Außer Nitrocellulose werden auch Lacke aus Polyacrylsäureestern (z. B. Acronal 250 D) oder Superpolyamiden (Igamid 6 A) empfohlen. Dort wo man nur mit Polyvinylacetatdispersionen ohne einen Schlußstrich aus einem anderen Material arbeitet, ist es zweckmäßig, auf einen nicht zu stark gefüllten und daher besser auf dem Gewebe haftenden Grundierungsstrich einen stark gefüllten Schlußstrich zu geben. Man kann bis 180% Füllstoff auf die Trockensubstanz gerechnet verwenden. Gut geeignet ist Schlämmkreide, da das „Schreiben" dabei nicht zu befürchten ist wie bei Talkum.

Man kann alle Streichmaschinensysteme verwenden. Wenn eine Trockentrommel zur Verwendung kommt, ist darauf zu achten, daß die Wärmeausstrahlung auf die Ware nicht zu groß wird, da sonst die Streichmasse darunter leiden kann.

Im folgenden sind zwei Beispiele für die Herstellung von Deckbrandsohlenstoff (Schaflederersatz):

1. Grundierungsstrichmasse:

100 kg Mowilith D 41 58%ig
30 kg Lithopone
30 kg Schlämmkreide
36 kg Wasser
150 g Farbstoff

Schlußstrichmasse:

100 kg Mowilith D 41 58%ig
47 kg Lithopone
47 kg Schlämmkreide
58 kg Wasser
150 g Farbstoff

2. Grundierungsstrichmasse: ·wie oben

Schlußstrichmasse:

77 kg Angefeuchtete Nitrocellulose
50 kg Weichmacher
50 kg Lithopone
20 kg Kaolin
20 kg Talkum
80 kg Lösungsmittel

Die Ware wird nach dem ersten Strich auf die vorgeschriebene Breite gespannt und warm kalandert. Nach dem Schlußstrich wird auf dem Prägekalander genarbt.

Für Artikel, welche keine hohe Wasserbeständigkeit brauchen, kann man auch einen Teil der Polyvinylacetatdispersion durch Stärkelösungen ersetzen, außerdem kann man gewöhnliche Stärkeappreturen durch einen Zusatz von Polyvinylacetatdispersion wasserechter machen.

Infolge·der klebenden Eigenschaften werden die Polyvinylacetatdispersionen auch zum Doublieren von Geweben viel verwendet.

Ein weiteres Arbeitsgebiet stellt die Herstellung von Lederaustauschprodukten durch Imprägnieren von Baumwolle- oder Zellwollewattevliesen oder Papiervliesen mit Polyvinylacetatdispersionen dar. Durch das Polyvinylacetat werden die Fasern verklebt; das so gewonnene Material hat lederartige Eigenschaften. Es kann ebenso wie das durch Streichen von Geweben erhaltene auf Prägekalandern genarbt werden. Wattevliese sind den Papiervliesen vorzuziehen, da sie von Natur aus größere Festigkeit und Naßfestigkeit besitzen und dadurch auch das Endprodukt diese Eigenschaften in höherem Maße besitzt. Bei diesem Material kommen die guten Alterungseigenschaften, besonders im Vergleich mit den in sonstiger Hinsicht ausgezeichneten, mittels Naturlatex gewonnenen Produkten, voll zur Geltung.

Ein anderes Verfahren bedient sich der Fällbarkeit der Polyvinylacetatdispersionen durch Zusatz von Elektrolyten, vor allem von Aluminium-, Chrom- und Zinksalzen, in Gegenwart von Fällungsvermittlern. Als solche werden Dispergierungsmittel verwendet wie Vultamol oder Tanigan. Man vermischt in einem·Holländer oder in einem Rührgefäß einen 0,5 bis 4%igen Faserbrei aus Baumwolle-, Zellwolle-, Zellstoff- oder Lederfasern mit einer mit der 2- bis 5-fachen Menge Wasser verdünnten Polyvinylacetatdispersion und setzt dann in nicht zu großen Mengen Chromalaun, Aluminiumsulfat oder Zinkammoniumchlorid in Gegenwart der Fällungsvermittler zu. Dann wird in Pressen eine Platte gebildet. Diese Arbeitsweise ist für die Textilindustrie ohne Bedeutung geblieben.

4. Die Verwendung der Lösungen und Dispersionen in der Druckerei.

Die Polyvinylacetate eignen sich nach Angabe der I. G. Farbenindustrie A. G. als Fixiermittel für die Metallpulver (Brit. Patent 462.805). Besonders die hochviskosen, hochpolymeren Produkte kommen für diesen Verwendungszweck in Betracht.

Druckvorschrift der I. G. Farbenindustrie A. G.:

30 g Goldbronze
25 g Butoxyl (Methoxybutylacetat)
<u>45 g</u> Mowilithlösung
100 g

Mowilithlösung:

400 g Mowilith H
400 g Butoxyl (Methoxybutylacetat)
<u>200 g</u> Spiritus
1000 g

Die Druckfarben dürfen nur in den für den sofortigen Gebrauch erforderlichen Mengen angesetzt werden, da sie sehr rasch erhärten. Nach dem Drucken und Trocknen wird die Ware zweckmäßig kalandert.

Druckvorschrift (nach Diserens, Die neuesten Fortschritte in der Anwendung der Farbstoffe, S. 563):

        200 g Bronzepulver
        150 g Rhodopas H (Fa.· Rhône-Poulene)
        200 g Butylacetat
        100 g Pyrantron A (Methylglykolacetat)
        150 g Toluol
        200 g Alkohol
        ───────
       1000 g

Man kann auch Weichmacher zusetzen. In erster Linie eignen sich wieder Phtalsäureester (Palatinole) und Triphenyl-, bzw. Trikresylphosphat. Außerdem wird der Zusatz von Nitrocellulose oder Chlorkautschuk empfohlen, um die Wasserfestigkeit des Polyvinylacetates zu erhöhen, bzw. die Quellbarkeit herabzusetzen.

Man druckt entweder auf dem Rouleau unter Verwendung von tief gravierten Walzen oder im Handdruck oder im Filmdruck. Beim Spritzdruck macht sich die Neigung der viskosen Produkte zum Fadenziehen höchst unangenehm bemerkbar. Die Drucke sind wesentlich weicher als die Albumin- oder Kaseindrucke.

Auch für andere Pigmente, z. B. Mattierungsweiß eignen sich Polyvinylacetatlösungen (Diserens S. 572):

        200 g Titanweiß
        150 g Mowilith oder Vinnapas oder Rhodopas
        450 g Pyrantron A (Methylglykolacetat)
        200 g Alkohol
        ───────
       1000 g

Für den Filmdruck empfiehlt die I. G. Farbenindustrie A. G.:

        200 g Titanweiß
        400 g Emulsion MV (frühere Bezeichnung der Polyvinylacetat-Dispersionen)
         60 g Palatinol C (Dibutylphtalat)
         20 g Glycerin
         40 g Soromin AF
        130 g Wasser
        150 g Colloresin DK 40 : 1000
        ───────
       1000 g

Nach dem Drucken und Trocknen dämpft man eventuell 5 Minuten.

E. Die Verwendung der Polymerisate der Acrylsäure und ihrer Derivate (Plextol, Acronal).

Lit.: R. Houwink, Chemie und Technologie der Kunststoffe, Leipzig 1942. — Scheiber, Chemie und Technologie der künstlichen Harze, Stuttgart 1943. — Simonds-Ellis, Handbook of Plastics, 7. Aufl., New York 1946. — I. G. Farbenindustrie A. G., Kunststoffe, Taschenbuch für die verarbeitende Industrie, Frankfurt (Main) 1942. — Dr. Karl Craemer, Kunststoffdispersionen, ihre Eigenschaften und Einsatzmöglichkeiten für die Herstellung von Lederaustauschprodukten, „Kunststofftechnik“, XI. Jahrgang, 1941, Heft 2, S. 44 bis 50. — K. Walter. Plextol in der Textilindustrie, Melliand Textilberichte 18, 1938, 376.

1. Allgemeines.

Die Polyacryl- und Polymethacrylsäureester wurden unter verschiedenen Namen — „Acronal“ (I. G. Farbenindustrie), „Plextol“ (Röhm & Haas), „Acryloide“, „Lucite“, „Diakon“, „Stabol“ (in den angelsächsischen Ländern) — herausgebracht. Unter diesen Produkten gibt es sehr weiche, weichgummiartige, hartgummiartige und ganz harte, glasartige. Sowohl durch die Alkohol- als auch durch die Säurekomponente wird die Härte beeinflußt. Die Polymethacrylsäureester sind härter als die entsprechenden Polyacrylsäureester; mit zunehmender Kettenlänge der Alkoholreste der Polyacryl- und Polymethacrylsäureester nimmt die Härte und damit auch der Erweichungspunkt ab. (Unter Erweichungspunkt versteht man die Temperatur, bei der das Produkt beginnt, biegsam zu werden.) E. Trommsdorf gibt folgende Erweichungspunkte an (R. Houwink, Chemie und Technologie der Kunststoffe, Leipzig 1942, S. 351.):

Polyacrylsäure-		Polymethacrylsäure-	
methylester.	$+ 8^0$	methylester	$+ 100^0$
äthylester	$- 20^0$	äthylester	$+ 50^0$
butylester	$- 40^0$	butylester	$+ 18^0$

Unter den im Handel befindlichen Produkten sind

Plexigum A (Plextol D 1 und D 89), Acronal I ... Polyacrylsäuremethylester
Plexigum B (Plextol D 2, D 975 und D 114). Acronal II ... Polyacrylsäureäthylester
Plexigum D (Plextol D 4), Acronal IV ... Polyacrylsäurebutylester
Plexigum M (Plextol D 3) ... Polymethacrylsäuremethylester
Plexigum N ... Polymethacrylsäureäthylester
Plexigum P ... Polymethacrylsäurebutylester

Aus dem härtesten dieser Produkte, dem Polymethacrylsäuremethylester, wird, eventuell in Kombination mit dem Äthylester, das „Plexiglas“, ein „organisches Glas“ hergestellt.

Unterhalb des Erweichungspunktes sind die Produkte hart und glasähnlich, oberhalb des Erweichungspunktes werden die hochpolymeren Produkte kautschukartig, dehnbar, die niedermolekularen plastisch bis zähflüssig. Die gummiartige Beschaffenheit bleibt in einem Temperaturbereich von 100⁰ bestehen; mit steigender Temperatur geht der elastische Zustand in den plastischen über, ohne daß es zu einer Verflüssigung kommt mit Ausnahme des Polyacrylsäureesters, der auch in flüssiger Form existiert.

Die Polyacrylsäureester sind infolge ihrer großen Dehnbarkeit dem Weichgummi ähnlich, besitzen aber eine geringere Elastizität als dieser. Ihre Alterungseigenschaften, ihre Widerstandsfähigkeit gegen Witterungseinflüsse und ihre Beständigkeit gegen die Einwirkung von Chemikalien sind jedoch wesentlich besser als die des Kautschuks. Sie sind in reinem Zustand klar durchsichtig. Dieselben hervorragenden Eigenschaften haben auch die Polymethacrylsäureester, welche infolge ihrer Härte durch Bohren, Sägen, Fräsen, Schneiden usw. bearbeitet werden können, aber auch für eine thermoplastische Verformung in Betracht kommen. Mit Weichmachern lassen sich Mischungen für Spritzguß herstellen.

Außer durch Verwendung der verschiedenen Ester lassen sich die Eigenschaften auch durch verschieden weitgehende Polymerisation bedeutend variieren. Man gelangt so zu Produkten, welche für Lack- und Klebezwecke geeignet sind, also auch für Lackstriche auf Geweben oder zum Doublieren von Geweben.

Die meisten der Polymerisate vertragen kurzes Erhitzen. Beim Erhitzen über den Zersetzungspunkt werden Methacrylsäureester zu den Monomeren depolymerisiert, während bei den Polyacrylsäureestern vollständige Zersetzung eintritt (über 300⁰ C).

Die Beständigkeit gegen Chemikalien ist besonders bei den Polymethacrylsäureestern eine sehr hohe; sie werden nicht einmal durch konzentrierte Alkalien angegriffen; dagegen werden die Polyacrylsäureester durch Alkalien verseift, aber schwerer als die Polyvinylacetate. Sie sind aber gegen schwache Alkalien, schwache organische Säuren und Oxydationsmittel beständig (z. B. Ozon). Die Polyacryl- und -methacrylsäureester werden mit Ausnahme der Butylester durch Mineralöle und fette Öle nicht angegriffen. Wasser löst die verschiedenen Produkte nicht, sie nehmen aber eine kleine Menge Wasser auf.

Nach den ÖP. 145.819, EP. 453.048, FP. 795.414 der I. G. werden wasserunlösliche Polyvinylverbindungen mit Carboxylgruppen durch Harnstoff in der Wärme löslich in Wasser.

Nitrocellulose läßt sich mit den Polyacrylsäureestern in jedem Verhältnis mischen, von den Acetylcellulosen nur die höheren Ester. Ebenso verhalten sich die Celluloseäther. Naturkautschuk und Buna kann man in jedem Verhältnis mischen, ebenso Chlorkautschuk. Natur- und Kunstharze sind nicht mit allen Produkten mischbar.

Die verschiedenen Produkte können mit den meisten Weichmachern gemischt werden; es ist aber zweckmäßiger, durch Mischung der verschiedenen Polymerisate selbst, welche von ganz weichen bis zu den härtesten zur Verfügung stehen, den gewünschten Weichheitsgrad einzustellen. Rizinusöl ist als Weichmacher ungeeignet.

Die Polyacrylsäure- und Polymethacrylsäureester lassen sich sowohl in Lösung als auch in wässeriger Dispersion verarbeiten. Besonders das letzte Verfahren hat in der Textilindustrie eine sehr weitgehende Verbreitung erfahren.

Neben den Polyacrylsäure- und Polymethacrylsäureestern haben auch verschiedene Mischpolymerisate große Bedeutung erlangt (Acronal 500 D).

2. Die Verwendung von Lösungen der Polyacrylsäure- und Polymethacrylsäureester (Plextol L, Acronal).

Als Lösungsmittel sind vor allem Ester, Ketone und aromat'sche Verbindungen geeignet, Benzin im allgemeinen nicht. Die Löslichkeit in den verschiedenen Lösungsmitteln hängt vor allem von dem Alkoholrest und von dem Polymerisationsgrad ab, weniger davon, ob es sich um einen Polyacryl- oder Polymethacrylsäureester handelt. Die höchsten Polymerisationsstufen sind meist unlöslich, quellen aber noch in den Lösungsmitteln für die niedrigeren Polymerisationsstufen. Die beste Löslichkeit erhält man, wenn die Monomeren im Lösungsmittel polymerisiert werden. Gegen Benzinkohlenwasserstoffe und Mineralöl sind die polymerisierten Methyl- und Äthylester volkommen unempfindlich, die polymerisierten Butylester und noch mehr die polymerisierten höheren Ester dagegen sind quellbar bis löslich. Manche Nichtlöser kann man als Verschnittmittel verwenden; man kann bis zu 10% Benzin einer Benzollösung zusetzen

Außer als Lacke finden die Lösungen Verwendung zum Streichen von Textilien, wenngleich in einem wesentlich geringeren Maße als die Dispersionen. Am besten geeignet sind die Polyacrylsäureäthylester, während die anderen Produkte mehr als Beimischungen zur Erreichung besonderer Eigenschaften dienen.

Man kann den Lösungen Füllstoffe und Farbpigmente in großer Menge zusetzen. Weichmacher sind meistens auch verwendbar, es ist aber besser, statt dessen weichere Polyacrylsäureester, vor allem den Butylester, hinzuzumischen.

Man stellt mittels dieser Produkte Kunstleder für die Taschnerindustrie, Polstermaterial, Regenmantelstoffe, Billrothbatist usw. her. Auch für Kabelbänder eignen sie sich infolge ihrer guten elektrischen Eigenschaften, ferner für Plachen und ähnliches Material, wo es auf gute Wetterbeständigkeit und gute Alterungseigenschaften ankommt.

Da der Polyacrylsäureäthylester, welchen man mit Rücksicht auf die Geschmeidigkeit und Knickfestigkeit der Filme meistens verwendet, für manche Zwecke zu weich ist, überzieht man die Streichstoffe oft mit einem oder mehreren Strichen aus einem der härteren Polymethacrylsäureester oder auch aus Nitrocellulose, Plastopal (mit Alkoholen veräthertes Harnstoff-Formaldehyd-Kondensat) oder Igamid (Superpolyamid). Auch als Grundierungsstrich für Nitrocellulose- oder Igamid-Kunstleder, bei dem also die Hauptmasse nicht aus Polyacrylsäure- oder Polymethacrylsäureestern besteht, eignen sie sich sehr, da dadurch die Haftfestigkeit auf dem Gewebe und die Knickfestigkeit verbessert wird. Es tritt feste Verbindung zwischen der Grundierung und der Nitrocellulose ein.

Außerdem besteht noch die Möglichkeit, Polyacrylsäureester in Mischung mit Nitrocellulose zu verwenden. Dies ist in jedem Verhältnis möglich. Dadurch werden die Geschmeidigkeit, die Knickfestigkeit, die Lichtbeständigkeit und die Haftfestigkeit der Nitrocellulose wesentlich verbessert.

Die Wasserfestigkeit der Filme aus Polyacrylsäureester-Lösungen ist besser als die der entsprechenden Dispersionen. Man macht daher auf Streichstoffen, die mittels Dispersionen fabriziert wurden, oft einen Schlußstrich mit Lösungen.

3. Die Verwendung von Dispersionen der Polyacrylsäure- und Polymethacrylsäureester (Plextol D, Acronal-Dispersionen).

Unter allen Kunststoffdispersionen haben diese die weiteste Verbreitung gefunden. Dies ist dadurch zu erklären, daß sie leichter herstellbar und wesentlich einfacher zu verarbeiten sind als die bisher besprochenen Kunststoffdispersionen, mit Ausnahme der Polyvinylacetatdispersionen, welche in der gleichen Weise verwendet werden. Vor diesen zeichnen sie sich durch die bedeutend größere Beständigkeit gegen Wasser aus. Weitere Gründe für die Anwendung der Dispersionen der Polyacrylsäure- und -methacrylsäureester sind die hervorragenden Eigenschaften der Filme; insbesondere die hervorragende Alterungsbeständigkeit und Lichtbeständigkeit sowie die Benzin- und Ölfestigkeit sind Vorteile gegenüber Kautschuk- und auch Bunalatex. Ein weiterer Vorteil ist die Möglichkeit, ohne Weichmacher zu arbeiten, da man durch Mischen der verschiedenen Ester-Polymerisate jeden gewünschten Weichheitsgrad erreichen kann. Es ist daher auch bei Anwendung von Schlußstrichen aus Nitrocellulose kein Abwandern des Weichmachers in die Nitrocelluloseschicht und Kleben zu befürchten, wie bei Verwendung von Weichmacher enthaltenden Polyvinylacetatmischungen. Im Gegensatz zu Polyvinylacetat-Dispersionen sind aber die Polyacrylsäureester- und Polymethacrylsäureester-Dispersionen nicht frostbeständig. Am meisten werden die Dispersionen des Polyacrylsäureäthylesters verwendet, welche einen weichen Griff geben; für härtere Filme verwendet man den Polyacrylsäuremethylester. Durch Beimischung des Polymethacrylsäuremethylesters, welchen man nicht allein gebrauchen kann, erhält man einen noch härteren Griff, während durch Beimischen des Polyacrylsäurebutylesters der Griff weicher wird. Die Dispersionen sind dünnflüssig, man kann sie aber durch die schon bei anderen Dispersionen beschriebenen Verdickungsmittel verdicken. Außerdem gibt es durch Ammoniakzusatz verdickbare Dispersionen des Polyacrylsäureäthylesters. Als Verdickungsmittel kann man polyacrylsaures Ammon (Latecoll, Plexileim), Celluloseäther (Tylose), Kasein, Johannisbrotkernmehl usw. gebrauchen. Zweckmäßig ist es jedoch, nicht zuviel von diesen Verdickungsmitteln zu verwenden, da die Wasserfestigkeit der Filme dadurch beeinträchtigt wird.

Die Polyacrylsäure- und Polymethacrylsäureester-Dispersionen werden nicht nur zur Herstellung gestrichener Stoffe, welche als Lederaustauschstoffe, Regenschutzstoffe oder sonstige Werkstoffe dienen sollen, verwendet, sondern auch zur Herstellung von wasserbeständigen Appreturen, bei denen also keine zusammenhängenden Schichten, welche wasser- und mehr oder minder auch luftundurchlässig sind, auf das Gewebe aufgetragen werden. Es ist daher nicht verwunderlich, daß diese Kunststoff-Dispersionen ganz allgemein in die Textilveredlung schon seit Jahren Eingang gefunden haben. Mit Ausnahme der „Appretane" der I. G. Farbenindustrie A. G., welche teilweise auch aus Dispersionen von Polyvinylacetaten, Polyvinyläthern und verschiedenen Mischpolymerisaten bestehen, haben die Dispersionen von anderen Vinyl-Polymerisaten bisher noch nicht für waschechte Appreturen, also für die sogenannte Hochveredlung, größere Verwendung gefunden.

Die Dispersionen sind ca. 40 bis 50%ig eingestellt. Der pH-Wert der verschiedenen Dispersionen ist verschieden, manche Dispersionen sind alkalisch, manche sauer eingestellt, am stärksten sauer sind die mit Ammoniak verdickbaren Dispersionen eingestellt (pH-Wert 3,4 bis 4,5 bei Acronal II D 40%, mit Ammoniak verdickbar; pH-Wert 4 bis 5,5 bei Acronal 500 D ca. 50%, mit Ammoniak verdickbar).

Die Teilchengröße bei den Dispersionen liegt zwischen $0,05\mu$ bei Acronal 600 D und $0,25\mu$ bei Acronal 200 D. (Die Filme werden um so weicher, je größer die Zahl ist, welche als Typenbezeichnung dient.)

a) Die Verwendung zum Streichen von Geweben.

Man verwendet vor allem die mit Ammoniak verdickbaren Dispersionen des Polyacrylsäureäthylesters (z. B. Plextol D 114, Acronal II D mit Ammoniak verdickbar) und eines mit Ammoniak verdickbaren

Mischpolymerisates (Acronal 500 D). Für härtere Schichten wird der Methylester entweder in Mischung oder allein verwendet. Außerdem gebraucht man in Beimischungen für sehr weiche Schichten den Polyacrylsäurebutylester, für sehr harte den Methylester der Polymethacrylsäure; auch verschiedene Mischpolymerisate kommen zur Anwendung. Soweit es sich um Dispersionen handelt, welche nicht mit Ammoniak verdickt werden können, setzt man polyacrylsaures Ammon (Latecoll oder Plexileim) oder Celluloseäther (Tylose) als Verdickungsmittel zu; es ist aber dabei zu beachten, daß diese wasserlöslichen Substanzen die Wasserfestigkeit der Filme ungünstig beeinflussen.

Obwohl größere Mengen an Füllstoffen zugesetzt werden können, müssen die Mischungen mit einer gewissen Vorsicht angesetzt werden. Die mit Ammoniak verdickten Mischungen dicken beim Stehen noch nach, so daß man nicht zu stark mit Ammoniak verdicken darf. Außerdem tritt bei Zusatz der Füllstoffe unter Umständen Koagulation ein, wenn man sie nicht vorher mit Wasser anteigt. Es ist aber unrationell, mit den Füllstoffen zuviel Wasser zuzusetzen, da dadurch nicht nur die Mischungen dünner würden, also stärker mit Ammoniak verdickt werden müssen, sondern auch mehr Wasser verdampft werden muß. Keinesfalls dürfen die Füllstoffe der noch nicht verdickten Dispersion zugesetzt werden. Zweckmäßig ist der Zusatz von Stabilisatoren wie Vultamol (I. G. Farbenindustrie A. G.). Man kann ohne Koagulationsgefahr die mit Vultamol angeteigten Füllstoffe in kleinen Portionen unter Zuhilfenahme eines Schnellrührers der mit Ammoniak teilweise verdickten Dispersion zusetzen. Sollte dann beim Stehen nicht die gewünschte Viskosität eintreten, so kann man durch weiteren Zusatz von Ammoniak die Streichmasse noch viskoser machen. Zum Verdicken braucht man ungefähr 2% einer 25%igen Ammoniaklösung, gerechnet auf die 40 bis 50%ige Dispersion.

Als Füllstoffe kommen unter anderem Kaolin, Talkum, Schiefermehl, Titanweiß, Lithopone, Kieselkreide, Blanc fixe und verschiedene Pigmentfarbstoffe in Betracht. Besonders gut geeignet sind die von der I. G. herausgebrachten Vulkanosol-Pulver-fein-Farbstoffe.

Ein Zusatz von Weichmachern ist — wie schon ausgeführt wurde — nicht notwendig. Es werden verschiedene Weichmacher sehr leicht aufgenommen, z. B. Phtalsäureester (Palatinole) und Trikresylphosphat.

Es sind auch Mischungen mit Dispersionen der anderen Gruppen möglich, welche manchmal von Vorteil sind, z. B. mit Polyvinylacetat-Dispersionen oder Naturlatex. Letztere Mischung ergibt Filme, auf denen Nitrocelluloselacke haften, was bei Verwendung von reinem

Naturlatex nicht möglich ist. Vor dem Mischen mit alkalischen Dispersionen müssen die Polyacrylsäureester-Dispersionen mit Ammoniak alkalisch eingestellt werden, um Koagulationen zu vermeiden.

Um größere Wasserfestigkeit zu erzielen, werden Paraffinemulsionen zugesetzt, z. B. Ramasit (I. G.), welche wasserabstoßend wirken.

Um härtere Schlußstriche zu erhalten, kann man füllstoffreichere Mischungen verwenden. Man kann aber auch härtere Filme ergebende Polyacrylsäure- oder Polymethacrylsäureester-Dispersionen oder -Lösungen gebrauchen; bei letzterem ist auch die Wasserfestigkeit erhöht. Am besten sind aber Schlußstriche aus Nitrocellulose, Plastopalen (mit Alkoholen veresterte Harnstoff-Formaldehyd-Kondensate) oder Igamid (Superpolyamid).

Die Dispersionen der Polyacrylsäureester werden für ähnliche Zwecke eingesetzt wie die Polyvinylacetatdispersionen, also vor allem zur Herstellung von Deckbrandsohlenstoffen, Schaflederersatz, Bucheinbandstoffen, Wachstuchersatz, Plachen sowie für Doublierungen. Im folgenden werden Ansätze von Streichmassen aus der Praxis angeführt:

1.

    200 kg Acronal 500 D ca. 50%
      4 kg Ammoniak 25%
     10 kg 10%ige Vultamollösung
     30 kg Lithopone
     30 kg Talkum
     20 kg RamasitWD

2.

    200 kg Plextol D 114 (40%)
      5 kg Ammoniak 25%
     10 kg 10%ige Vultamollösung
     60 kg Mowilith D 41 (58%)
   110 kg Mowilith D 32 (58%)
     55 kg Talkum
     55 kg Lithopone
     35 kg Ramasit WD

3.

    200 kg Acronal 500 D ca. 50%
      4 kg Ammoniak
     10 kg 10%ige Vultamollösung
     88 kg Blanc fix
     52 kg Schiefermehl
     24 kg Lithopone
     10 kg Beinschwarz
     27 kg Ramasit WD

Die Ware wird in der üblichen Weise gebleicht, gefärbt und nach dem Trocknen gespannt und kalandert. Der erste Strich wird eventuell vor einem Spannrahmen gemacht, sonst wird nach dem Trocknen des ersten Striches gespannt und egalisiert. Dann wird kalandert. Nachdem die verlangte Menge an Streichmasse aufgetragen ist, wird mit einem Nitrocelluloselack gestrichen. Schließlich kann, falls eine Narbung gewünscht wird, auf dem Prägekalander warm genarbt werden.

Zum Streichen eignet sich jede Streichanlage. Es ist besonders bei Trockentrommeln darauf zu achten, daß keine allzu starke Wärmeausstrahlung auf die vor dem Streichmesser befindliche Streichmasse stattfindet.

Außer mit anderen Kunststoffdispersionen können die Polyacrylsäureester-Dispersionen auch mit Stärke verschnitten werden. Man kann dadurch beträchtlich an Kunststoff sparen, z. B.:

20 kg Kartoffelstärke werden mit Wasser aufgekocht und auf
150 l   gestellt. Dann werden
30 kg Talkum eingerührt und nach dem Abkühlen
13 kg Acronal 500 D ca. 50% zugesetzt.

Mit derartig zusammengesetzten Mischungen lassen sich Kabelbandstoffe herstellen. Sie stellen den Übergang zu den Appreturen dar.

b) Die Verwendung für waschechte Appreturen.

Bei der Herstellung von Appreturen soll keine zusammenhängende Schicht, welche das Gewebe vollständig verdeckt und für die das Gewebe nur das tragende, höchstens die mechanische Eigenschaften mehr oder minder bestimmende Gerippe ist, hergestellt werden. Ganz im Gegenteil, bei einer guten Appretur — wobei unter Appretur im engeren Sinne des Wortes nur die auf das Gewebe aufgetragene Appreturmasse verstanden werden soll — muß die ursprüngliche Gewebestruktur vollständig erhalten bleiben und das ursprüngliche Aussehen des Gewebes darf möglichst wenig verändert werden. Die Appretur dient nur dazu, die mechanischen Eigenschaften zu verbessern oder wenigstens einem bestimmten Verwendungszweck des Gewebes anzupassen, wenn man von den zu verwerfenden, lediglich eine bessere Warenqualität vortäuschenden Appreturen absieht. Keinesfalls darf der durch die Appretur entstandene Film eine zusammenhängende wasser- oder gar luftundurchlässige Schichte bilden. Wenngleich im Prinzip bei der Herstellung von gestrichenen oder imprägnierten Geweben, welche als Lederaustauschstoffe, Regenmantelstoffe oder sonstige Werkstoffe dienen sollen, in der gleichen Weise gearbeitet wird wie bei Appreturen, so ergeben sich doch bei der prakt'schen Durchführung gewisse Unterschiede. Vor allem muß man mit weniger viskosen Massen arbeiten, um die Bildung eines zusammenhängenden, von einem Faden zum nächsten reichenden und den Zwischenraum zwischen den Fäden überbrückenden Filmes zu vermeiden; der Film soll sich um den einzelnen Faden bilden, es soll sogar möglichst viel zwischen die Fasern eindringen. Es wird daher bei Appreturen mehr nach dem Imprägnierverfahren gearbeitet. Soweit man Rakelappreturen macht, wird weniger Masse aufgetragen; man arbeitet daher mit leichter gebauten Streichmaschinen mit dünneren Streichmessern oder mit Friktionierstärkemaschinen. Die Streichmassen werden meistens gar nicht oder weniger stark gefüllt.

Durch die Anwendung von Polyacrylsäureestern ist man imstande, waschechte Appreturen herzustellen; dies bedeutet einen großen Fortschritt gegen die früher üblich gewesene Art des Appretierens mit Stärke, Stärkeabbauprodukten, Leim und anderen Eiweißstoffen, Pflanzenschleimen usw., welche alle mehr oder minder rasch durch Wasser aus dem Gewebe herausgewaschen werden. Die aus Polyacrylsäureestern bestehenden, den Einzelfaden umhüllenden Filme sind mehr oder minder elastisch. Die Farben werden nicht verschleiert; es ist auch das „Schreiben" nicht zu befürchten. Da die zur Anwendung kommenden Lösungen niedriger viskos sind als die Lösungen von sonst üblichen Steifungsmitteln, kann man Appreturen aus Polyacrylsäureestern aufspritzen oder durch Einsprengen auftragen.

Man verwendet hauptsächlich den Polyacrylsäureäthylester und den Polyacrylsäuremethylester, den ersten für weiche Appreturen, z. B. Kunstseide, den zweiten für steifere Appreturen, also für Baumwolle oder baumwollartige Appreturen. Man appretiert je nach dem gewünschten Griff mit 20 bis 500 g je Liter 40%iger Dispersion, auf dem Foulard.

Um Ausbluten unechter Farben beim Appretieren zu vermeiden, kann man vor dem Färben oder Drucken appretieren.

Bei linksseitigen Rakelappreturen werden auch größere Mengen an 40%iger Dispersion verwendet; man erhält z. B. mit 500 g 40%iger, mit Ammoniak verdickter Polyacrylsäureätylester-Dispersion im Liter Rakelappreturen, mit denen man kunstseidene Daunendeckenstoffe daunendicht unter gleichzeitiger Erhaltung der Luftdurchlässigkeit machen kann.

Es können auch Füllappreturen mit Polyacrylsäureestern ausgeführt werden. Diese Appreturen sind ähnlich zusammengesetzt wie die Streichmassen für Deckbrandsohlenstoffe und ähnliche Werkstoffe. Aber auch bei gewöhnlichen Füllappreturen, unter Verwendung von Stärke, ist ein Zusatz von 10 bis 30 g 40%iger Polyacrylsäureester-Dispersion vorteilhaft, um das Stäuben zu vermeiden.

Bei Verwendung der Polyacrylsäureester-Dispersionen arbeitet man entweder in kalten Bädern oder in auf höchstens 70⁰ C erwärmten Bädern. Man setzt Stabilisatoren zu, um Koagulation zu vermeiden. Man kann auch mit Kombinationen der Ester und des polyacrylsauren Ammon arbeiten.

Besonders die Firma Röhm & Haas in Darmstadt hat sich um die Ausarbeitung dieser Appreturverfahren durch Herausbringen ihrer verschiedenen Plextol D-Marken verdient gemacht. Die ähnlichen Appretane der I. G. gehören verschiedenen Polymerisat-Gruppen an.

c) Die Verwendung in der Druckerei.

Die Polyacrylsäureester-Dispersionen eignen sich in der Druckerei zum wasserfesten Fixieren von Pigmenten auf der Faser. Gewöhnlich verwendet man sie gemeinsam mit Verdickungsmitteln wie polyacrylsaurem Ammon, Celluloseäther usw.

Druckvorschrift von Röhm & Haas:

        200 g Plexileim
        200 g Goldbronze
        550 g Plextol D 89 (Polyacrylsäure-
              methylester)
         50 g Peregal O
       1000 g

Druckvorschrift der I. G. Farbenindustrie A. G.:

       250 g Colloresin DK (Celluloseäther)
        10 g Setamol WS
       220 g Bleichgold, ev. mit Titandioxyd
        20 g Peregal O
       500 g Appretan A
      1000 g

Man druckt, trocknet und dämpft während einiger Minuten.

d) Sonstige Verwendungsgebiete.

Für die Herstellung von Lederaustauschprodukten durch Imprägnieren von Baumwolle- oder Zellwollewattevliesen oder Papiervliesen eignen sich die Polyacrylsäure- und Polymethacrylsäureester-Dispersionen wesentlich besser als die Dispersionen des Polyvinylacetates, da sie viel feiner dispers und weichmacherfrei sind, so daß kein Nachkleben zu befürchten ist. Die Fasern werden durch den Kunststoff beim Trocknen verklebt. Wattevliese sind den Papiervliesen vorzuziehen, da sie von Natur aus bessere Trocken- und Naßreißfestigkeit besitzen und dadurch auch das daraus hergestellte Lederaustauschprodukt diese Eigenschaften in höherem Maße besitzt. Insbesondere durch seine hohe Alterungsbeständigkeit und Beständigkeit gegen Witterungseinflüsse zeichnet sich dieses Austauschmaterial vor dem aus Naturlatex oder Bunalatex auf die gleiche Weise hergestellten aus. Man kann auf dem Prägekalander in der Wärme narben, die Temperatur soll 60° C nicht überschreiten.

Man kann auch so arbeiten, daß man loses Fasermaterial (Textil- oder Lederfasern) im Holländer mit der 20- bis 50-fachen Menge Wasser mischt und die Dispersion zusetzt. Die Dispersion wird dann durch fällende Salze, Aluminiumsulfat, Chromalaun oder Zinkammoniumchlorid auf der Faser niedergeschlagen. Dann werden aus dem Material in Pressen Platten gebildet.

Diese Verfahren sind zwar für die Textilindustrie von geringerem Interesse; es ist aber nicht allzu schwer, sie ohne wesentliche Neuanschaffungen auszuführen.

Weitere Verwendungsgebiete sind die Herstellung von Lacken und Klebestoffen.

4. Die Verwendung der Salze der Polyacrylsäure
(Plexileim, Latecoll).

Das polyacrylsaure Ammon (Plexileim von Röhm & Haas, Latecoll der I. G. Farbenindustrie A. G.) ist in Wasser löslich unter Bildung einer hochv'skosen Masse, über deren Verwendung als Verdickungsmittel und Stabilisator für Kunststoffdispersionen früher berichtet wurde. Auch bei der Polymerisation in Emulsion werden Salze der Polyacrylsäure als zusätzliche Emulgatoren neben Körpern seifenartigen Charakters verwendet.

Die wässerigen Lösungen des Plexileimes lassen sich mit Wasser ohne wesentliche Viskositätserniedrigung verdünnen. Die Lösungen gelatinieren in der Kälte nicht. Gegen hartes Wasser sind die Polyacrylate unempfindlich. Gegen Magnesiumsulfat sind sie vollständig, gegen Magnesiumchlorid bis zu einem gewissen Grad beständig (200 g Plexileim bis zu 36 g Magnesiumchlorid). Dagegen wirkt Calciumchlorid ausfällend. Lösungen des Plexileims reagieren nur schwach alkalisch. Sie sind mit Stärke, Dextrin, Leim und mit seifenartigen Körpern mischbar.

Beim Auftrocknen erhält man weiche und hochelastische, nicht brechende Filme, so daß sich diese Produkte als Schlicht- und Appreturmittel gut bewähren. Man verwendet sie teils für sich allein, teils in Kombination mit Stärke, Glaubersalz, Seifen und anderen sonst auf diesem Gebiete verwendeten Substanzen. Vor diesen zeichnet sich Plexileim durch seine Beständigke't gegen Bakterien und sonstige Zersetzungen aus. Schlichten und Appreturen mit Plexileim sind sehr weich und geschmeidig, so daß in den meisten Fällen ein Zusatz von Fetten oder Appreturölen nicht notwendig ist. Plexileim ist für alle Faserarten geeignet.

Zum Schlichten verwendet man nach Angaben der Herstellerfirma für Wolle und Wolle-Zellwolle-Mischgarne 6 bis 7 kg Plexileim oder 4 kg Plexileim und 4 kg Kartoffelmehl, für Zellwollgarne 2 kg Plexileim und 2 kg Kartoffelmehl, für Baumwoll- und Zellwollmischgarne 5 kg Plexileim und 3 kg Kartoffelmehl oder 3 kg Plexileim und 5 kg Kartoffelmehl und für Baumwolle- und Baumwollmischgarne 4 kg Plexileim und 4 kg Kartoffelmehl auf 100 Liter Schlichtflotte. Die geschlichteten Garne haben neben dem weichen Griff eine glatte Oberfläche und sind sehr elastisch, so daß sie gut verwebbar sind.

Hochviskose Lösungen von polyacrylsaurem Natrium zeigen durch Zusatz von Elektrolyten (z. B. Chlornatrium oder Chlorammon) eine bedeutende Erniedrigung der Viskosität (DRP. 629.581 der I. G.). Dies ist für das Schlichten deshalb von Wichtigkeit, da man größere Mengen Substanz auf die Faser bringen kann als mit viskoseren Lösungen gleicher Konzentration, da diese infolge der höheren Viskosität nicht in die Faser eindringen können.

Zum Appretieren verwendet man zwischen 10 und 200 g Plexileim pro Liter Flotte beim Arbeiten auf dem Foulard.

Bei Kombination von Plexileim mit Kunststoffdispersionen kann der Plexileim nicht nur als Verdickungsmittel in verhältnismäßig geringen Mengen, sondern auch dort, wo es nicht auf Wasserechtheit ankommt, aber Ersparnisse erzielt werden sollen (z. B. beim Kaschieren), in wesentlich größeren Mengen zugesetzt werden (nach Angabe der Herstellerfirma 30 kg Plexileim auf 40 kg Plextol D 114 oder 60 kg Plexileim auf 20 kg Plextol D 114 und 20 kg Revertex).

In allen Fällen soll Plexileim vorgelegt werden, da man so eine stärkere Verdickungswirkung erzielt, als wenn man umgekehrt arbeitet.

Ein Mischpolymerisat aus 65% Methacrylsäure und 35% Methacrylsäuremethylester („Rohagit" von Röhm & Haas), welches alkalilöslich ist, kann in Mengen von 0,5 bis 1% als Verdickungsmittel für Dispersionen von Polyacrylsäureestern und Polyvinylacetaten Verwendung finden. Es dient auch für Imprägnierungen (Steifappreturen).

Als Druckverdickungen können Polyacrylate sowohl allein als auch in Kombination mit Polyacrylsäureestern (z. B. Plextol D 114) verwendet werden; in diesem Falle dient der Polyacrylsäureester als Fixierungsmittel (Pigmentdruck). Ohne Zusatz von Polyacrylsäureestern können Salze der Polyacrylsäure und der Polymethacrylsäure sowie Mischpolymerisate mit Maleinsäure als Verdickungsmittel für alkalische Druckfarben Anwendung finden. Insbesondere bei Zusatz von wasserlöslichen Silikaten erzielt man eine bessere Farbstoffausnützung und eine bessere Fixierung der Farbstoffe; außerdem läßt sich eine bestimmte Drucktiefe einstellen (DRP. 713.903, Röhm & Haas). Nach Angaben der I. G. sollen 5 bis 7%ige Lösungen von Salzen der Polyacrylsäure genügen, um geeignete Zeugdruckverdickungen herzustellen (Am. P. 1,976.679).

Neben der verdickenden Wirkung der Polyacrylate wird in manchen Fällen die dispergierende Wirkung ausgenützt. So werden Polyacrylate bei Polymerisationsprozessen zugesetzt. In Gemeinschaft mit wasserlöslichen Orthophosphaten verhindern wasserlösliche Salze der Polyacrylsäure oder ihrer Derivate beim Waschen von Textilien mit Seife die Ablagerung von unlöslichen Erdalkaliverbindungen (DRP. 690.951, I. G.).

5. Die Verwendung der Polymerisate des Acrylsäurenitrils und seiner Mischpolymerisate.

Die Amerikaner haben synthetische Fasern aus Mischpolymerisaten des Acrylnitrils mit Vinylchlorid auf den Markt gebracht, welche sich durch große Festigkeit und hohe Beständigkeit gegen die Einwirkung von Hitze und Chemikalien auszeichnen. Daraus hergestellte Garne werden für Strümpfe und Stoffe verwendet („Fiber A" von Du Pont und „Vinyon N" der Carbide & Carbon Chemicals Corp.).

Mischpolymerisate des Acrylsäurenitrils mit Butadien sind Perbunan und Perbunan extra (Buna N und NN). Dispersionen dieser Mischpolymerisate sind unter den Namen „Igetex" (I. G.) und „Hycar" (B. F. Goodrich Chemical Company, Cleveland) in Verwendung. Mischpolymerisate des Acrylsäurenitrils mit Vinyläthern werden im DRP. 707.321 der I. G. für die Herstellung von doublierten Stoffen beschrieben.

In Melliand Textilberichten 1939, 283 beschreibt Gerber eine Zeugdruckverdickung, die aus einer 15%igen Lösung eines Mischpolymerisates aus 35% acrylsaurem Natrium und 65% Acrylsäurenitril besteht. Sie ist für Küpenfarbstoffe, Indigosolfarbstoffe und Rapidogenfarbstoffe geeignet. Sie erfordert eine längere Dämpfdauer als Stärke-Tragant-Verdickungen. Rapidogenfarbstoffe werden bei Verwendung dieser Verdickung am besten neutral gedämpft und im essig- und ameisensaurem Bad entwickelt.

Außerdem finden Polymerisate des Acrylsäurenitrils auf dem Lackgebiet Anwendung.

F. Die Verwendung der Polyvinyläther.

Polyvinylisobutyläther wurde von der I. G. Farbenindustrie A. G. nach britischen Berichten (British Plastics 1946, April, S. 168) als „Oppanol C" in den Handel gebracht. Es ist kautschukähnlich, besitzt aber bessere Alterungseigenschaften. Es ist beständig gegen verdünnte Säuren, verdünnte und konzentrierte Alkalien, löslich in Benzin, Benzol, Chlorkohlenwasserstoffen, Estern und Äther, schwach hygroskopisch, ohne daß die physikalischen Werte beeinträchtigt werden. Es findet Anwendung bei der Erzeugung von Imprägnierungen und Streichstoffen; als Schlußstrich auf Beschichtungen aus Oppanol B 200 verhindert es den Abbau des letzteren durch Sauerstoff im Licht. Außerdem wird es als Klebestoff ·verwendet.

Hierher gehören weiters die „Igevine" der I. G., welche teilweise in Benzin, teilweise in Alkohol und in einem Falle auch in Wasser löslich sind. Sie sind teils ölartig, teils weichharzähnlich und teils hartharzähnlich. Sie werden als Klebstoffe für die verschiedensten Zwecke benützt.

Benzinlösliche Produkte können in wässerige Dispersionen überführt werden, z. B. der früher erwähnte Polyvinylisobutyläther. Die Verwendung der Dispersion des Polyvinylisobutyläthers für waschbeständige Appreturen ist von der I. G. im EP. 491.539 beschrieben worden (Am. P. 1,971.662, EP. 419.675, DRP. 558.851).

Dispersionen wasserunlöslicher Vinylzwischenpolymerisate in wasserlöslichen (z. B. von Vinyloktodecyläther in Vinylmethyläther) sind als Druckverdickungen für Küpenfarbstoffe geeignet (EP. 464.283, I. G.).

G. Die Verwendung des Polyvinylcarbazols.

Dieses wird unter der Bezeichnung „Luvican" von der I. G. Farbenindustrie für das Preß- und Spritzgußverfahren empfohlen. Es zeichnet sich durch hohe Wärmebeständigkeit, gute dielektrische Eigenschaften und Beständigkeit gegen Laugen und verdünnte Säuren und Unlöslichkeit in Alkoholen, Benzin, Mineralöl, Tetrachlorkohlenstoff und Terpentin aus.

H. Die Verwendung der Polyvinylketone.

Im EP. 467.312 der I. G. ist die Verwendung von 20%igen Lösungen des Polyvinylmethylketons in Aceton und 20%igen wässerigen Dispersionen zur Herstellung von waschechten Appreturen beschrieben. Außerdem sind Polyvinyläthylketon und Mischpolymerisate des Vinylmethylketons mit Styrol oder Acrylsäureäthylester erwähnt.

Einzelne Polyvinylketone können als „organisches Glas" verwendet werden.

I. Die Verwendung des Polystyrols.

Es lassen sich Polymerisate des Styrols herstellen, welche Molekülgrößen über 500.000 erreichen; technische Verwendung finden Produkte mit niedrigerem Molekulargewicht, etwa 20.000 bis 100.000.

Sie stellen glasklare, spröde, harte Massen dar, die aber durch Reckung ihre Sprödigkeit verlieren und elastisch werden können. Sie sind gegen Licht sehr beständig, außerordentlich wasserfest und besitzen vorzügliche elektrische Isolierungseigenschaften. Sie sind vor allem in aromatischen Kohlenwasserstoffen und in verschiedenen Estern (Butylacetat, Methoxybutylacetat, Äthylglykolacetat, Cyclohexylacetat) und verschiedenen Ketonen (Anon, Methylanon) löslich oder wenigstens quellbar. Polymerisate mit guter Löslichkeit werden für Lacke verwendet (Polystyrol B, Ronilla L und das Mischpolymerisat Styresin H). Für thermoplastische Zwecke geeignete Produkte (Trolitul) werden für verschiedene Preßstoffe oder Spritzgußartikel verwendet.

Durch Reckung kann man Filme und Fäden von großer Reißfestigkeit, Elastizität und Dehnbarkeit erzeugen, welche insbesondere für die Kabelindustrie Bedeutung erlangt haben (Styroflex).

In der Textilveredlungsindustrie ist man bezüglich der Styrolpolymerisate über das Versuchsstadium noch nicht hinausgekommen. Benzolische Lösungen von Polystyrol schlägt die I. G. zum Wasserdichtmachen von Geweben (DRP. 534.636) und als Hutsteifen vor (EP. 367.126).

Es ist aber nicht ausgeschlossen, daß die Polystyrole in Zukunft für die Textilveredlung Bedeutung gewinnen werden. In einem Bericht der AATCC (Amerikanische Textilchemiker- und Koloristen-Vereinigung) wird darauf hingewiesen, daß bei Ausrüstungen mit Melamin-Formaldehyd-Harzen durch Zusatz von Polystyrol oder Alkyden die Scheuerfestigkeit verbessert wird (Textile World 1947, Januar 141, 188).

Buna S und GR-S (Government Rubber Styrene, Standard Type) sind Mischpolymerisate aus ca. 30% Styrol und 70% Butadien, Buna SS mit gleichen Anteilen der beiden Komponenten.

Im Gegensatz zu diesen vulkanisierbaren „künstlichen Kautschuks" stehen Mischpolymerisate aus ca. 15% Butadien und 85% Styrol, welche von der Goodyear Tire & Rubber Co., unter den Bezeichnungen „Pliolite" S-3, S-5 und S-6 in den letzten Jahren herausgebracht wurden. Diese lassen sich leichter als das Polystyrol mit GR-S und Perbunan mischen (ebenso auch mit Naturkautschuk). Besonders die letzte Marke bewirkt eine Verbesserung der Dehnung, Reißfestigkeit, Härte, Steifheit und Biegefestigkeit. Auch die Verarbeitbarkeit des Buna wird dadurch besser, daß Pliolite S-6 bei höheren Temperaturen als Weichmacher wirkt, wodurch besonders bei GR-S das Mischen und das Kalandern erleichtert wird und auch das Schrumpfen nach dem Kalandern verringert wird.

J. Die Verwendung des Polyvinylalkohols (Vinarol).

Die Polyvinylalkohole werden unter dem Namen „Vinarol" von der I. G. Farbenindustrie A. G., unter der Bezeichnung „Polyviol" vom Consortium für elektrochemische Industrie Dr. A. Wacker hergestellt. Amerikanische Produkte heißen „Resinoflex". Sie können in allen Polymerisationsstufen durch Verseifung von Polyvinylestern erhalten werden. Sie sind in allen organischen Lösungsmitteln mit Ausnahme von Glykol und Glycerin unlöslich. Mit Wasser bilden sie hochviskose Lösungen. Die Viskosität kann durch Zusatz von Borax, Borsäure und anderen Borverbindungen gesteigert werden. Wahrscheinlich bilden sich dabei Komplexverbindungen. Der Viskositätsgrad hängt vom Polymerisationsgrad des Polyvinylalkohols bzw. des Esters, aus dem jener durch Verseifung entstanden ist, ab.

Durch Erhitzen auf Temperaturen um 100⁰ C verliert der Polyvinylalkohol seine Wasserlöslichkeit. Auch durch Formaldehyd oder Tannin kann er in eine wasserunlösliche Form gebracht werden (Bildung von Polyvinylacetalen, bzw. Kondensationsprodukten mit Tannin). Außerdem wirken Eisenchlorid, Chromate, mehrbasische Säuren, Polyhalogenverbindungen wie Dichlordioxim, Dimethylolharnstoff, verschiedene Farbstoffe (z. B. der Kongoreihe), härtend.

Die Polyvinylalkohole sind geruch- und geschmacklose, ungiftige Stoffe, deren wässerige Lösungen neutral, eventuell auch schwach sauer (von der sauren Verseifung her) reagieren. Sie können daher außer für technische Zwecke auch in der Nahrungsmittel-, pharmazeutischen und kosmetischen Industrie Verwendung finden. Weitere Verwendungsgebiete sind die Herstellung von treibstoffesten Schläuchen, die aber von Wasser angegriffen werden, von Tinten, Farbstoffpasten, Tuschen und die Reproduktionstechnik, wo an Stelle von Gelatinefolien solche aus Polyvinylalkoholen in Anwendung kommen.

Die Verwendung in der Textilindustrie findet vor allem auf dem Gebiete der Schlichterei und der Appretur statt. Handelsmarken sind „Vinarol" (I. G.), „Sistig-Schlichte" (Leo Sistig), „Supraschlichte" (Louis Blumer). Man verwendet meist Mischungen von hoch- und niederpolymeren Produkten; die letzteren dringen infolge der geringeren Viskosität leichter in den Faden ein, während die ersteren den äußeren Film bilden. Man kann daher größere Mengen von Polyvinylalkoholen auf die Faser, bzw. ins Innere der Faser bringen, als wenn man mit höherpolymeren, höherviskosen Polyvinylalkoholen allein arbeiten würde. Diese Schlichten haben besonders für Kunstseide größere Verwendung gefunden, wo sie vor Leinölschlichten den Vorteil besitzen, daß sie leichter von der Ware entfernt werden können und nicht als Sauerstoffüberträger wirken. Sie sind auch leichter herzustellen als Leinölschlichten.

Während man in der Schlichterei auf leichte Auswaschbarkeit Wert legt, verwendet man die Polyvinylalkohole auch zur Herstellung von waschbeständigen, knitter- und quellfesten Appreturen gemeinsam mit Dimethylolharnstoff (Kaurit KF der I. G.), wobei sie unter Bildung von Polyvinylacetalen wasserunlöslich werden.

In verschiedenen Patenten wird die Verwendung von Polyvinylalkoholen für Druckverdickungen beschrieben. Es muß aber darauf Rücksicht genommen werden, daß verschiedene in den Druckfarben enthaltene Chemikalien mit Polyvinylalkoholen reagieren könnten. Nach dem DRP. 531.475, ÖP. 126.574, EP. 355.059 und Am. P. 1,922.993 der I. G. kann man Küpenfärbungen mittels Polyvinylalkoholen reservieren. Diese werden durch Einwirkung von Alkalien in der Wärme unlöslich, so daß an diesen Stellen der Küpenfarbstoff von der Faser nicht aufgenommen werden kann. Als Beispiel ist eine Druckfarbe, bestehend aus 200 g m-nitrobenzolsulfosaurem Natrium (Ludigol), 600 g einer 25%igen Polyvinylalkohollösung und 200 g Wasser angeführt.

Das FP. 691.070 der I. G. schützt Verdickungen aus Polyvinylalkoholen zum Drucken von Küpenfarbstoffen. Man verdickt z. B. 100 g Küpenfarbstoff mit einer Verdickung, bestehend aus 100 g Polyvinylalkohol in 900 g Wasser. Der Stoff wird nach dem Drucken durch ein Bad von 110 g Rongalit C, 100 g Alkali und 75 g Glycerin pro Liter Flotte durchgenommen oder gepflatscht, getrocknet und gedämpft.

Polyvinylalkohole werden auch gemeinsam mit Aldehyden für Druckverdickungen vorgeschlagen. Es bilden sich dabei Acetale. So werden nach EP. 499.876 der Nobel Ges. Kondensationsprodukte von Polyvinylalkoholen mit Aldehyden gemeinsam mit Weichmachungsund Lösungsmitteln zur Herstellung von Druckfarben für Reserveund Pigmentdruck verwendet. Man muß die Polyvinylalkohole nicht isolieren, sondern man kann direkt das Polyvinylacetat mit Formaldehyd kondensieren; dieses Kondensationsprodukt wird mit einem Glykoläther auf Seide gedruckt; es wird anschließend sauer ausgefärbt. Nach dem DRP. 749.390 (I. G.) werden Kondensationsprodukte des Polyvinylalkohols mit Aldehyden, welche mit Salzsäure als Kondensationsmittel hergestellt werden, als Fixierungsmittel im Pigmentdruck verwendet.

Außerdem soll Polyvinylalkohol das Abziehen von Küpenfärbungen erleichtern, wenn Mengen von 0,5 g dem alkalischen Hydrosulfitbad zugesetzt werden (DRP. 636.626, Ciba). Dieses Verfahren steht in einem gewissen Widerspruch zu den früher erwähnten Druckverfahren, da bei diesen der als Druckverdickung verwendete Polyvinylalkohol durch Alkalien unlöslich wird.

Polyvinylalkohole werden weiters Dispersionen anderer Vinylpolymerisate als Verdickungsmittel und Stabilisatoren zugesetzt; z. B. enthalten die Mowilith-Dispersionen eine gewisse Menge Polyvinylalkohole. Es können manche Polymerisationsprozesse in Gegenwart von Polyvinylalkoholen ausgeführt werden.

K. Die Verwendung der Polyvinylacetale.

Diese Produkte befinden sich noch im Stadium der Entwicklung, so daß vorläufig noch gar nicht beurteilt werden kann, welchen Umfang ihre Verwendungsmöglichkeiten haben werden. Die Möglichkeiten zur Acetalbildung sind sehr vielseitig, da man nicht nur verschiedene Polyvinylalkohole als Ausgangsmaterial einsetzen kann, sondern auch verschiedene Aldehyde und Ketone, eventuell auch Mischungen, verwendet werden können. Insbesondere fanden bisher Acetale, welche sich vom Acetaldehyd, ferner vom Formaldehyd und Butyraldehyd ableiten, größere Verwendung.

Von der I. G. Farbenindustrie werden Polyvinylacetale unter dem Namen „Mowital" erzeugt, welche für Preßmassen Verwendung finden, aus denen Formkörper mit guten mechanischen Eigenschaften und guter Kältebeständigkeit fabriziert werden.

Für die Fabrikation von gestrichenen Geweben und zum Doublieren von Stoffen sowie auch zum Verkleben von Formkörpern aus Mowital-Preßmasse wird die Marke „Mowital P 1 in Lösung" verwendet. Diese ist eine hochviskose Lösung eines Gemisches eines Polyvinylacetales mit Weichmachern in einem Wasser-Alkohol-Gemisch mit einem Festgehalt von annähernd 20%. Es können auch Filme nach dem Gießverfahren hergestellt werden. Man kann aber auch Folien erzeugen, indem man Mowital ohne Lösungsmittel bei 70 bis 90° C im Kneter vorbehandelt und auf enggestelltem Walzwerk bei 120 bis 140° C zu homogenen Folien auszieht.

Die Widerstandsfähigkeit dieser Polyvinylacetale gegen Wasser, Gemische aus Alkohol und Wasser, niedere Alkohole, niedere chlorierte Kohlenwasserstoffe, Alkalien und Säuren ist gering; sie besitzen aber eine hohe Beständigkeit gegen Benzin, Benzol und andere aliphatische und aromatische Kohlenwasserstoffe, aromatische Chlorkohlenwasserstoffe und Schwefelkohlenstoff: insbesondere ist die Beständigkeit gegen Mineralöle und Treibstoffe von Bedeutung. Dabei hat es sich gezeigt, daß die nur teilweise acetalisierten Produkte wasserbeständiger sind als die ganz acetalisierten. Im Vergleich zu den Polyvinylacetaten besitzen die Polyvinylacetale eine bessere Wärmebeständigkeit und vor allem eine bessere Kältebeständigkeit, ferner größere Haftfestigkeit, Härte und Zähigkeit, aber geringere Wetterbeständigkeit. Die elastischen Eigenschaften bleiben noch bei Temperaturen unter — 40⁰ C erhalten; die Festigkeitswerte bei derart niederen Temperaturen sind sehr gut und übertreffen die entsprechenden Festigkeitswerte der Polyisobutylene bei weitem. Sie sind neben den Polyisobutylenen die einzigen Produkte, welche bei diesen niedrigen Temperaturen elastisch bleiben. Der „Kalte Fluß" ist gering.

Die Amerikaner haben besonders gute Erfahrungen mit dem Acetal aus Butyraldehyd (Butyral) gemacht. Ford stellte daraus Kunstleder für die Ausstattung von Autos her (Textile World 1946, Juliheft, 114).

Außer zum Streichen von Geweben sind die Polyvinylacetale auch zum Imprägnieren geeignet. Als Hutsteife werden sie im EP. 491.539 (I. G.) und im DRP. 717.061 („Pioloform", Dr. A. Wacker) geschützt; es ist nicht ausgeschlossen, ebenso wie die Appretane, die größtenteils Polyacrylsäureester und Polyvinylacetate sind, auch Polyvinylacetale zu verwenden. Die Verwendung für Schlichten ist in den EP. 372.599, ÖP. 128.839, DRP. 542.286 beschrieben. Es werden auch acetalartige Produkte auf der Faser erzeugt. So werden nach den DRP. 648.792, ÖP. 147.143, FP. 767.147 Gemische von Polyvinylalkohol und Formaldehyd für knitterfeste Ausrüstungen verwendet, während man nach dem DRP. 651.893 gasundurchlässige Stoffe, z. B. Ballonstoffe, durch Imprägnieren mit Polyvinylalkohol und einem Gemisch aus zwei Aldehyden wie Formaldehyd und Acetaldehyd erzeugt.

Als Verdickungen auf dem Gebiete der Druckerei sollen die Polyvinylacetale geeignet sein (EP. 372.599, ÖP. 128.839, DRP. 542.286, ferner EP. 499.876).

Auch die Aldehydsulfosäuren wie die o-Benzaldehydsulfosäure wurden mit Polyvinylalkoholen kondensiert. Sie sollen sich besonders für Kaschierungen eignen (DRP. 643.650).

Eine weitgehende Verwendung finden Polyvinylacetale insbesondere in Amerika auf dem Lackgebiet („Galvar", „Formvar").

L. Die Verwendung der Cumaronharze.

Diese finden als Lackrohstoffe und auf anderen Gebieten eine vielseitige Verwendung. Auf dem Textilgebiet konnten sie sich nicht durchsetzen, obwohl Versuche unternommen worden sind, z. B. als Imprägnierungsmittel oder als Bindemittel für Druckfarben im Reliefdruck. Ansonsten kommen sie nur als Zusätze bei anderen Kunststoffen zur Verwendung, z. B. bei Buna.

III. Die Verwendung der Kondensatkunststoffe.

A. Die Verwendung der Phenol-Formaldehyd-Kondensate (Bakelite).

1. Allgemeines.

Lit.: R. Houwink, Chemie und Technologie der Kunststoffe, Leipzig 1942. — J. Scheiber, Chemie und Technologie der künstlichen Harze, Stuttgart 1943. — Simonds-Ellis, Handbook of Plastics, 7. Aufl., New York 1946. — L. Diserens, Die neuesten Fortschritte in der Anwendung der Farbstoffe, Basel 1941.

Die Phenol-Formaldehyd-Kondensate sind unter den rein synthetischen Kunststoffen die älteste und wahrscheinlich auch am meisten verwendete Gruppe. Daneben wurden modifizerte Phenolharze entwickelt, die als dritte maßgebliche Komponente neben dem Phenol und dem Aldehyd ein natürliches oder künstliches Harz oder eine Fettsäure enthalten. Man erreicht dadurch Verträglichkeit mit Kohlenwasserstoffen und fetten Ölen. Unter anderem werden benützt: Kolophonium, Abietinsäuren, Kopalharze, Cumaronharze, Alkydharze, Harnstoffharze, Vinylesterpolymerisate, Fettsäuren.

Die nicht härtbaren „Novolake" werden vor allem für Lackzwecke, z. B. als Schellackersatz verwendet. Sie werden teilweise für sich allein, teilweise in Kombination mit Nitrocellulose, natürlichen und künstlichen Harzen, fetten Ölen und anderen Lackrohstoffen verwendet.

Die härtbaren Resole werden für die verschiedensten Zwecke verwendet. Man stellt aus Gußmassen Gegenstände in der Art des Bernsteins, Elfenbeins, Schildpatts usw. her. Man kann diese Gegenstände durch Bohren, Schneiden, Sägen, Schnitzen, Feilen, Fräsen, Drehen, Schleifen, Biegen bearbeiten.

Man kann mehr oder weniger angehärtete Resolharze durch direkte Heißpressung bei Temperaturen um 150° C verarbeiten. Man stellt so zahllose Gegenstände für elektrotechnische Zwecke, Automobilbestandteile und Gegenstände des täglichen Gebrauches her. Für die Textilindustrie ist die Herstellung von säurefesten und chemikalienbeständigen Armaturen („Haveg") von Interesse, da man diese für säurefeste und chemikalienbeständige Auskleidungen für Bleich- und Färbemaschinen und für Rohrleitungen verwenden kann. Neben den gegossenen und gepreßten Gegenständen spielen die geschichteten eine große Rolle. Diese werden erzeugt, indem man blattartige Stoffe, z. B. Papier, Gewebe, Holztafeln usw. mit Resolharz behandelt und unter Druck oder Zug in der Wärme verschweißt.

Auch für die Imprägnierung der verschiedensten Materialien wie Holz, Leder, Papier, Pappe, porös gebranntes Porzellan, Textilien usw. werden Resole verwendet.

Im Gegensatz zu dieser allgemein bedeutenden Anwendung der Phenol-Formaldehyd-Harze konnten sie auf dem Gebiete der Textilindustrie keine große Bedeutung gewinnen. Sie wurden überall, wo man Versuche unternahm, sie anzuwenden, von den Harnstoff-Formaldehyd-Harzen mehr oder minder verdrängt. Diese haben verschiedene Vorteile, vor allem die vollständige Farblosigkeit und Lichtbeständigkeit, voraus.

2. Die Verwendung der Phenol-Formaldehyd-Kondensate in der Textilveredlungsindustrie.

Es wurde bald erkannt, daß die Kondensationsprodukte von Phenol (DRP. 174.745; DRP. 140.552; R. G. M. C. 1913, 182, 190, 245, 276; Färb. Ztg. 1914, 63; FP. 452.677) und Resorcin (R. G. M. C, 1901, 180; Bull. Soc. Ind. Mulh. 1901, 124 bis 128; Färb. Ztg. 1901, 293) mit Formaldehyd basische Farbstoffe fixieren. Es dürfte sich aber bei diesen Produkten noch nicht um die letzten Kondensationsstufen handeln. Mit Resorcin wurde nach folgendem Ansatz gearbeitet:

    15 Teile Resorcin
    800 Teile Wasser
    200 Teile Natriumbisulfit 38⁰Bé
    125 Teile Formaldehyd 11⁰Bé

Bei Verwendung des Phenols hat sich die Kondensation mit Kaliumsulfit als Katalysator als zweckmäßig erwiesen. Auch zur Fixierung von basischen Farbstoffen in Buntreserven, z. B. unter Anilinschwarz oder Schwefelfarbstoffen sind die genannten Kondensate geeignet (Revue Textile 1922, 925). Während bei diesen Verfahren die wasserunlöslichen höheren Kondensationsstufen erst auf der Faser erzeugt werden, kann man auch höhere Kondensate direkt verwenden, wenn man diese durch Einführung von Sulfogruppen (EP. 388.936, Geigy) oder durch Behandlung mit Äthylenoxyd (DRP. 618.034, I. G.) in wasserlösliche Form gebracht hat.

Die Lichtechtheit basischer und substantiver Färbungen kann nach EP. 435.868, Am. P. 2,033.836, ÖP. 148.132) durch bei einem pH-Wert 4,5 bei 180 bis 210⁰ C erzeugte Phenol-Formaldehyd-Kondensate erhöht werden.

Vorgedruckte Bakelitereserven reservieren substantive Färbungen (DRP. 347.277). Nach Durand & Huguenin (DRP. 645.469, EP. 469.843) stellt man Buntreserven von Indigosolen unter Indigosol-Färbungen her, indem man eine Paste vordruckt, welche außer dem

Indigosol-Farbstoff, Zinkoxyd, Natriumnitrit noch Phenol und Harnstoff enthält, in einem schwach verdickten Klotzbad, welches einen anderen Indigosolfarbstoff und Natriumnitrit enthält, klotzt und durch nachfolgende Schwefelsäurepassage entwickelt. Wolle läßt sich durch Phenol-Formaldehyd-Kondensate (Am.P. 1,982.619, EP. 388.696) und ihre Sulfonierungsprodukte gegen substantive Farbstoffe reservieren.

Die Kondensationsprodukte von Phenolen mit Formaldehyd sind auch zum Fixieren von Metallpulvern und Pigmenten geeignet. Insbesondere wurden die Kombination Resorcin-Formaldehyd mit Gelatine (Färb. Ztg. 1913, 330; Bull. Mulh. 1913, 56, 234) und die Mischung von Phenol-Formaldehyd-Vorkondensaten mit Leim als Verdicker (Am. P. 2,087.700) empfohlen. Dabei muß ein Überschuß an Formaldehyd vermieden werden, um den Leim oder die Gelatine nicht zu koagulieren. Nach dem Druck wird im Schnelldämpfer die Fixierung durchgeführt (DRP. 264.173, FP. 452.677, FP. 464.344; Färb. Ztg. 1914, 63; Revue Textile 1921, 465).

Die Bakelite-Verdickung ist wasserunlöslich, jedoch in Aceton, Phenol, Glycerin, Glykol und anderen organischen Lösungsmitteln löslich.

Außer auf dem Gebiete der Färberei und Druckerei wurden die Phenol-Formaldehyd-Kondensate zur Erzeugung von waschechten Appreturen und in den ersten die Herstellung von knitterfesten Textilien betreffenden Patenten der Tootal Broadhurst Lee Comp. und der I.G. Farbenindustrie A. G. neben den in Verwendung stehenden Harnstoff-Formaldehyd-Kondensaten erwähnt, ohne aber eine praktische Anwendung gefunden zu haben.

B. Die Verwendung der Harnstoff-Formaldehyd-Kondensate.

1. Allgemeines.

Die Harnstoff-Formaldehyd-Kondensate lassen sich analog den Phenol-Formaldehyd-Kondensaten in nach Löslichkeit, Schmelzbarkeit und Härte verschiedene Stufen einteilen. Die Verwendungs- und Arbeitsweisen sind daher für beide Kunststoffgruppen weitgehend gleich. Die Harnstoff-Formaldehyd-Kondensate (Aminoplaste) sind farblos und vollkommen beständig gegen Licht- und Lufteinwirkung, während die Phenol-Formaldehyd-Kondensate (Phenoplaste) leicht vergilben. Anderseits ist eine gewisse Wasserempfindlichkeit der Aminoplaste vorhanden, welche auf die Methylolgruppen zurückzuführen ist. Die Harnstoff-Formaldehyd-Harze sind niemals ganz wasserfrei; beim Trocknen werden die Harze leicht rissig. Sie haben sich als „organische Gläser" nicht vollkommen bewährt. Trotz der

weitgehenden Durchlässigkeit für ultraviolettes Licht und der hohen
mechanischen Festigkeit sind sie infolge der Wasserempfindlichkeit,
welche sich in einer allmählichen Mattierung und bisweilen in Riß-
bildung äußert, für viele Zwecke ungeeignet. Eine größere Bedeutung
haben derartige Produkte auf dem Gebiet der Erzeugung von
Schmuckgegenständen, z. B. Imitationen von Edelsteinen, Perlen,
Bernstein, ferner in der Fabrikation von Knöpfen erlangt. Diese
Gegenstände werden aus durch Gießen hergestellten Massen durch
weitere Bearbeitung wie Drehen, Bohren, Feilen, Schnitzen, Fräsen
erzeugt. Größere Bedeutung hat die Verarbeitung von Preßmassen
erlangt. Es werden hauptsächlich Gebrauchsgegenstände wie Haus-
haltungsgegenstände, Geschirr, Lampen usw. fabriziert. Als Kleb-
und Kittmittel haben die Harnstoff-Formaldehyd-Harze Anwendung
gefunden, z. B. als Zwischenschichten für Sicherheitsglas, zur Erzeugung von Kunstkork, zur Verleimung von Fournieren, als Kalt-
und Warmleim. Damit die Produkte rasch genug erhärten, setzt
man ihnen Härtungsmittel wie alkoholische Salzsäure, Benzalchlorid,
Phosphorsäure zu.

2. Die Verwendung in der Textilindustrie.

a) Die Verwendung auf dem Gebiete der Hochveredlung.

Bei Kunstseide- und Zellwollgeweben ist für viele Zwecke die
Knitterfestigkeit, Naßfestigkeit, Krumpfechtheit, Elastizität und
dergl. nicht ausreichend. Die Ursache dieser Mängel ist bei allen
Regeneratcellulosen in dem hohen Wasseraufnahmevermögen und der
dadurch bedingten Quellbarkeit zu suchen. (Über die Theorie des
Knitterns ist ausführlich mit Angabe der diesbezüglichen Original-
arbeiten in dem Werk von Prof. Dr. A. Chwala, Textilhilfsmittel,
ihre Chemie, Kolloidchemie und Anwendung, Wien 1939, S. 407 bis
424, berichtet. Als neuere Literatur ist u. a. zu erwähnen: Scheit-
hauer, Melliand Textilberichte 1940, 169; Elöd u. Haas-Wittmüß,
Melliand Textilberichte 1940, S. 461; Merz, Melliand Textilberichte
1941, 278; Münch, Melliand Textilberichte 1941, 280; „Aqua"
Melliand Textilberichte 1942, 239; Rath, Melliand Textilberichte
1942, 127; Stadler, Melliand Textilberichte 1942, 593 und verschiedene Arbeiten in anderen Textilzeitschriften.) Hydrat- (Regenerat-)
cellulose und in gewissem Grade auch native Cellulose erleiden bei
einer Knickung dauernde Deformation. Es wurde die Feststellung
gemacht, daß bei einem größeren Anteil von amorpher Substanz im
Verhältnis zum kristallinen Anteil in einer Faser die Neigung zum
Knittern geringer ist. Bei den animalischen Fasern, welche kaum die
Eigenschaft des Knitterns zeigen, ist der amorphe Anteil größer als
bei Cellulose. Durch Einlagerung von amorpher Substanz in die

Faser kann die Knitterfestigkeit erhöht werden; als amorphe Substanzen haben sich besonders Kunstharze als geeignet erwiesen.

Dieses Verfahren wurde fast gleichzeitig von der Tootal Broadhurst Lee Comp., Manchester (DRP. 499.818, EP. 291.473/74, EP. 499.243, FP. 784.556, FP. 810.347, ÖP. 118.595, ÖP. 145.189) und der I. G. Farbenindustrie A. G. (DRP. 535.234, DRP. 537.036, EP. 426.956, EP. 431.524, EP. 431.703/04, EP. 439.294, EP. 446.976, EP. 452.248, EP. 454.868, FP. 766.829, FP. 777.426, FP. 795.112, FP. 797.005 FP. 797.049, ÖP. 143.302, ÖP. 147.143, ÖP. 147.152, ÖP. 147.464) erfunden. Unter den vorgeschlagenen Kunstharzen haben sich die Harnstoff-Formaldehyd-Harze als am besten geeignet gezeigt, während die Phenol-Formaldehyd-Harze eine starke Versprödung der Faser bewirken, die Festigkeit ungünstig beeinflussen und zum Nachgilben neigen.

Man kann Kunstharze in fertigem Zustand den Fasern einverleiben. So wird die Knitterfestigkeit durch Appreturen mit Polyacrylsäureestern erhöht. Bessere Erfolge erzielt man mit Kunstharzen, welche erst in der Faser aus ihren wasserlöslichen Vorstufen durch Kondensation erzeugt werden. Die Gewebe werden mit einem aus Harnstoff und Formaldehyd durch Kondensation bei einem pH-Wert von ungefähr 7 dargestellten wasserlöslichen Vorkondensat oder mit Dimethylolharnstoff (Kaurit KF der I. G. Farbenindustrie) in schwach saurer Lösung (pH-Wert 4 bis 5) imprägniert, worauf in der Wärme die Kondensation zu Ende geführt wird Es ist wichtig, daß die Ablagerung des Harzes nicht oberflächlich, sondern im Faserinneren stattfindet. Durch vorsichtiges und gleichmäßiges Trocknen bei Temperaturen um 70° C wird ein Wandern des Vorkondensates auf die Oberfläche der Faser vermieden. Durch auf der Oberfläche abgelagertes Kunstharz wird die Scheuerfestigkeit und Biegelastizität des Gewebes herabgesetzt und ein spröder, rauher Griff erzeugt. Da auch bei vorsichtiger Durchführung des Imprägnieren und Trocknen immer geringe Mengen von Kunstharz auf der Oberfläche gebildet werden, ist es notwendig, diese durch einen schwach alkalischen Waschprozeß nach der Kondensation zu entfernen, wobei gleichzeitig die im Gewebe befindlichen sauren Katalysatoren neutralisiert werden.

Außer der Knitterfestigkeit werden bei diesem Veredlungsprozeß verschiedene andere wertvolle Verbesserungen der Ware erreicht. Vor allem ist die Quellbarkeit der Regeneratcellulose wesentlich herabgesetzt. Dies wird durch die Kunstharzeinlagerung und durch die Reaktion des — aus dem Vorkondensat stammenden — Formaldehyds mit der Cellulose unter Bildung von vernetzenden Methylenbrücken bewirkt. Mit der Erniedrigung der Quellbarkeit und einer geringfügigen wasserabstoßenden Wirkung des Kunstharzes steht die Erhöhung der Krumpfechtheit und Tropfenechtheit im Zusammenhang Auf dieselbe Ursache ist die Erhöhung der Naßfestigkeit der Regeneratcellulose zurückzuführen. Die Trockenfestigkeit nimmt mit steigendem Gehalt an· eingelagertem Harz zunächst bis zu einem ·Höchstwert zu, um dann bei weiterer Erhöhung der Kunstharzmenge wieder .abzufallen. Allem Anschein nach macht sich bei nicht zu hohen Kunstharzmengen die auch bei allen anderen Appreturmitteln beobachtete Erhöhung der Reißfestigkeit geltend, ·bei größeren Kunstharzeinlagerungen zeigt sich die auch bei der reinen Formalisierung beobachtete Versprödung der Faser. Die Erhöhung der Naßreißfestigkeit ist bedeutend größer als die der Trockenreißfestigkeit.

Die Verringerung der Quellfähigkeit der Hydratcellulose dürfte zwei Ursachen haben. Einerseits tritt durch Formaldehyd, welcher abgespalten wird, eine Blockierung der die mangelnde Quellfestigkeit verursachenden Hydroxylgruppen der Cellulose ein. Wahrscheinlich findet dabei eine Vernetzung unter Bildung von Methylenbrücken statt. Anderseits kann eine teilweise Absättigung der wasseraffinen Nebenvalenzen durch das eingelagerte Harnstoff-Formaldehyd-Kondensat angenommen werden.

Wenn die Waren nur quellfest, also ohne vollständige Knitterfestigkeit ausgerüstet werden sollen, braucht man keine so großen Mengen an Kunstharz in die Fasern einzulagern, als wenn man die höchstmögliche Knitterfestigkeit erreichen will. Im allgemeinen wird aber bei der Herstellung von quellfester Ware ohne Kunstharz gearbeitet, indem man Formaldehyd oder Formaldehyd abspaltende Stoffe mit Aluminiumchlorid als Katalysator auf die Cellulose bei höheren Temperaturen (110 bis 140° C) einwirken läßt.

Die Einlagerung von Harnstoff-Formaldehyd-Kondensaten ist bei Baumwolle und noch mehr bei Leinen und anderen nativen Cellulosefasern infolge der· zur Kondensation notwendigen Säure mit einer stärkeren Depolymerisation der Cellulose und daher mit einer beträchtlichen Verminderung der Reißfestigkeit verbunden. Aus diesem Grunde wird das Verfahren nur bei Fasern aus Hydratcellulose angewendet.

Als Säuren oder sauer reagierende Stoffe werden vor allem organische Säuren wie Glykolsäure, Weinsäure usw., ferner Ammonsalze wie Ammonnitrat bei der Überführung des Vorkondensates in das fertige Harz,- welche in der Faser stattfindet, verwendet. Dabei ist der jeweils vorgeschriebene pH-Wert genaustens einzuhalten. Man setzt daher Ammoniak gleichzeitig zu, um eine Pufferung zu erreichen. Mit anorganischen Säuren darf der pH-Wert auf keinen Fall eingestellt werden. Um vorzeitige Bildung von Kunstharz oder Abscheidungen in der Imprägnierflotte zu vermeiden, setzt man zusätzlich Stabilisatoren zu.. Insbesondere haben sich Fettalkoholsulfonate (Cyclanon, Gardinol usw.), Fettsäurekondensationsprodukte (Igepon T), nicht ionogene, oberflächenaktive Stoffe (Peregal, Emulphor) und andere oberflächenaktive Stoffe bewährt. Diese Stabilisatoren verhindern gleichzeitig ein Abscheiden des Harzes auf der Oberfläche des Gewebes und verbessern dadurch die Scheuerfestigkeit, außerdem bewirken sie einen guten Weichmachungseffekt. Es können auch Weichmachungsmittel wie die verschiedenen Sorominmarken zugesetzt werden. Als nicht waschechte Appreturmittel werden außer Stärkepräparaten vor allem Celluloseäther wie die Tylosen TWA 25 und MGC 25 verwendet. Zweckmäßiger ist es, waschbeständige Appreturmittel zuzusetzen wie Polyvinylderivate in Form ihrer Dispersionen (verschiedene Appretane usw.). Auch Polyvinylalkohol (Vinarol), der in Wasser löslich ist, läßt sich für waschechte Appreturen mit verwenden, da er durch die Einwirkung des Formaldehyds in waschbeständige Polyvinylacetale verwandelt wird. Mit der Knitterfestausrüstung läßt sich eine Hydrophobierung durch verschiedene Persistole (Zirkonverbindungen) verbinden. Die Knitterfestigkeit wird aber etwas herabgesetzt; man muß daher die Menge an Dimethylolharnstoff erhöhen. Bei Verwendung von Emulsionen von Paraffin mit Aluminiumseifen (Ramasit KG und KW) wird die Knitterfestigkeit in bedeutend höherem Maße herabgesetzt, so daß diese nur für eine quellfeste Ausrüstung in Betracht kommen. Das gleiche gilt für größere Zusätze von Appretanen, Tylosen und anderen Appreturmitteln. Außerdem ist die wasserabweisende Ausrüstung mit Ramasit im Gegensatz zu der mit Persistol nicht waschbeständig. Bei gemeinsamer Anwendung von Dimethylolharnstoff (Kaurit) und Persistol mit Kunststoffdispersionen wie Appretan EM und EMC in größeren Mengen als 10 g/l treten Abscheidungen beim Zusatz zu den Kaurit-Persistolbädern ein, welche sich durch Zusatz von Appretan N, welches stabilisierende Eigenschaften besitzt, vermeiden lassen. Waschechte Appreturen lassen sich gemeinsam mit einer Kaurit-Persistol-Ausrüstung auch zweibadig erzielen, indem man zuerst mit alkalilöslichem Celluloseäther (Tylose 4 S 25) imprägniert, die Tylose durch Säurepassage ausfällt und dann anschließend mit Kaurit-Persistol imprägniert.

Folgende Arbeitsweise hat sich in der Praxis bewährt:

1. Ansatz eines Vorkondensates für Zellwolle, bestehend aus einem Gemisch von Mono- und Dimethylolharnstoff:

7,5 kg Harnstoff werden mit
18 l   Formaldehyd 40%ig kalt übergossen und gelöst. Durch Zusatz
       von Natronlauge wird ein pH-Wert von 6.9 bis 7 eingestellt.
       Dann werden
1,4 l   Ammoniak 25%ig zugesetzt.

Es wird dann auf 70° C erwärmt und genau 3 Minuten zur Vollendung der Reaktion stehen gelassen. Dabei steigt die Temperatur bis 80° C durch die bei der Reaktion frei werdende Wärme. Eine höhere Temperatur muß unbedingt vermieden werden. Nach Ablauf der 3 Minuten wird durch Zusatz von Wasser auf 40 bis 45° C abgekühlt und nach Hinzufügen der verschiedenen Stabilisatoren, Appreturmittel usw. auf 100 l mit Wasser aufgefüllt. Der pH-Wert wird mit Weinsäure, bzw. Ammoniak, auf 4 bis 4,5 eingestellt. Die Temperatur soll während der Imprägnierung 40° C betragen.

2. Ansatz eines Vorkondensates für Kunstseide, aus Dimethylolharnstoff bestehend:

4 kg Harnstoff werden mit
13 l   Formaldehyd 40%ig kalt übergossen und gelöst. Durch Zusatz
       von Natronlauge wird auf einem pH-Wert von 7 eingestellt. Die
       weitere Behandlung ist die gleiche wie im ersten Beispiel.

Die aufgenommene Flottenmenge soll 90 bis 100% des Warengewichtes betragen. Der Trog des Imprägnierfoulard kann — ebenso wie die Ansatzgefäße — aus Holz, Kupfer, rostfreiem Stahl oder Kunststoff bestehen, jedoch nicht aus Eisen. Vom Imprägnierfoulard wird die Ware entweder kontinuierlich dem Spannrahmen zugeführt oder getafelt (nicht aufgerollt) eine halbe bis drei Stunden liegen gelassen, bevor getrocknet wird. Dadurch erzielt man gleichmäßige Durchdringung und beständigere Effekte. Die Trocknung erfolgt auf dem Spannrahmen bei einer Temperatur von höchstens 70° C. Die Ware soll dabei in der Kett- und Schußrichtung möglichst krumpfen können. Daher sind Spannrahmen mit Voreilung besonders geeignet. Die Ware muß in nassem Zustand auf die vorgeschriebene Breite gespannt werden, darf also nach der Imprägnierung nicht getrocknet und erst später auf eine größere Breite gespannt werden. Man soll möglichst wenig über den Einsprung hinaus spannen, um die Krumpfechtheit nicht zu beeinträchtigen.

Die Überführung des Vorkondensates in das Kunstharz findet durch einen nachfolgenden Kondensationsprozeß statt. Zu diesem Zwecke wird die Ware einer Wärmebehandlung unterworfen. Am geeignetsten sind dazu Heizkammern, durch welche die Ware über Leitwalzen läuft. Die Temperatur kann bei diesen Apparaten immer genau eingestellt werden. Auch Spannrahmen sind gut geeignet, wenn eine entsprechende Temperatur erreichbar ist. Sonst kann man sich auch mit Trockenzylindern oder Filzkalandern behelfen. Die Kondensation soll spätestens 12 Stunden nach der Trocknung erfolgen. Man kann bei reinen Zellwollgeweben bei einer Temperatur von 120 bis 130⁰ C mit einer Behandlungsdauer von 2 Minuten rechnen, bei Kunstseide und Zellwollmischgeweben, bei denen aber der Anteil an Baumwolle 30% nicht übersteigen darf, arbeitet man besser bei um ungefähr 20⁰ C niedrigeren Temperaturen 2 Minuten lang. Man kann gegebenenfalls auch mit niedrigerer Temperatur auskommen, wenn die Behandlungsdauer verlängert wird. Bei unzureichender Kondensation kann man sich dadurch helfen, daß die Ware heiß aufgewickelt in einem warmen Raum liegen bleibt, wobei noch eine Nachkondensation stattfindet. Bei der Kondensation ist jede Spannung der Ware zu vermeiden.

Nach beendigter Kondensation darf die Ware nicht mehr kalandert werden, da sie infolge des eingelagerten Harzes eine Schwächung erleiden würde. Das Kalandern muß daher zwischen der Trocknung nach der Imprägnierung und der Kondensation mit nicht zu hohem Druck erfolgen.

Wenn man von fertigem Dimethylolharnstoff (Kaurit KF enthält 75% Dimethylolharnstoff) ausgeht, ist ein Zusatz von Ammoniak notwendig, um eine Pufferwirkung zu erhalten. Man arbeitet z. B. nach folgendem Ansatz:

> 15 bis 24 kg Kaurit KF mit Wasser auflösen und auf
> 100 Liter stellen. Anschließend werden
> 500 g Ammoniak 25%ig zugesetzt, ferner
> 100 g Igepon T als Stabilisator. Dann wird bei höchstens 40⁰ C mit
> 600 g Glykolsäure (oder einer anderen Säure oder einem sauer reagierenden Salz wie Ammonnitrat) auf einen pH-Wert von 4 bis 4,5 eingestellt.

Weichmacher, Appreturmittel usw. müssen vor der Einstellung des pH-Wertes zugesetzt werden. Bei Zusatz von Ramasit unterbleibt der Zusatz von Ammoniak und Glykolsäure (4 bis 8 kg Ramasit K, KG, KW auf 100 Liter Kaurit-Flotte). Bei Verwendung von Persistol N erhält man eine gleichzeitig waschfeste und wasserabweisende Ausrüstung nach folgendem Ansatz:

> 15 bis 20 kg Kaurit KF werden mit Wasser aufgelöst und auf
> 100 Liter gestellt. Zu der auf 30⁰ C abgekühlten Mischung werden
> 1000 ccm Ammoniak 25%ig 1 : 10 und
> 300 g Ammonnitrat zugesetzt. Zum Schluß werden
> 5 kg Persistol N, gelöst in
> 5 kg Wasser hinzugefügt. Der pH-Wert muß 4 bis 5 betragen.

Bei Anwendung von Persistolgrund B und Persistolsalz konz. arbeitet man folgendermaßen:

15 bis 20 kg Kaurit-KF-Paste in 30 bis 35 l kochendem Wasser lösen, mit kaltem Wasser auf 50 Liter auffüllen, abkühlen auf 40⁰ C.

3 kg Persistolgrund B in 30 l 80 bis 90⁰ C warmem Wasser lösen, eingießen in

1 kg Persistolsalz konz., gelöst in 10 l warmem Wasser.

200 g Soda calc., gelöst in 2 l Wasser; nach Beendigung der Kohlensäureentwicklung werden

2,5 l Essigsäure 30%ig zugesetzt und das ganze auf 35 bis 40⁰ C abgekühlt.

400 bis 500 g Natriumacetat krist. und 50 g Soda calc., gelöst in 5,5 l Wasser, zusetzen.

Die Kauritlösung wird dann rasch in die Persistollösung eingeschüttet. Der pH-Wert wird mit Essigsäure, bzw. mit Natriumacetat genau auf 4 bis 4,2 eingestellt. Außerdem können Appretane zugesetzt werden.

Es wird in üblicher Art auf dem Foulard imprägniert, bei 70 bis 80⁰ C auf einem Spannrahmen getrocknet und bei einer Temperatur von 120 bis 125⁰ C kondensiert. Nach der Kondensation wird mit 1,5 bis 2 g Soda im Liter bei 40 bis 45⁰ C nachgewaschen, um zu neutralisieren und um oberflächlich haftendes Harz zwecks Verbesserung der Scheuerechtheit zu entfernen.

Kaurit-Ausrüstungen können durch Behandlung mit einer Lösung, welche 5 g Salzsäure und 2 g Igepon T im Liter enthält, während einer halben Stunde bei 50 bis 60⁰ C abgezogen werden. Anschließend wird gespült und neutralisiert.

An Stelle des Harnstoffes werden auch verschiedene andere dem Harnstoff nahe stehenden Verbindungen zur Harzbildung verwendet, insbesondere Thioharnstoff und 2,4,6-Triamino-1,3,5-Triazin (Melamin).

Außer zum Knitterfestmachen werden Vorkondensate aus Harnstoff und Formaldehyd, z. B. Dimethylolharnstoff, zur Herstellung von waschechten Appreturen verwendet. Ein derartiges Produkt ist das „Fixappret" der I. G. Farbenindustrie A. G. Es wird in Mengen von 5 bis 10 g pro Liter Stärkeappreturen zugesetzt, welche sich dadurch waschecht auf der Faser fixieren lassen. Die Waren müssen möglichst heiß getrocknet werden, um eine genügende Fixierung zu erreichen. Bei einer Temperatur von 90 bis 100⁰ C ist die Trockendauer auf 20 bis 30 Minuten auszudehnen, während man bei 110 bis 120⁰ C mit 3 bis 5 Minuten auskommt. Es ist anzunehmen, daß sich bei diesem Verfahren nicht nur das Harnstoff-Formaldehyd-Kondensat bildet, sondern auch unlösliche Verbindungen der Stärke mit Formaldehyd.

In ähnlicher Weise können Filme, welche aus wässerigen Dispersionen von Vinylpolymerisaten hergestellt werden, in ihrer Wasserfestigkeit verbessert werden. Dies ist bei der Erzeugung von Regenschutzbekleidungsstoffen von Bedeutung. Man setzt Streichmassen, welche aus Polyvinylacetat-Dispersionen oder aus Polyacrylsäureester-Dispersionen aufgebaut sind, 10% Kaurit KF Paste, bezogen auf die Menge Dispersion, zu.

In Amerika hat man versucht, an Stelle von Stärkeappreturen Kombinationen von wässerigen Styrolpolymerisat-Dispersionen oder von Alkydharzen mit Melamin-Formaldehyd-Kondensaten zu verwenden. Dabei hat man die interessante Beobachtung gemacht, daß die Scheuerfestigkeit bei der Erzeugung von Harnstoff- oder Melamin-Formaldehyd-Kondensaten in der Faser bei Gegenwart von Styrol- oder Alkyd-Harzen weniger als sonst beeinträchtigt wird (Textile World 1947, Jan., 141, 188).

Von der Ciba wurde ein Verfahren zum Mattieren von Kunstseide mittels Harnstoff-Formaldehyd-Kondensaten ausgearbeitet (FP. 804.221, EP. 469.688, EP. 478.998, ÖP. 149.978. Schw. P. 185.117, Schw. P. 186.727/9). Ein ähnliches Verfahren stammt von der Tootal Broadhurst Lee Comp. Ein Harnstoff-Formaldehyd-Vorkondensat wird unter Zusatz von Säure in kolloidale, wässerige Lösung gebracht. Durch entsprechend gewählte Reaktionsbedingungen, insbesondere in Bezug auf den pH-Wert, die Temperatur, die Konzentration, das Mengenverhältnis von Harnstoff und Formaldehyd, kann man eine möglichst langsame Kondensation unter Bildung von feinst dispergierten Teilchen erreichen. Aus der ursprünglich klaren Lösung wird eine opaleszierende, welche allmählich milchig wird, bis schließlich unlösliche Kondensationsprodukte in Flocken ausfallen. In Gegenwart von Fasern wird das Harz in feiner Verteilung auf ihnen niedergeschlagen und waschecht fixiert. Die fein verteilten Partikeln zerstreuen das reflektierte Licht, wodurch die Faser matt erscheint. Diese Produkte der Ciba werden unter dem Namen „Uromat" in den Handel gebracht. Ähnlich ist das Mattierungsmittel „Dullit D" der I. G. Farbenindustrie A. G. Dieses besteht hauptsächlich aus dem noch wasserlöslichen Dimethylolharnstoff (FP. 807.424, EP.467.480). Durch Dämpfen und eine Nachbehandlung in einem Oxalsäure enthaltendem Bade wird das Kunstharz entwickelt. Dieses Verfahren eignet sich für Stückmattierung und Druck.

Von den Bayerischen Stickstoffwerken wurden im ÖP. 148.170 Harnstoff-Formaldehyd-Kondensate und vor allem die angeblich haltbareren Kondensate des Cyanamid und Dicyanamid mit Formal-

dehyd für flammensichere Appreturen vorgeschlagen. Nach dem
FP. 805.071 der Ciba eignen sich die Harnstoff-Formaldehyd-Harze
zum Kaschieren. In Gemeinschaft mit Zinkchlorid, welches als
Quellmittel dient, sollen die Harnstoff-Formaldehyd-Harze für die
Fabrikation von Buchbinderleinen geeignet sein. Nach dem Am P.
2,081.180 werden Harnstoff-Formaldehyd-Kondensate unter Zusatz
von Stabilisierungs- oder Verzögerungsmitteln, welche eine zu weitgehende Kondensation verhindern, als Schlichtmittel verwendet. Im
EP. 463.300 der I. G. Farbenindustrie A. G. wird die Verwendung
von höher substituierten Harnstoffen mit mehr als 11 Kohlenstoff-
atomen, z. B. des Monodecylharnstoffes, mit Formaldehyd zum
Wasserdichtimprägnieren empfohlen. Alle diese Verfahren dürften
ohne praktische Bedeutung geblieben sein.

Andere Verfahren befassen sich mit Abänderungen der üblichen
Herstellungsweise der Harnstoff-Formaldehyd-Kondensate. So sollen
sie z. B. durch Behandeln der mit Harnstofflösungen getränkten
Gewebe mit Formaldehyd- oder Paraformaldehyd-Dämpfen hergestellt
werden, um knitterfreie Ware zu erzeugen. Heberlein ließ sich
im ÖP. 145.182 und im EP. 450.225 die Endkondensation durch ein
Salzbad, welches ein Gemisch von Magnesiumsulfat, Magnesiumchlorid und Natriumsulfat enthält, bei Temperaturen über 100⁰ C
schützen. Die Ciba ließ sich durch das EP. 413.439 und das FP.
770.956 ein Verfahren zur Darstellung von reversiblen, kolloidalen
Harnstoff-Formaldehyd-Kondensaten schützen; danach wird eine
bestimmte unter 100⁰ C liegende Reaktionstemperatur eingehalten,
indem das Gewebe vorsichtig getrocknet wird; der Zusatz von allen
die Kondensation beschleunigenden Mitteln wird vermieden. Als ver-
langsamende Mittel werden Neutralsalze wie Natriumsulfat oder
Natriumpyrophosphat, ferner Zucker angegeben. Man enthält ein in
Wasser lösliches Pulver, welches als Appreturmittel verwendet
werden soll. Nach dem Schw. P. 183.433 der Ciba wird Stärke in
Gegenwart von Dimethylolharnstoff ohne Katalysator verkleistert,
um sie wasserfest zu machen. Nach dem Appretieren wird bei 110 bis
130⁰ C kondensiert.

b) Die Verwendung in der Färberei und Druckerei.

In einer Reihe von Patenten (DRP. 433.152, EP. 433.143, EP.
433.210, FP. 713.283, FP. 765.745, FP. 768.282, FP. 769.307, FP.
794.272, Schw. P. 166.758/9) wurde von verschiedenen Farbenfabriken
vorgeschlagen, die Ware mit Harnstoff-Formaldehyd-Kondensaten
zu imprägnieren und mit ihrer Hilfe basische und saure Farbstoffe
auf dem Gewebe aus vegetabilischen Fasern zu fixieren. So werden
insbesondere die wasserlöslichen Vorkondensate wie Dimethylolharn-

stoff erwähnt. Man imprägniert mit den wässerigen Lösungen, kondensiert durch Erhitzen und färbt oder druckt mit basischen Farbstoffen. Außer Harnstoff werden verschiedene dem Harnstoff nahestehende Verbindungen wie Guanylharnstoff, Guanidin, Biuret, Cyanursäure, Dicyanamid usw. angeführt. Die Kondensation wird bei manchen Verfahren in alkalischem, bei manchen aber in saurem Mittel durchgeführt. Nach dem DRP. 646.529 der Ciba soll es möglich sein, mit Kunstharzen, welche im sauren Medium hergestellt wurden (z. B. in Gegenwart von Weinsäure), basische Farbstoffe wie Rhodamin 6 G zu fixieren, mit solchen, welche im alkalischen Medium hergestellt wurden (z. B. in Gegenwart von Triäthanolamin), saure wie Kitonrot G (FP. 769.307).

Nach dem EP. 572.778 wird die Affinität der Alginatfasern, welche für substantive, Säure- und Chrom-Farbstoffe gering ist, wesentlich erhöht, wenn sie mit Cyanamid-Formaldehyd-Kondensationsprodukten vorbehandelt werden. (Die Alginatfasern werden aus der Tangsäure erzeugt, welche aus Meeresalgen [Seetang] gewonnen wird.)

Nach den Untersuchungen der Ciba und der Calico Printers Association kann man die Wasch- und Seifechtheit von substantiven Färbungen und Drucken mit substantiven Farbstoffen durch Behandlung mit Produkten, welche auf der Faser Kunstharze bilden, verbessern (FP. 768.283, EP. 429.209, ÖP. 148.132, FP. 784.692, EP. 435.868, DRP. 670.471, Am. P. 2,033.836). Basische Farbstoffe werden nicht nur seifechter, sondern auch lichtechter. Man erwärmt z. B. eine Mischung von 25 Teilen Harnstoff, 10 Teilen Ammoniumacetat, 115 Teilen Wasser und 100 Teilen 40%igen Formaldehyd, imprägniert dann bei einem pH-Wert von 4,5 das gefärbte Gewebe und führt die Kondensation durch Erwärmen auf 160 bis 210° C während 30 bis 60 Sekunden zu Ende. Man dürfte wohl auch mit niedrigeren Temperaturen gute Erfolge erzielen. Man kann auch vom Dimethylolharnstoff ausgehen oder überhaupt an Stelle von Harnstoff Verbindungen verwenden, welche ihm chemisch nahestehen, wie Dicyandiamid, welches mit Formaldehyd in essigsaurer Lösung kondensiert wird. Man kann auch so verfahren, daß man die gefärbte Ware mit Harnstoff imprägniert und dann mit Formaldehyd-Dämpfen behandelt. Die derart hergestellten Harnstoff-Formaldehyd-Kondensate sollen saure Farbstoffe auf Cellulose fixieren. (Auch quaternäre Ammoniumverbindungen mit Harnstoffresten, z. B. Ureido-Äthyl-Pyridiniumchlorid oder Trimethyl-Ureido-Phenylammonium-Methylsulfat, können zusammen mit Formaldehyd zur Verbesserung der substantiven Färbungen dienen. Wahrscheinlich tritt auch dabei eine Kondensation ein. Dadurch wird auch die Affinität der sauren Farbstoffe erhöht [EP. 503.168, FP. 840.009].)

Durch Vordrucken von wasserlöslichen Vorkondensaten und Ausfärben nach vollendeter Kondensation lassen sich Ton in Ton-Effekte herstellen.

Nach dem Am. P. 1,982.619 von Geigy kann man Wolle immunisieren, indem man sie mit wasserlöslichen Vorkondensaten von Harnstoff und Formaldehyd imprägniert.

Als Fixierungsmittel beim Drucken von Metallpulvern und Pigmenten können die Harnstoff-Formaldehyd-Kondensate ebenfalls verwendet werden. Da die zuerst vorgeschlagenen Druckfarben, bestehend aus Harnstoff, Formaldehyd, Kondensationsmittel und Pigment, nicht genügend haltbar waren, versuchte man, das Formaldehyd aus der Druckfarbe wegzulassen und statt dessen mit Formaldehyd-Dämpfen bei 80⁰ C zu fixieren (FP. 804.988, EP. 473.304, I. G.):

250 g Harnstoff
25 g Zitronensäure
3 g Kupfersulfat
272 g Wasser
50 g Soromin F
400 g Kaolin
―――――――
1000 g

Wesentlich einfacher ist es, Vorkondensate, wie Methylol- und Dimethylolharnstoff zu verwenden, welche ohne Katalysatoren beim Trocknen, Dämpfen und Verhängen in das unlösliche Harz übergehen (DRP. 652.796, I. G.). Die I. G. brachte derartige Produkte unter dem Namen „Fixappret" heraus. (Dieses kann auch zur Herstellung permanenter Appreturen Anwendung finden.) Matteffekte lassen sich z. B. mit Titanweiß erzeugen:

450 g Johannisbrotkernverdickung
100 g Titanweiß
30 g Glycerin
{ 20 g Soromin F, Teig gelöst in
{ 50 g Wasser
{ 10 g Fixappret B, gelöst in
{ 200 g Wasser von 40⁰ C
140 g Wasser oder Verdickung
―――――――
1000 g

L. Diserens, Die neuesten Fortschritte in der Anwendung der Farbstoffe, Basel 1941, S. 573 bis 575.

Nach dem Drucken und Trocknen wird die Fixierung durch eine Passage über einen 100 bis 120⁰ C heißen Trockenzylinder vorgenommen Man kann auch Matteffekte erzeugen, indem das Gewebe mit Fixappretlösung imprägniert wird und nach dem Trocknen alkalische Reservefarben aufgedruckt werden.

Ein ähnliches Kondensationsprodukt beschreibt die Ciba im EP. 431.768. Von dieser Firma werden vor allem die Kondensate des Thioharnstoffes und des Dicyandiamids (EP. 503.670, EP. 503.750) sowie des Melamins (2,4,6-Triamino-1,3,5-Triazin) (EP. 480.316, Am. P. 2,169.546, Ciba-Widmer-Haller-Schurch) verwendet. Mit diesen Kondensaten lassen sich saure Farbstoffe und Pigmente waschecht auf Cellulosefasern fixieren. Ähnliche Kondensate sind Mattierungsmittel.

Dimethylolharnstoff kann ohne Zusatz von Pigmenten als Mattierungsmittel verwendet werden („Dullit D" der I. G.):

```
250 g  Dullit D, angeteigt mit
220 g  Wasser von 40 bis 50⁰ C
 10 g  Ammoniak 25%
 40 g  Glycerin und einrühren in
400 g  Tragantverdickung 60/1000
 20 g  Soromin-AP-Paste, gelöst in
 50 g  heißem Wasser
 10 g  Monopoldrucköl M
        Paste bei 40⁰ C unter Rühren erwärmen, bis gelöst, dann
        abkühlen
```

1000 g

Nach dem Drucken wird getrocknet, ungefähr 5 Minuten gedämpft, durch eine kalte Lösung von 70 g Salzsäure 20 Bé oder 40 g Oxalsäure und 1 g Igepal C im Liter passiert, mit nicht zu starker Pression abgequetscht (Abquetscheffekt nicht unter 100%), dann etwa 10 bis 15 Minuten an der Luft zwecks Entwicklung der Mattierung feucht liegen gelassen, gut gespült, in einem kalten Bade von 1 g Soda neutralisiert, gespült und geseift.

Man kann auch mit einer Klotzlösung, eventuell unter Zusatz von Farbstoffen klotzen und dann alkalische Glanzreserven (z. **B.** Indanthrenreserven auf Indigosol-Dullit-Böden) drucken:

Klotzlösung:

	weiß	bunt
Dullit D	200 g	200 g
Wasser 40 bis 50⁰ C	450 g	450 g
Ammoniak 25%	10 g	10 g
Monopolbrillantöl	50 g	50 g
Soromin-AF-Paste	20 g	20 g
Heißes Wasser	50 g	50 g
Johannisbrotkernmehl-Verdickung 25/1000	100 g	100 g
Indigosolfarbstofflösung 1 : 10	—	50 g
Natriumnitrilösung 1:2	—	20 g
	einstellen auf 1 Liter	

Die Ware wird auf einem Foulard mit der Klotzlösung geklotzt, in der Hotflue getrocknet und mit folgender Reservefarbe bedruckt:

Küpenfarbstoff-Teig	50 — 200 g
Glycerin	50 g
Wasser	130 — 0 g
Tragant-Britischgummi- Verdickung (1 : 1)	500 — 480 g
Solutionssalz B	30 g
Natronlauge $32^{1}/_{2}^{0}/_{0}$ (38⁰ Bé)	0 — 20 g
Pottasche	120 — 100 g
Rongalit C	100 g
Trilon A 1 : 1	20 g
	1000 g

Nach dem Dämpfen wird die Ware nochmals gut getrocknet, z. B. auf dem Trockenzylinder, dann durch eine kalte Lösung von 70 g Salzsäure 20⁰ Bé oder 40 g Oxalsäure, 5 g Perborat und 1 g Igepal C passiert und, wie beim Direktdruck angegeben wurde, fertiggestellt.

Permanente Gaufrier-, Präge- und Kalandereffekte lassen sich erzielen, indem man das Gewebe mit härtbaren Kunstharz-Anfangskondensaten oder deren Komponenten (Harnstoff und Formaldehyd) in wässeriger Lösung imprägniert, trocken oder feucht gaufriert, prägt oder kalandert und schließlich durch Erhitzen die Kondensation des Kunstharzes zu Ende führt. An Stelle einer Imprägnierung kann auch ein örtliches Bedrucken mit dem Vorkondensat treten DRP. 641.040, ÖP. 146.475, ÖP. 146.476, FP. 779.607, EP. 437.642, EP. 445.774, Am. P. 2,121.005, Am. P. 2,161.223). Auf dem gleichen Prinzip beruht das „Non-Shrink-Verfahren". Bei diesem wird an Stelle lokaler Effekte das ganze Gewebe durch das Kunstharz fixiert, so daß es bei der Wäsche nicht eingehen kann (Am. P. 2,121.006, ÖP. 148.338, FP. 780.050, EP. 445.891, Raduner & Co. A. G., Ch. Bener). Obwohl bei diesem Verfahren mit dem gleichen Kunstharz gearbeitet wird und auch eine krumpfechte Ausrüstung erzielt wird, ist das Verfahren nicht identisch mit dem gewöhnlichen Knitterfestverfahren, da bei diesem das Gewebe nicht verändert wird, während bei dem beschriebenen Verfahren eine Fixierung des Gewebes stattfindet. Ähnliche Verfahren sind in den EP. 501.442, FP. 809.823, FP. 824.647, Am. P. 2,148.316 beschrieben.

Nach den DRP. 659.826, EP. 452.435, FP. 800.367, Am. P. 2,103.587 der Calico Printers Association Ltd. werden auf mit Vorkondensaten imprägnierten Geweben Reserven aus aliphatischen, aromatischen oder heterocyclischen Basen (z. B. Piperidin) aufgedruckt. Auf den reservierten Stellen tritt keine Kunstharzbildung und daher auch keine Fixierung der permanenten Effekte ein. Man kann so auch Bunteffekte mit Prägemustern im Relief auf glattem, andersfarbigem Grund herstellen.

Während der letzten Jahre wurden ganz neuartige Wege im Pigmentdruck eingeschlagen. Durch Emulgierung von zwei miteinander nicht mischbaren Lösungsmitteln, bzw. Lösungen werden Verdickungen für den Pigmentdruck und für Appreturzwecke hergestellt, welche den Vorteil haben, daß sie sich restlos bei anschließender Wärmebehandlung verflüchtigen, so daß nach dem Trocknen und Fixieren kein Verdickungsmittel auf der Faser zurückbleibt. Als Bindemittel dienen vor allem Harnstoff-Formaldehyd-Harze. Das eine der beiden Lösungsmittel ist Wasser. Man kann grundsätzlich zwischen zwei Verfahren unterscheiden; bei dem einen arbeitet man mit Emulsionen vom Typ „Wasser in Öl“, richtiger „Wasser in Lack“, bei dem anderen mit solchen vom Typ „Öl in Wasser“, richtiger „Lack in Wasser“.

Bei dem „Aridye“-Verfahren der Interchemical Corp., New York, verwendet man Emulsionen vom Typ „Wasser in Lack“. Im ersten Stadium der Entwicklung wurde auf angefeuchtete Gewebe eine Paste gedruckt, welche ein Harnstoff-Formaldehyd-Harz (oder ein Cellulosederivat), ein organisches, in Wasser unlösliches, Lösungsmittel für das Kunstharz (z. B. Xylol, Toluol, Butanol) und ein Farbpigment enthält. Durch das Wasser des feuchten Gewebes wurde das Harz ausgefällt. Nach dem Trocknen wurde durch 5 bis 10 Minuten langes Erhitzen auf 115⁰ C fixiert (Am. P. 2,129.277, FP. 845.628). Dann ging man dazu über, mit Emulsionen zu drucken, bei denen die äußere, kontinuierliche Phase (Lack-Phase) aus einer Lösung eines Harnstoff-Formaldehyd-Kondensates in Butanol (unter Zusatz eines modifizierten Alkydharzes und eines Petroleumkohlenwasserstoffes) besteht; diese wird durch eine innere, disperse, wässerige Phase, welche das Farbpigment enthält, verdickt; letztere beträgt mindest 20%, besser 40 bis 60%, des Gewichtes der ganzen Emulsion. Durch eine Trocknung auf Trommeln bei 120 bis 150⁰ C wird vollständige Fixierung erreicht. (Am. P. 2,222,581, Am. P. 2,222.582, EP. 523.090). Der äußeren Phase können Mischpolymerisate des Butadiens und des Acrylsäurenitrils, Polymerisate des Chloroprens, in organischen Lösungsmitteln lösliche Alkylcellulosen, Kautschuk usw., der inneren Phase Polyvinylalkohol oder Stärke zugesetzt werden, um ein zu tiefes Eindringen des Farbpigmentes zu verhindern und dadurch Farbstoff zu ersparen (Am. P. 2,307.097, Am. P. 2,338.252, Am. P. 2,361.454). Bei diesem Verfahren erspart man sich das Verdickungsmittel und die zu dessen Entfernung notwendige Waschoperation, der Griff der Ware bleibt weich und eine Verkittung der Fäden wird vermieden. Man kann vielfach billige Farbpigmente verwenden. Die Konturen der Drucke sind äußerst scharf. Das Verhältnis Bindemittel zu Farbpigment beträgt 2 : 1. Über diese interessanten Verfahren hat Wengraf ausführlicher in der Textilrundschau (St. Gallen, Schweiz), 1947, April, 125, berichtet.

Im Gegensatz dazu werden bei dem Pigmentdruckverfahren der Ciba wässerige Druckfarben verwendet, bei denen das Wasser die äußere Phase bildet. Als Emulgator wird die Formaldehydverbindung eines Alkali-Caseinates verwendet. Diese Emulsionen enthalten in der wässerigen Phase außer der formaldehydhaltigen Alkali-Caseinät-Lösung (höchstens 12%) das Farbpigment sowie Harnstoff oder eine andere zur Bildung von Aminoplasten geeignete Verbindung, in der öligen Phase eine mit Wasser nicht mischbare Flüssigkeit mit einem ungefähr zwischen 100⁰ C und 250⁰ C liegendem Siedepunkt (Lackbenzin, Xylol, Tetralin, Chlorbenzin, Sangajol). Die Alkali-Caseinat-Formaldehyd-Lösung kann unter bestimmten Bedingungen in stabiler Form hergestellt werden. Beim Eintrocknen geliert sie irreversibel unter Zurücklassung eines wasserechten Filmes. Die derart erzeugten Druckfarben oder Appreturmittel können durch Zusatz von Harnstoff oder anderen mit Formaldehyd härtbare Kondensationsprodukte bildenden Verbindungen in ihrer Wasserechtheit wesentlich verbessert werden. Durch Erhitzen auf 150⁰ C während 5 Sekunden oder auf niedrigere Temperaturen während einer entsprechend längeren Zeitdauer wird die Fixierung zu Ende geführt. Diese Druckfarben werden von der Ciba unter der Bezeichnung „Oremafarbstoffe" herausgebracht. (Schw. P. 213.035, DRP. 748.833, FP. 865.752, EP. 544.157, Am. P. 2,361.277. Siehe auch Dr. Krähenbühl, Melliand Textilberichte 1943, 315. Über ein ähnliches Verfahren der I. G. berichtet Dr. Hasse, Melliand Textilberichte 1943. Ähnlich sind auch die in den EP. 570.742 und EP. 573.558 beschriebenen Verfahren.)

3. Die Verwendung modifizierter Harnstoff-Formaldehyd-Kondensate (Plastopale).

Durch Umsetzung von Harnstoff mit Formaldehyd und Alkyden in Gegenwart von Alkoholen wie Butanol oder auch von Äthylenglykol entstehen teilweise verätherte Methylolharnstoff-Verbindungen. Infolge der nur teilweisen Verätherung sind diese Verbindungen noch härtbar. Derartige Produkte wurden von der I. G. Farbenindustrie A. G. unter der Bezeichnung „Plastopale" herausgebracht. Infolge der Verätherung ist eine erhöhte Verträglichkeit mit Lösungsmitteln vorhanden. Ebenso sind diese Produkte mit Weichmachern wie Trikresylphosphat und Phtalsäureestern (Palatinole) mischbar.

Die Plastopale werden in Form hochprozentiger alkoholischer Lösungen verwendet. Sie lassen sich bei höherer Temperatur, etwa 120⁰ C, innerhalb einiger Stunden auskondensieren. Als Kondensationsbeschleuniger werden sauer reagierende Verbindungen, wie bei Dimethylolharnstoff verwendet (Ammonnitrat). Dadurch wird die Härtung beträchtlich beschleunigt, so daß man bei 120⁰ C innerhalb von 3 bis 4 Minuten, bei 100⁰ C innerhalb von 12 bis 16 Minuten, bei 80⁰ C innerhalb von ³/₄ bis 1 Stunde und bei 60⁰ C innerhalb von 3 bis 4 Stunden vollständig auskondensieren kann.

Die Plastopal-Filme sind schwach gelblich gefärbt, besitzen eine hervorragende Alterungsbeständigkeit, sehr gute Beständigkeit gegen Wasser, Lösungsmittel und Öle. Sie sind klebfrei, geschmeidig, glänzend. Gegen Wasser zeigen sie einen ausgesprochenen Abperleffekt. Auch bei höheren Temperaturen bleiben die Filme hart und werden nicht klebrig. Die Lösungen der Plastopale lassen sich anfärben. Sie können auch in nicht zu hohem Maße gefüllt werden.

Durch diese Eigenschaften sind die Plastopale hervorragend für Lackstriche auf anderen Kunststoffen geeignet, um die Wasserbeständigkeit von mit Kunststoff-Dispersionen gestrichenen Waren zu erhöhen, um die Alterungseigenschaften bei Verwendung von nicht alterungsbeständigen Kunststoffen zu verbessern, um einen harten Schlußstrich und Glanz auf dem gestrichenen Gewebe zu erreichen usw. Man verwendet sie daher zur Herstellung von Überzügen auf Regenmantelstoffen, Ballonstoffen, Kunstleder und Wachstuchen. Durch Imprägnierung können auch Ölhäute erzeugt werden.

In Verbindung mit Nitrocellulose können die Plastopale als Weichharzkomponente verwendet werden. Sie können auch mit Weichmachern kombiniert werden.

C. Die Verwendung von aromatischen Amin-Formaldehyd-Kondensaten (Iganil).

Unter den aromatischen Aminen, welche für eine Kondensation in Betracht kommen, ist das Anilin das wichtigste. Derartige Kondensationsprodukte wurden unter dem Namen „Iganil" von der I. G. Farbenindustrie erzeugt. Es ist ein hellgelbes Pulver, welches ohne Füllstoffe bei 200 bis 300 Atm. Druck bei 165⁰ C verpreßt wird. Vor dem Herausnehmen aus den Formen wird auf 100 bis 130⁰ C abgekühlt. Es hat verschiedene Nachteile gegenüber den Phenoplasten, so daß es nur für Spezialgebiete, in erster Linie in der Erzeugung von elektrotechnischen Geräten, Bedeutung hat. Gegen Alkalien, Salzlösungen und die meisten organischen Lösungsmittel, vor allem gegen Tranformatorenöle und Treibstoffe ist Iganil beständig, gegen Säuren aber weniger oder gar nicht. Es wird auch in Form von wasserfeuchtem Pulver mit einem Gehalt von 50 bis 60% zur Herstellung von Preßpapieren und Preßpappen verwendet, wobei es dem Faserstoff im Holländer zugesetzt wird. Ferner werden derartige Kondensationsprodukte für Lackzwecke verwendet. Für die Textilindustrie sind sie wohl ohne Bedeutung geblieben.

Im FP. 839.908 der I. G. werden Kondensationsprodukte von Anilin, Formaldehyd und Chlorammon verwendet, um die Waschechtheit von substantiven Farbstoffen zu erhöhen. Saure Farbstoffe werden aus ihren wässerigen Lösungen gefällt. Das Kondensationsprodukt von Chloranilin oder p-Toluidin mit Formaldehyd wird im FP. 822.312 für denselben Zweck verwendet.

Phenol-Aldehyd- und Amin-Aldehyd-Kondensate können als Austauschadsorbentien Verwendung finden. Man benützt Phenol-Formaldehyd-Resite, in die noch Gruppen sauren Charakters ($-SO_3H$ oder -COOH) einkondensiert sind, bzw. Amin-Formaldehyd-Kondensate mit einkondensierten aliphatischen oder aromatischen Amino- oder Iminoresten. Sie kommen dementsprechend für Kationen oder Anionen-Austausch in Betracht. Sie wurden von der I. G. unter dem Namen „Wofatite" entwickelt und finden an Stelle der „Permutite" zum Enthärten und Entsalzen von Wasser Verwendung.

D. Die Verwendung von Kondensaten der Aldehyde.

Unter diesen haben die Selbstkondensate des Acetaldehyds eine gewisse Bedeutung als Schellackersatz („Wackerschellacke" des Consortiums für elektrochemische Industrie) erlangt. Diese Produkte sind vor allem in Aceton, Alkohol und Eisessig löslich. Sie können für Schlußstriche auf mit Kunststoffen gestrichenen Geweben verwendet werden.

E. Die Verwendung der Kondensationsprodukte von mehrwertigen Alkoholen und mehrbasischen Säuren (Alkyde).

Das Hauptanwendungsgebiet der Alkyde und der mit Fettsäuren, Harzsäuren usw. modifizierten Alkyde („Alkydal", „Glyptal", „Alphtalat" usw.) ist die Lacktechnik. Die mit mehrfach ungesättigten Fettsäuren modifizierten Alkyde sind zu autoxydativer Trocknung befähigt.

Die Alkydharze kommen in erster Linie als Zusätze zu anderen Film bildenden Stoffen in Betracht. Durch ihren Zusatz wird die Lichtbeständigkeit von Nitrocellulose erhöht. Insbesondere die Ölalkyde zeichnen sich durch Dauerhaftigkeit, Schlag- und Biegefestigkeit, Unempfindlichkeit gegen Wasser usw. aus. Sie finden bei der Herstellung von Wachstuchen, von mit Nitrocellulose hergestelltem Wachstuchersatz, ferner im Pigmentdruck mit Nitrocellulose eine gewisse Verwendung auf dem Textilgebiet.

Unter der Bezeichnung „Pigmafarben" brachte die Firma Kuhlmann Druckfarben heraus, welche als Fixiermittel Vorkondensate von Kunstharzen, wahrscheinlich Glycerin-Phtalsäure-Kondensate, enthalten. Diese Druckfarben sind für den Walzendruck auf Baumwolle, Wolle, Naturseide, Viskose und Acetatseide geeignet. Nach dem Drucken wird durch 15 bis 20 Minuten langes Erhitzen auf 100 bis 120⁰ C (z. B. auf Trockenzylindern) oder entsprechend kürzeres Erhitzen auf noch höhere Temperaturen die Fixierung der Pigmente zu Ende geführt (R. G. M. C. 1940, April, S. 115). Dieses Verfahren, welches sich an das früher beschriebene „Aridye-Verfahren" anlehnt, gestattet es, mit wasserfreien Druckfarben und ohne Anwendung einer Rakel zu arbeiten. Das Dämpfen und das Waschen entfallen vollständig. Es ist die Anwendung von unbeschränkten Überfall-Farbennuancen möglich. Man kann feinste Schattierungen aller Grade erhalten (Spectraldruck-Verfahren der Spectraldruck G. m. b. H., St. Gallen).

In den DRP. 605.573 und DRP. 606.081 ließ sich die Firma Louis Blumer die Anwendung von Glycerin-Phtalsäure-Kondensaten, denen Fette, Fettsäuren oder Dextrin zugesetzt werden, um die Klebkraft zu verringern, als Schlichten schützen.

Wasserdichte Imprägnierungen erzielt man nach dem DRP. 564.777 der I. G., indem man die Faser mit den in Ammoniak gelösten Glycerin-Pthalsäure-Kondensaten imprägniert und dann durch Einwirkung von Hitze oder von sauer reagierenden Salzen wie Aluminiumsulfat koaguliert.

Für Kaschierzwecke werden Glycerin-Phtalsäure-Kondensate von der Calico Printers Association verwendet.

Nach Herbig-Haarhaus A. G. (EP. 455.066) werden mit Linolsäure modifizierte Glycerin-Phtalsäure-Kondensate zum Knitterfestmachen von Geweben aus Kunstseide und Zellwolle verwendet.

Eine andere Gruppe von Kondensationsprodukten aus zweibasischen Säuren und Glykolen bilden die Polyester. Diese stehen in ihrem Aufbau den Polyamiden nahe. Sie haben in den letzten Jahren als Ausgangsmaterial für synthetische Fasern, die in England unter dem Namen „Terylene" erzeugt werden, Bedeutung gewonnen. Die Terylene können entweder als wenig dehnbare, aber hochfeste oder als dehnbare, aber wenig feste Fasern hergestellt werden. Sie besitzen hohe Elastizität, hohe Naßfestigkeit, Widerstandsfähigkeit gegen Mikroorganismen, Säuren, organische Lösungsmittel, Bleichmittel, Licht und Hitze und eine geringe Feuchtigkeitsaufnahme. Das Färben ist mit großen Schwierigkeiten verbunden, da die Faser nicht quillt. Diese Faser wurde von den Chemikern der Calico Printers Association entwickelt. Sie wird aus Terephtalsäure und Äthylenglykol hergestellt.

F. Die Verwendung der Superpolyamide (einschließlich der Polyurethane).

Die Superpolyamide sind Kunststoffe, welche die höchsten Festigkeitseigenschaften aufweisen. Sie übertreffen in vielen Eigenschaften selbst die Naturprodukte. Maximale Festigkeitswerte lassen sich aber nur bei entsprechender Orientierung der Fadenmoleküle erreichen. Dies läßt sich beim Spinnen aus der Schmelze oder beim Spritzen und Strangpressen leicht erzielen.

In unverarbeitetem Zustande sind die Superpolyamide entweder glasartige, farblose oder hornartige, trübe und opake Stücke, welche beim Erwärmen ziemlich scharf schmelzen. Vor dem Schmelzen wird ein Punkt erreicht, bei welchem sie schlagartig erweichen; sie besitzen aber im Gegensatz zu den bekannten thermoplastischen Kunststoffen keinen höheren Plastizitätsbereich. Die Superpolyamide sind in den meisten organischen Lösungsmitteln unlöslich mit Ausnahme von niederen Fettsäuren, Phenolen und Säureamiden. Manche Polyamide sind aber in löslicher Form erhältlich, so daß sie für Tauchartikel, Lacke, Imprägnierungen, Gußfolien u. dgl. Verwendung finden.

Am bekanntesten ist die Verwendung der Superpolyamide als vollsynthetische Fasern, welche in ihren Eigenschaften selbst die Wolle und natürliche Seide, die ihnen als Eiweißstoffe mit Säureamidbrücken chemisch ziemlich nahe stehen, übertreffen. Aus den dünnflüssigen Schmelzen werden Fäden gezogen, welche durch Reckung auf das Mehrfache der Länge dehnbar sind. Die durch die Reckung bewirkte Parallelorientierung der langen Fadenmoleküle ist mit einer Steigerung der Zerreißfestigkeit auf das Doppelte der Naturseide verbunden. Außer der hohen Zerreißfestigkeit besitzen diese Fasern eine hohe Wärmebeständigkeit (über 250° C), und Kältebeständigkeit, Beständigkeit gegen Wasser und Waschmittel, leichte Anfärbbarkeit, Elastizität usw. Die älteste dieser Fasern ist die „Nylon"-Seide von E. I. du Pont de Nemours & Co., dazu kamen später die „Perlon"-Faser der I. G. Farbenindustrie A. G., die sich durch besonders gute Scheuerfestigkeit auszeichnet, und die „Furon"-Faser der Prix A. G. Ein Teil der als „Perlon"-Fasern bezeichneten Fasern wird nicht aus Polyamiden, sondern aus Polyurethanen erzeugt. Vor allem werden diese Fasern als Wollersatz und als Material für Borsten verwendet.

Die Nylonfaser findet auf den verschiedensten Gebieten Anwendung, insbesondere in der Fabrikation von Strümpfen, Insektennetzen,

Nähgarnen, Perlschnüren, Handschuhen, Strickwaren, Kleiderstoffen, Badeanzügen, Wäschestoffen, Möbelstoffen und anderen Stoffen, als Einzelfaser für Borsten, Roßhaar, Bespannung für Tennisrackets und ähnliche Zwecke.

In färberischer Hinsicht zeigt die Nylonfaser ein doppeltes Verhalten. Sie kann einerseits Farbstoffe salzartig binden wie Wolle, anderseits Restvalenzen betätigen wie Baumwolle. Am besten geeignet sind Acetatseidenfarbstoffe, ferner saure Wollfarbstoffe und Chromfarbstoffe (Neolanfarbstoffe), Direktfarbstoffe, Naphtole, Küpenfarbstoffe und Indigosole. Küpenfarbstoffe bewirken bei Belichtung einen raschen Abbau der Nylonfaser und besitzen außer Grün und Blau eine schlechte Lichtechtheit. Dieser Nachteil kann durch ein längeres Dämpfen behoben werden, dies geht aber auf Kosten der Reibechtheit. Dabei tritt eine Agglomeration der Farbstoffteilchen ein. Für Küpenfarbstoffe verwendet man ein Küpenpigmentdruckverfahren, welches dem Colloresinverfahren ähnlich ist. Man druckt eine Druckpaste, welche das Pigment enthält, passiert dann durch ein Natronlauge-Hydrosulfitbad und dämpft 10 Sekunden. Weißreserven werden hergestellt, indem man zuerst den Küpenfarbstoff und die Weißreserve druckt, dann kurz dämpft, trocknet, durch ein Natronlauge-Hydrosulfitbad passiert und 10 Sekunden dämpft. Saure Farbstoffe werden unter Zusatz von Harnstoff und Glykol gedruckt. Zum Bleichen hat sich Natriumchlorit mit dem bleichenden Agens ClO_2 als geeignetes Oxydationsmittel erwiesen; es wird bei 80^0 C und einem pH-Wert 3 bis 4 angewendet. Chlor und Peroxyd wirken wenig bleichend, bewirken aber einen starken Faserabbau. Nylon kann mattiert werden.

Auch für andere Zwecke konnten die Superpolyamide größere Bedeutung gewinnen, obwohl sich das Fehlen eines weiteren plastischen Bereiches als Hindernis entgegenstellte. Immerhin konnte in den „Igamiden" der I. G. Farbenindustrie A. G. eine Reihe geeigneter Werkstoffe entwickelt werden, unter denen besonders das Igamid 85 B einen größeren Plastizitätsbereich aufweist. Es ist ein weiches, unlösliches Produkt, das im Gegensatz zu anderen Polyamiden keinen Schmelzpunkt besitzt und bei höheren Temperaturen ein den anderen Thermoplasten analoges Verhalten zeigt. Es kann auf dem Walzwerk oder auf der Schneckenspritzmaschine einwandfrei verarbeitet werden. Es wird für treibstoffbeständige Gegenstände wie Rohre, Kabelummantelungen, Folien usw. verwendet. Ein anderes, in organischen Lösungsmitteln unlösliches Produkt ist das Igamid A, welches, ohne vorher zu erweichen, bei 250^0 C schmilzt. Es läßt sich daher nicht nach Art der Thermoplasten verarbeiten. Man kann es nach dem Spritzgußverfahren verformen und infolge seiner Härte wie Horn oder Elfenbein schnitzen. Ähnlich, aber niedriger schmelzend ist Igamid B.

Für die Textilindustrie sind diese Produkte nicht geeignet. Es wurden aber Produkte entwickelt, welche leicht in Lösung zu bringen sind und sich für Streich- und Imprägnierungszwecke gut eignen (Igamid 5A, 6A und 1C). Diese sind vor allem in niederen Alkoholen, z. B. Methylalkohol, unter Zusatz von Wasser löslich:

15 bis 20 Teile Igamid 6A lösen in
   100 Teile Methylalkohol-Wassergemisch 9 : 1, kochend

   10 Teile Igamid 1C lösen in einem Gemisch von
   70 Teilen Methylalkohol,
   20 Teilen Benzol und
   10 Teilen Wasser.

Falls kein Benzol verwendet wird, muß die Masse binnen 24 Stunden verarbeitet werden, da sonst Verdickung eintritt. Igamid 1 C hat vor Igamid 6 A den Vorteil, daß Lösungen auch in der Kälte verarbeitet werden können, konnte aber infolge Lieferungsschwierigkeiten nicht mehr in größerem Maße verwendet werden, so daß zu Streichzwecken nur das Igamid 6A Anwendung fand. Dieses muß in kochendem Methylalkohol-Wassergemisch gelöst werden und bei 60° C gestrichen werden, da es in der Kälte zum Ausgelatinieren neigt. Zweckmäßig bringt man daher das mit einem heizbaren Doppelmantel, Deckel, Kühler und Rührwerk versehene Auflösegefäß direkt über der Streichvorrichtung an. Durch Zusatz von Chloroform oder gewisser Weichmacher läßt sich die Stabilität der Igamid-Lösungen in der Kälte wesentlich verbessern (bis ungefähr 35° C). Es ist gegen aliphatische und aromatische Kohlenwasserstoffe beständig, hingegen etwas empfindlich gegen Wasser. Die Festigkeitseigenschaften sind wie bei allen Superpolyamiden außerordentlich hoch. Obwohl das Igamid 6A weicher als andere Igamide ist, ist es noch etwas steif; es kann aber durch bestimmte Weichmacher weicher gemacht werden.

Infolge der hervorragenden Festigkeitseigenschaften sind die löslichen Igamide, welche ja auch in ihrem chemischen Aufbau dem natürlichen Leder nahestehen, zur Fabrikation von Lederaustauschstoffen nach dem Streichverfahren besonders geeignet. Ihre Filme sind durch hohe Zähigkeit, Oberflächenhärte und Temperaturbeständigkeit ausgezeichnet. Sie sind daher auch als Schlußstrichmaterial auf aus Nitrocellulose- oder Polyisobutylenlösungen oder Kunststoffdispersionen hergestellten Streichstoffen geeignet. Sie können auch ohne Schichten aus anderen Kunststoffen direkt auf Gewebe gestrichen werden; es lassen sich derart besonders hochwertige Lederaustauschstoffe für Polster, Taschnerwaren, Schuhoberleder usw.

herstellen. Auch auf Naturleder können sie verwendet werden. Weiters kommen Faserleder oder -imprägnierte Papier- und Wattefliese in Betracht. Eine andere Fabrikationsform für Lederaustauschmaterial besteht darin, daß man Folien aus Igamid (6A oder 85 B) auf Gewebe oder anderes Trägermaterial kaschiert. Gereckte Folien geben besonders reißfestes Material.

Für Imprägnierungen, die gegen Kohlenwasserstoffe beständig sind, eignet sich vor allem Igamid 5A, welches aber noch wasserempfindlicher ist. Es kann auch als Klebstoff Verwendung finden.

Man hat auch Versuche unternommen, mittels Igamiden vegetabilische Fasern zu animalisieren.

G. Die Verwendung der Silicone.

Bisher wurden ungefähr 80 Vertreter dieser Gruppe technisch verwendet. Da die meisten eine verhältnismäßig hohe Verarbeitungstemperatur beanspruchen und einer ihrer Hauptvorzüge eben in der Beständigkeit gegen hohe Temperaturen besteht, bei denen Fasern organischen Ursprungs angegriffen werden, war bis vor kurzem ihr Einsatz auf Gebiete außerhalb der Textilveredlung beschränkt.

Sie werden u. a. für Isolierungen von Motoren, welche höheren Temperaturen ausgesetzt sind, für hitze- und wetterbeständige Schutzanstriche auf Rauchfängen, Heißluftrohren, Öfen u. dgl. verwendet. Mittels Siliconen, welche eine größere Elastizität besitzen, kann man Glas, Asbest und anderes Material imprägnieren, spritzen oder streichen. Man verwendet die Silicone zum Streichen in Form einer Paste. Nachdem die Silicone auf das Material aufgetragen sind, ist noch eine Entwicklung bei höherer Temperatur notwendig. Derartige Fabrikate sind wasserabweisend, biegsam bei höherer und niedrigerer Temperatur, alterungs-, licht- und oxydationsbeständig. Aus mit Siliconen beschichteten Materalien werden Transportbänder, welche in Öfen Verwendung finden sollen, hitzebeständige Dichtungen und biegsame Röhren für Heißluft hergestellt.

Die flüssigen Silicone sind im Allgemeinen wasserabweisend, beständig gegen Temperaturen bis ca. 260° C ebenso gegen Oxydationsmittel, niedrig schmelzend und nicht flüchtig. Sie werden als Schmiermittel bei Maschinen, welche großer Hitze und Feuchtigkeit ausgesetzt sind, z. B. bei Spannrahmen oder Trockenhängen, verwendet. Ihr Einsatzgebiet liegt zwischen — 40° C und 150° C; zwischen 100° und 150° C sind sie 5- bis 10-mal so lange als Schmiermittel verwendbar wie solche aus Mineralölen guter Qualität.

Silicone eignen sich auch als Schaumverhütungsmittel. Für diesen Zweck werden sie entweder in Form·von Lösungen in organischen Lösungsmitteln oder von Emulsionen angewendet. Es genügen außerordentlich kleine Mengen.

Die hohe Entwicklungstemperatur, die bei fast allen Siliconen notwendig ist, verhinderte längere Zeit den Einsatz in der Textilveredlung. So konnten Glasfasern mittels Emulsionen von Methylsilicon wasserabweisend ausgerüstet werden, wobei sie gleichzeitig einen besonders weichen Griff wie Fasern organischen Ursprungs erhielten. Vor kurzer Zeit gelang es jedoch, ein Silicon herzustellen, welches seine wasserabweisende Wirkung schon durch Erhitzen auf wesentlich niedrigere Temperatur erhält als die anderen Silicone. Dieses unter der Bezeichnung „DC 1107" von der Dow Corning Corp., Midland, Mich. herausgebrachte Produkt kann daher ohne Gefahr für wasserabweisende Ausrüstungen von Textilien organischen Ursprungs Anwendung finden.

„DC 1107" ist eine hellgefärbte, niedrig viskose, wenig flüchtige, neutral reagierende, in Wasser unlösliche Flüssigkeit, welche durch Erwärmen auf 150⁰ C polymerisiert wird. Dieses Produkt kann sowohl in organischen Lösungsmitteln gelöst als auch als wässerige Emulsion Anwendung finden. Letztere Methode ist für die Textilveredlung geeigneter. Die wässerigen Emulsionen sind mit Hilfe eines Schnellrührers oder einer Kugelmühle ohne Schwierigkeiten herstellbar. Für eine 50%ige Stammlösung, welche mindestens einen Monat lang haltbar ist, eignet sich folgender Ansatz:

14,3	Gewichtsteile	Wasser	
0,2	„	Eisessig	lösen
6,9	„	kationaktiver Emulgator	
50,0	„	„DC 1107" bei Zimmertemperatur langsam einrühren.	
28,6	„	Wasser hinzufügen.	

Die zur Verwendung kommenden Gefäße müssen vollkommen rein sein; auf keinen Fall dürfen sie Reste von anionaktiven Substanzen wie Seife enthalten.

Vor Gebrauch wird die Stammemulsion mit Wasser soweit verdünnt, daß 3 bis 4% von der Ware aufgenommen werden. Durch Reaktion des Silicons mit dem Wasser tritt eine langsame, Wasserstoffentwicklung ein, welche aber die Haltbarkeit der Emulsion kaum beeinträchtigt.

Das Gewebe wird bei Zimmertemperatur mit der verdünnten Emulsion auf dem Foulard imprägniert. Anschließend wird 5 Minuten lang bei 175⁰ C getrocknet und entwickelt. Da keine Säuren, Alkalien oder schädliche Salze in der wässerigen Emulsion enthalten sind, ist ein nachträgliches Waschen der Ware unnötig. Der erzielte Hydrophobierungseffekt ist sehr gut und beständig gegen Waschen sowie Reinigen mit Lösungsmitteln und Fettlöserpräparaten. Der Griff des Gewebes ist sehr weich.

Hitzebeständigeres Material wie Nylon kann nach der Imprägnierung bei 200⁰ C behandelt werden, wobei sich die Behandlungsdauer abkürzen läßt.

(Dennett, Textile World 1948, 5, 124—125, 222—226.)

Nachträge.

Zu S. 85:

Auch die Standard Oil Co. empfiehlt Mischungen von Polyvinylchlorid („Vinylite VYNW") oder anderen Vinylpolymerisaten mit Mischpolymerisaten des Butadien und des Acrylsäurenitrils („Perbunan"). Der Zusatz von Perbunan dient dabei als vollständiger oder teilweiser Ersatz für die Weichmacher. Es ergeben sich dabei folgende Vorteile:

1. Perbunan ist nicht flüchtig und kann auch nicht unter normalen Bedingungen extrahiert werden oder wandern. Es können daher Fabrikate aus derartigen Mischungen nicht steifer werden, wie es sonst durch Weichmacherverluste möglich ist.

2. Durch den Zusatz von Perbunan wird die Kältefestigkeit erhöht. Ebenso sind auch die anderen physikalischen Eigenschaften äußerst günstig. Die Wasserdampfdurchlässigkeit ist geringer. Die Alterungsbeständigkeit wird erhöht. Die Wärmeleitfähigkeit ist niedriger.

3. Die Verarbeitung wird erleichtert. Insbesondere die Kalanderfähigkeit ist sehr gut. Bei Bearbeitung in der Wärme, z. B. beim Pressen oder Prägen ist keine so starke Kühlung notwendig, da durch den Zusatz von Perbunan an Stelle von flüssigen Weichmachern die Festigkeit bei höheren Temperaturen größer ist.

4. Bei gemeinsamem Zusatz von Perbunan mit Phtalsäureestern wird auch die Flüchtigkeit der letzteren herabgesetzt. In den Mischungen von Polyvinylchlorid mit Perbunan wird dieser im allgemeinen nicht vulkanisiert.

Besonders günstig haben sich diese Mischungen für die Erzeugung von Lederaustauschstoffen erwiesen.

Zu S: 146:

Du Pont stellt unter der Bezeichnung „Orlon“ eine Faser aus
Polyacrylsäurenitril her, welche der „Fiber A“ entspricht oder ähnlich ist. Diese Faser liegt in ihren Eigenschaften zwischen Kunstseide und Nylon. Sie zeichnet sich durch gute Festigkeitseigenschaften
aus. Die Wasserabsorption beträgt 2 bis 3%. Gegen die Einwirkung
von Wärme ist sie sehr beständig. Bei 190 bis 220⁰ C wird sie klebrig.
Sie ist äußerst alterungsbeständig. Gegen die Einwirkung von Sonnenstrahlen ist sie von hervorragender Widerstandsfähigkeit. Die Beständigkeit gegen die Einwirkung von starken Mineralsäuren ist
ausgezeichnet, gegen die Einwirkung von schwachen Alkalien gut;
durch Fette, Öle, Neutralsalze und die meisten sauren Salze wird
sie nicht angegriffen. Durch Chlorbleiche wird sie etwas geschwächt.
Die Schrumpfung in kochendem Wasser beträgt 0 bis 2,5%. Sie ist
nicht gesundheitsschädlich. Sie wird nicht von Motten angegriffen und
es bilden sich auch keine Moderflecken.

Die Orlon-Faser kann auf den üblichen Maschinen als ununter-
brochene Faser gespult, gezwirnt, gestrickt, gewirkt, gewebt, gefärbt
und appretiert werden.

Zum Färben können Acetatseidenfarbstoffe, basische Farbstoffe
und einige Küpenfarbstoffe verwendet werden. Die beim Färben auftretenden Schwierigkeiten sind wie bei den anderen rein synthetisch
hergestellten Fasern groß. Die Färbungen sind im allgemeinen durch
gute Echtheitseigenschaften ausgezeichnet. Die basischen Farbstoffe
sind auf der Orlon-Faser viel lichtechter als auf den üblichen Fasern.
Man färbt entweder während 1 bis 2 Stunden in einem Bad bei einem
Flottenverhältnis von 1 : 50 oder imprägniert auf einem Foulard und
dämpft nach dem Trocknen. Das Drucken wird ebenfalls in der
üblichen Weise ausgeführt.

Zum Appretieren werden meistens andere Kunststoffe verwendet.
Infolge der guten Beständigkeit gegen Feuchtigkeit ist diese Faser
für wasserabstoßende Ausrüstungen sehr geeignet. Durch Hitze
können die Knitterfestigkeit und die Krumpfechtheit erhöht werden.
Obwohl die Faser eine geringe Wasseraufnahmefähigkeit besitzt,
eignet sie sich dennoch für eine Crepe-Ausrüstung.

Sachverzeichnis.